全国高等职业教育"十三五"规划教材

煤矿安全

主　编　靳建伟　李　桦
副主编　常海虎　周　波
参　编　周玉军　寿先淑　李致龙
　　　　杨娟娟　李绍良　刘小婷
　　　　孙　静　李玉杰　李艳军

U0337818

中国矿业大学出版社

内 容 提 要

本书是全国高等职业教育"十三五"规划教材之一,与《煤矿开采方法》《矿井通风》等教材配套使用。

全书共设六个项目,介绍了矿井瓦斯、矿尘、水、火等自然灾害,矿山其他安全事故的发生、发展规律和防治措施及矿山救护与灾变处理的基础知识。

本书是高等职业技术学院、高等专科院校煤矿开采技术专业、矿井通风与安全专业和其他采矿工程类相关专业的通用教材,也可供中等专业学校、技工学校、成人安全技术培训和相关工程技术人员学习使用。

图书在版编目(CIP)数据

煤矿安全 / 靳建伟,李桦主编.—徐州:中国矿
业大学出版社,2019.8(2023.8重印)
  ISBN 978 - 7 - 5646 - 4003 - 3

  Ⅰ.①煤… Ⅱ.①靳…②李… Ⅲ.①煤矿—矿山安
全—高等职业教育—教材 Ⅳ.①TD7

中国版本图书馆 CIP 数据核字(2018)第 115795 号

书　　名　煤矿安全
主　　编　靳建伟　李　桦
责任编辑　何晓明
出版发行　中国矿业大学出版社有限责任公司
　　　　　（江苏省徐州市解放南路　邮编 221008）
营销热线　（0516）83884103　83885105
出版服务　（0516）83995789　83884920
网　　址　http://www.cumtp.com　E-mail:cumtpvip@cumtp.com
印　　刷　江苏淮阴新华印务有限公司
开　　本　787 mm×1092 mm　1/16　印张 17.25　字数 430 千字
版次印次　2019 年 8 月第 1 版　2023 年 8 月第 2 次印刷
定　　价　38.00 元

（图书出现印装质量问题,本社负责调换）

前　言

　　本书是由中国煤炭教育协会组织、中国矿业大学出版社负责具体实施的煤炭教育"十三五"规划教材，是全国高等职业教育采矿类规划教材之一，与《煤矿开采方法》《矿井通风》等教材配套使用。

　　高职高专教育是我国高等教育的重要组成部分，目标是培养拥护党的基本路线，适应生产、建设、管理、服务第一线需要的，德、智、体、美等方面全面发展的高等技术应用型专门人才。根据这一目标，本书充分考虑了煤炭高等职业教育的教学要求与就业面向等实际情况，在满足教学要求的前提下，尽可能降低教材的难度。基础知识以"必需、够用"为度，突出实用技能培养，内容尽可能贴近学生未来的岗位实际，尽量与技能训练相结合。

　　本书由靳建伟、李桦任主编。具体编写分工如下：绪论和项目五任务一由长治职业技术学院靳建伟、常海虎编写，项目一任务一、任务四、任务十一由河南工业和信息化职业学院周玉军编写，项目一任务二、任务三、任务五、任务六由河南工业和信息化职业学院寿先淑编写，项目一任务七由河南工业和信息化职业学院李桦编写，项目一任务八、任务九、任务十由河南工业和信息化职业学院李致龙编写，项目二任务一、任务二由榆林职业技术学院杨娟娟编写，项目二任务三由鄂尔多斯职业学院李绍良编写，项目三由河南工业和信息化职业学院刘小婷编写，项目四由大同煤炭职业技术学院孙静编写，项目五任务二、任务三、任务四由陕西能源职业技术学院李玉杰编写，项目六任务一、任务二由榆林职业技术学院李艳军编写，项目六任务三、任务四、任务五、任务六由淮南职业技术学院周波编写。全书由靳建伟、李桦统稿及审定。

　　由于编者水平有限，书中难免有不当之处，恳请同行和读者批评指正。

编　者

2018 年 6 月

目　录

绪　论

　　煤炭占我国化石能源资源的 90％以上,是稳定、经济、自主保障程度最高的能源之一。煤炭工业是关系国家经济命脉和能源安全的重要基础产业。2015 年,我国煤炭产量为 37.5 亿 t,煤炭消费量为 39.65 亿 t,煤炭消费量占能源消费总量的 64.0％。根据《煤炭工业发展"十三五"规划》和《能源发展"十三五"规划》,预计到 2020 年,我国煤炭产量 39 亿 t,煤炭消费量 41 亿 t,煤炭消费量占能源消费总量的比重控制在 58.0％,在我国一次能源结构中,煤炭的主体能源地位不会变化。我国仍处于工业化、城镇化加快发展的历史阶段,能源需求总量仍有增长空间。

　　一、我国煤矿安全生产现状及发展目标

　　"十二五"时期,我国煤炭工业产业结构显著优化。在大型煤炭基地内建成一批大型、特大型现代化煤矿,安全高效煤矿 760 多处,千万吨级煤矿 53 处;加快关闭淘汰和整合改造,共淘汰落后煤矿 7 100 处、产能 5.5 亿 t/a,煤炭生产集约化、规模化水平明显提升。安全生产形势持续好转,煤矿安全保障能力进一步提升。2015 年,全国发生煤矿事故 352 起、死亡598 人,与 2010 年相比,减少 1 051 起、1 835 人,煤矿百万吨死亡率从 0.749 下降到 0.162。但是,安全生产形势依然严峻。煤矿地质条件复杂,水、火、瓦斯、地温、地压等灾害愈发严重。东中部地区部分矿井开采深度超过 1 000 m,煤矿事故多发,百万吨死亡率远高于世界先进国家水平。煤炭经济下行,企业投入困难,安全生产风险加剧。

　　"十三五"时期,我国煤炭生产向集约高效方向发展。预计到 2020 年,我国煤炭产量 39 亿 t。煤炭生产结构优化,煤矿数量控制在 6 000 处左右,120 万 t/a 及以上大型煤矿产量占80％以上,30 万 t/a 及以下小型煤矿产量占 10％以下。煤炭生产开发进一步向大型煤炭基地集中,大型煤炭基地产量占 95％以上。产业集中度进一步提高,预计煤炭企业数量控制在 3 000 家以内,5 000万 t 级以上大型企业产量占 60％以上。煤矿安全生产长效机制进一步健全,安全保障能力显著提高,重特大事故得到有效遏制,煤矿事故死亡人数下降 15％以上,百万吨死亡率下降 15％以上。煤矿职业病危害防治取得明显进展,煤矿职工健康状况显著改善。煤矿采煤机械化程度达到 85％,掘进机械化程度达到 65％。科技创新对行业发展贡献率进一步提高,煤矿信息化、智能化建设取得新进展,建成一批先进高效的智慧煤矿。煤炭企业生产效率大幅提升,全员劳动工效达到 1 300 t/(人・a)以上。

　　二、本课程的主要任务和要求

　　煤矿安全工作就是贯彻执行国家的安全生产方针和安全法律、法规,研究事故与灾害发生的规律,排除一切隐患,预防事故的发生,创造良好的工作环境;处理事故,抢救遇险的人员;为保障矿井安全生产,促进采矿业健康发展起到重要的作用。其目的是保护矿工生命安全和身体健康。

　　本书是采矿专业的专业课教材,全书共分六个项目,内容包括矿井瓦斯防治、矿尘防治、矿井火灾防治、矿井水灾防治、煤矿其他安全技术和矿山救护与灾变处理所涉及的各个方面。

　　本教材涉及的内容广泛,各地区应根据当地的情况选择侧重点。各种灾害防治技术都与每一生产过程密切相关,且预防措施都以《煤矿安全规程》以及有关的规范为准则。因此,学习本课程时应多参考《煤矿安全规程》、各种规范等,增加知识面。每章后均有复习思考题,结合复习题认真阅读教材。学习中应结合煤矿实际问题,做一些灾害预防措施和处理措施的练习,以增强实践能力。

思考与练习

　　1.简述煤炭在我国的重要地位。
　　2.“十三五”时期,我国煤炭安全生产发展的目标是什么?

项目一　矿井瓦斯防治

矿井瓦斯是指井下煤、岩体中涌出以及在开采过程中产生的各种有害气体的总称。开采到一定深度后,其主要成分为甲烷。煤矿术语中的瓦斯往往指的就是甲烷,俗称沼气。

矿井瓦斯的成分比较复杂,除甲烷(可达 80%～90%以上)外,还含有其他烃类,如乙烷、丙烷,以及 CO_2 和稀有气体。个别煤层还有 H_2、CO 或 H_2S。

甲烷(CH_4)是无色、无味、无毒的气体,比空气轻,相对密度为 0.554,易积聚于巷道的上部。所以检查巷道内的瓦斯浓度时,应着重检查巷道顶板附近和隅角处。甲烷微溶于水。

瓦斯是煤矿普遍存在的一种有害气体,它能燃烧和爆炸,大量积聚时能使人窒息、死亡。有些煤层还能在短时间内大量地喷出瓦斯或发生煤与瓦斯突出现象,产生很大的动力破坏作用。因此,必须掌握瓦斯的性质和涌出规律,采取相应的防治措施,达到安全生产的目的。

任务一　煤层瓦斯赋存及煤层瓦斯含量

一、瓦斯的生成

瓦斯的成因有多种假说,多数人认为,煤层瓦斯是腐殖型有机物在成煤过程中生成的。煤的形成大致可划分为两个阶段。第一阶段,泥炭化阶段,是生物化学成气时期。在植物沉积成煤初期的泥炭化过程中,有机物在隔绝外部氧气进入的条件下,在其本身含有的氧气和微生物的作用下,进行着缓慢的氧化分解过程,其最终产物决定于有机物的成分,主要为 CH_4、CO_2 和 H_2O。这一过程发生于地表附近,生成的气体大部分散失于大气中。随地层沉积厚度的增加,生物化学作用终止。第二阶段,煤化作用阶段,是煤质变化成气时期。有机物在高温、高压作用下,挥发分减少,固定碳增加,这时生成的气体主要为 CH_4 和 CO_2。这个阶段中生成的瓦斯,由于煤的物理化学性质变化和埋藏于地表以下而得以保存在煤层内。在以后的地质年代中,地层的隆起、浸蚀和断裂以及瓦斯本身在地层内的流动,一部分或大部分瓦斯扩散到大气中,或转移到围岩内。在适合的条件下能形成煤气田。所以不同煤田,甚至同一煤田的不同地点的瓦斯含量可以差别很大。

由植物变成煤炭的过程中,究竟会生成多少瓦斯呢? 目前说法不一。有的研究人员认为,由褐煤转化为长焰煤,生成瓦斯 70～80 m^3/t,贫煤生成 120～150 m^3/t,无烟煤生成 240 m^3/t。煤层的实际含量则远远低于这个数字。据实验室测定,煤的最大瓦斯含量一般不超过 60 m^3/t。

二、瓦斯在煤体中的存在状态

煤体之所以能保存一定数量的瓦斯,这与煤体内具有大量的孔隙有密切关系。煤是一种复杂的孔隙性介质,有着十分发达的、各种不同直径的孔隙和裂隙,形成了庞大的自由空间和孔隙表面。因此,成煤过程中生成的瓦斯就存在于这些孔隙和裂隙内。

煤的孔隙的多少,一般用煤的孔隙率表示。煤的孔隙率是指煤中孔隙总体积与煤的总体积之比。它是储存瓦斯的一个重要参数。

研究表明,瓦斯在煤体中呈两种状态存在,即游离状态和吸附状态。

1. 游离状态

游离状态也叫自由状态,存在于煤的孔隙和裂隙中,如图1-1所示。这种状态的瓦斯以自由气体的形式存在,呈现出的压力服从自由气体定律。游离瓦斯量的大小主要取决于煤的孔隙率,在相同的瓦斯压力下,煤的孔隙率越大,所含游离瓦斯量也越大。在储存空间一定时,其量的大小与瓦斯压力成正比,与瓦斯温度成反比。

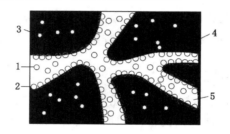

图1-1 瓦斯在煤内的存在状态

1——游离瓦斯;2——吸附瓦斯;3——吸收瓦斯;4——煤体;5——孔隙

2. 吸附状态

这种状态的瓦斯主要吸附在煤的微孔表面上(吸附瓦斯)和煤的微粒结构内部(吸收瓦斯)。吸附瓦斯量的大小,取决于煤的孔隙结构特点、瓦斯压力、煤的温度和湿度等。一般规律是:煤中的微孔越多,瓦斯压力越大,吸附瓦斯量越大。

处于游离状态和吸附状态的瓦斯量是可以相互转化的,这取决于外界的温度和压力等条件变化。如当压力升高或温度降低时,部分瓦斯将由游离状态转化为吸附状态,这种现象叫作吸附;相反,如果压力降低或温度升高,又会有部分瓦斯由吸附状态转化为游离状态,这种现象叫作解吸。吸附和解吸是两个互逆过程,这两个过程在原始应力下处于一种动态平衡,当原始应力发生变化时,这种动平衡状态将被破坏。

国内外研究成果显示,现今开采的深度内,煤层中的瓦斯主要以吸附状态存在着,游离状态的瓦斯只占总量的10%左右。但在断层、大的裂隙、孔洞和砂岩内,瓦斯则主要以游离状态赋存。随着煤层被开采,煤层顶、底板附近的煤岩产生裂隙,导致透气性增加,瓦斯压力随之下降,煤体中的吸附瓦斯解吸而成为游离瓦斯,在瓦斯压力失去平衡的情况下,大量游离瓦斯就会通过各种通道涌入采掘空间,因此,随着采掘工作的开展,瓦斯涌出的范围会不断扩大,瓦斯将保持较长时间持续涌出。

三、煤层瓦斯含量及其影响因素

(一)煤层瓦斯含量

煤层瓦斯含量是指单位质量或体积的煤中所含有的瓦斯量,是游离瓦斯和吸附瓦斯的总和，单位是 m^3/t 或 m^3/m^3。

煤层未受采动影响时的瓦斯含量称为原始瓦斯含量。如果煤层受到采动影响，已经排放出部分瓦斯，则剩余在煤层中的瓦斯含量称为残余瓦斯含量。

煤层瓦斯含量是煤层的基本瓦斯参数，是计算瓦斯蕴藏量、预测瓦斯涌出量的重要依据。国内外大量研究和测定结果表明，煤层原始瓦斯含量一般不超过 $20\sim30\ m^3/t$，仅为成煤过程生成瓦斯量的 $1/5\sim1/10$ 或更少。煤层瓦斯含量可用煤层瓦斯含量快速测定仪测定。

（二）影响煤层瓦斯含量的因素

煤层瓦斯含量的大小，决定于成煤过程中生成的瓦斯量和煤层保存瓦斯的条件和能力。现就其主要因素概述如下：

1. 煤田地质史

煤田的形成经过了漫长的地质变化。古老煤田成煤早，瓦斯产生量大。成煤有机质越多，含杂质越少，瓦斯产生量越大。

2. 煤层的埋藏深度

煤层的埋藏深度越深，煤层中的瓦斯向地表运移的距离就越长，散失就越困难；同时，深度的增加也使煤层在地应力作用下降低了透气性，有利于保存瓦斯；在不受地质构造影响的区域，当深度不大时，煤层的瓦斯含量随深度呈线性增加，如焦作煤田，瓦斯风化带以下瓦斯含量与深度的统计关系式为 $X = 6.58 + 0.038H$（X 为瓦斯含量，m^3/t；H 为埋藏深度，m）；当深度很大时，煤层瓦斯含量趋于常量。

3. 地质构造

地质构造是影响煤层瓦斯含量的最重要因素之一。当围岩透气性较差时，封闭型地质构造有利于瓦斯的储存，而开放型的地质构造有利于瓦斯排放。

断层对煤层瓦斯含量的影响比较复杂，一般来说，开放性断层（张性、张扭性或导水性断层）有利于瓦斯排放，煤层瓦斯含量降低；封闭性断层（压性、压扭性、不导水断层）有利于瓦斯的储存，煤层瓦斯含量增大。

煤层瓦斯含量与断层的远近有如下规律：靠近断层带附近，瓦斯含量降低；稍远离断层，瓦斯含量增高；离断层再远，瓦斯含量恢复正常。实践证明，不仅是瓦斯含量，瓦斯涌出量与断层的远近也有类似规律。

4. 煤层倾角和露头

煤层埋藏深度相同时，煤层倾角越大，越有利于瓦斯向上运移和排放，瓦斯含量降低；反之，煤层倾角越小，一些透气性差的地层就起到了封闭瓦斯的作用，使煤层瓦斯含量升高。煤层如果有露头，并且长时间与大气相通，瓦斯很容易沿煤层流动而逸散到大气之中，煤层瓦斯含量就小；反之，地表无露头的煤层，瓦斯难以逸散，煤层瓦斯含量就大。

5. 煤的变质程度

一般情况下，煤的变质程度越高，生成的瓦斯量就越大，因此，在其他条件相同时，其含有的瓦斯量也就越大。在同一煤田，煤吸附瓦斯的能力随煤的变质程度的提高而增大，因此，在同样的瓦斯压力和温度下，变质程度高的煤往往能够保存更多的瓦斯。但对于高变质无烟煤（如石墨），煤吸附瓦斯的能力急剧减小，煤层瓦斯含量反而大大降低。

6. 煤层围岩性质

煤层的围岩致密、完整、透气性差时，瓦斯容易保存；反之，瓦斯则容易逸散。例如大同煤田比抚顺煤田成煤年代早，变质程度高，生成的瓦斯量和煤的吸附瓦斯能力都比抚顺煤田的高，但实际上煤层中的瓦斯含量却比抚顺煤田小得多。原因是大同煤田的煤层顶板为孔隙发育、透气性良好的砂质页岩、砂岩和砾岩，瓦斯容易逸散；而抚顺煤田的煤层顶板为厚度近百米的致密油母页岩和绿色页岩，透气性差，故大量瓦斯能够保存下来。

7. 水文地质条件

地下水活跃的地区通常瓦斯含量小。一是因为这些地区的裂隙比较发育，而且处于开放状态，瓦斯易于排放；二是瓦斯微溶于水（溶解度3%～4%），经过漫长的地质年代，地下水可以带走大量的瓦斯，降低煤层瓦斯含量；三是地下水对矿物质的溶解和侵蚀会造成地层的天然卸压，使得煤层及围岩的透气性大大增强，从而增大瓦斯的散失量。

总之，煤层瓦斯含量受多种因素的影响，造成不同煤田瓦斯含量差别很大，即使是同一煤田，甚至是同一煤层的不同区域，瓦斯含量也可能有较大差异。因此，在矿井瓦斯管理中，必须结合本井田的具体实际，找出影响本矿井瓦斯含量的主要因素，作为预测瓦斯含量和瓦斯涌出量的参考和依据。

四、煤层的瓦斯垂直分带

当煤层有露头或在冲击层下有含煤地层时，在煤层内存在两个不同方向的气体运移，即煤层中经煤化作用生成的瓦斯经煤层、上覆岩层和断层等由深部向地表运移；地面的空气、表土中的生物化学作用生成的气体向煤层深部渗透和扩散。这两种反向运移的结果，形成了煤层中各种气体成分由浅到深有规律地变化，呈现出沿赋存深度方向上的带状分布。煤层瓦斯的带状分布是煤层瓦斯含量及巷道瓦斯涌出量预测的基础，也是搞好瓦斯管理的重要依据。煤层瓦斯沿垂向一般可分为两个带：瓦斯风化带与甲烷带（图1-2）。

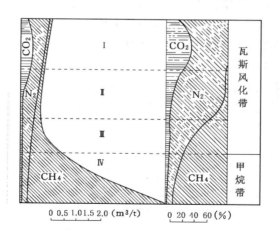

图1-2 煤层瓦斯垂向分带图

Ⅰ，Ⅱ，Ⅲ——瓦斯风化带；Ⅳ——甲烷带

（一）瓦斯风化带

根据苏联矿业研究院对井下煤层瓦斯组分和含量的大量测定，将煤层瓦斯赋存按深度自上而下划分为四个带:氮气-二氧化碳带、氮气带、氮气-甲烷带和甲烷带。各带的煤层瓦斯组分和含量见表1-1。

表1-1 　　　　　　　　　　煤层瓦斯垂直分带瓦斯组分及含量表

瓦斯带名称	CO_2		N_2		CH_4	
	%	m^3/t	%	m^3/t	%	m^3/t
氮气-二氧化碳	20~80	0.19~2.24	20~80	0.15~1.42	0~10	0~0.16
氮气	0~20	0~0.27	80~100	0.22~1.86	0~20	0~0.22
氮气-甲烷	0~20	0~0.39	20~80	0.25~1.78	20~80	0.06~5.27
甲烷	0~10	0~0.37	0~20	0~1.93	80~100	0.61~10.5

甲烷带中的甲烷含量都在80%以上,而其他各带甲烷含量逐渐减少或消失,因此,把氮气-二氧化碳带、氮气带、氮气-甲烷带统称为瓦斯风化带。

瓦斯风化带的下部边界深度可根据下列指标中的任何一项来确定:

(1) 在瓦斯风化带开采煤层时,煤层的相对瓦斯涌出量达到2 m^3/t;

(2) 煤层内的瓦斯组分中甲烷组分含量达到80%(体积比);

(3) 煤层内的瓦斯压力为0.1~0.15 MPa;

(4) 煤的瓦斯含量达到2~3 m^3/t(烟煤)和5~7 m^3/t(无烟煤)。

瓦斯风化带的深度取决于井田地质和煤层赋存条件,如围岩性质、煤层有无露头、断层发育情况、煤层倾角、地下水活动情况等。围岩透气性越好、煤层倾角越大、开放性断层越发育、地下水活动越剧烈,则瓦斯风化带深度就越深。

不同矿区瓦斯风化带的深度有较大差异,即使是同一井田有时也相差很大,如开滦矿区的唐山矿和赵各庄矿,两矿的瓦斯风化带深度下限就相差80 m。表1-2是我国部分高瓦斯矿井煤层瓦斯风化带深度的实测结果。

表1-2 　　　　　　　　我国部分高瓦斯矿井煤层瓦斯风化带深度

矿区(矿井)	煤层	瓦斯风化带深度/m	矿井	煤层	瓦斯风化带深度/m
抚顺(龙凤)	本层	250	南桐(南桐)	4	30~50
抚顺(老虎台)	本层	300	天府(磨心坡)	9	50
北票(台吉)	4	115	六枝(地宗)	7	70
北票(三宝)	9B	110	六枝(四角田)	7	60
焦作(焦西)	大煤	180~200	六枝(木岗)	7	100
焦作(李封)	大煤	80	淮北(卢岭)	8	240~260
焦作(演马庄)	大煤	100	淮北(朱仙庄)	8	320
白沙(红卫)	6	15	淮南(谢家集)	C_{13}	45
涟邵(洪山殿)	4	30~50	淮南(谢家集)	B_{11b}	35
南桐(东林)	4	30~50	淮南(李郢孜)	C_{13}	428
南桐(鱼田堡)	4	30~70	淮南(李郢孜)	B_{11b}	420

需要说明的是,尽管位于瓦斯风化带内的矿井瓦斯含量相对较低,瓦斯对生产不构成主要威胁,但有的矿井或区域二氧化碳或氮气的含量是很高的,如果通风不良或管理不善,也有可能造成人员窒息事故。

（二）甲烷带

瓦斯风化带以下是甲烷带,是大多数矿井进行采掘活动的主要区域。在甲烷带内,煤层的瓦斯压力、瓦斯含量随着埋藏深度的增加呈有规律的增长。增长的梯度,随不同煤质（煤化程度）、不同地质构造和赋存条件有所不同。相对瓦斯涌出量也随着开采深度的增加而有规律地增加,不少矿井还出现了瓦斯喷出、煤与瓦斯突出等特殊涌出现象。因此,要搞好瓦斯防治工作,就必须重视甲烷带内的瓦斯赋存与运动规律,并采取针对性措施,这样才能防止瓦斯的各种涌出危害。

思考与练习

1. 什么是矿井瓦斯？

2. 瓦斯是怎样生成的？

3. 瓦斯以什么状态存在于煤体中？

4. 什么是煤层瓦斯含量？其影响因素有哪些？

5. 什么是瓦斯风化带？如何确定瓦斯风化带的下部边界深度？确定瓦斯风化带深度有什么实际意义？

任务二　煤层瓦斯压力及其测定

《煤矿安全规程》要求,为了预防石门揭穿煤层时发生突出事故,必须在揭穿突出煤层前,通过钻孔测定煤层的瓦斯压力,它是突出危险性预测的主要指标之一,又是选择石门防突措施的主要依据。同时,用间接法测定煤层瓦斯含量,也必须知道煤层原始的瓦斯压力。因此,测定煤层瓦斯压力是煤矿瓦斯管理和科研工作需要经常进行的一项内容。

一、煤层瓦斯压力及其分布规律

煤层瓦斯压力是煤层裂隙和孔隙中所含游离瓦斯的气体压力,即气体作用于孔隙壁的作用力。其单位是MPa（兆帕）。它是煤层裂隙和孔隙内游离瓦斯热运动的结果。

大量测定结果表明,在甲烷带内,煤层的瓦斯压力随深度的增加而增加,多数煤层呈线性增加,可以按下式预测深部煤层的瓦斯压力:

$$p = p_0 + m(H - H_0) \tag{1-1}$$

式中　p——在深度 H 处的瓦斯压力,MPa。

　　p_0——瓦斯风化带 H_0 深度的瓦斯压力（MPa）,一般取 $0.15 \sim 0.2$,预测瓦斯压力时可取 0.196。

　　H_0——瓦斯风化带的深度,m。

　　H——煤层距地表的垂直深度,m。

　　m——瓦斯压力梯度（MPa/m）,可由下式计算:

$$m = \frac{p_1 - p_0}{H_1 - H_0} \tag{1-2}$$

式中 p_1——实测瓦斯压力,MPa;

H_1——实测瓦斯压力 P_1 地点的垂深,m。

实际应用时,m 一般取(0.01±0.005) MPa/m。

煤层瓦斯的压力应该实际测量。根据我国各煤矿瓦斯压力随深度变化的实测数据,瓦斯压力梯度 m 一般为 0.007~0.012 MPa/m,而瓦斯风化带的深度则在几米至几百米之间。表 1-3 是我国部分矿井的煤层瓦斯压力和瓦斯压力梯度实测值。

表 1-3 我国部分矿井的煤层瓦斯压力和瓦斯压力梯度实测值

矿井名称	煤层	垂深/m	瓦斯压力/MPa	瓦斯压力梯度/(MPa/m)
南桐一井	4	218	1.52	0.009 5
	4	503	4.22	
北票台吉一井	4	713	6.86	0.011 4
	4	560	5.12	
涟邵蛇形山	4	214	2.14	0.012 0
	4	252	2.60	
淮北芦岭	8	245	0.20	0.011 6
	8	482	2.96	

对于一个生产矿井,应该注意积累和充分利用已有的实测数据,总结出适合本矿的基本规律,为深水平的瓦斯压力预测和开采服务。

【例 1-1】 抚顺龙凤矿于−400 m 水平(地面标高 100 m)曾测得煤层瓦斯压力为 0.784 MPa,试预测下水平−460 m 水平煤层的瓦斯压力。

解 根据表 1-3,取 H_0=250 m,p_0=0.196 MPa,则瓦斯梯度为:

$$m=\frac{p_1-p_0}{H_1-H_0}=\frac{0.784-0.196}{500-250}$$
$$=0.002\ 35\ (\text{MPa/m})$$

预测−460 m 水平煤层的瓦斯压力为:

$$p=p_0+m(H-H_0)$$
$$=0.196+0.002\ 35\times(560-250)$$
$$=0.925\ (\text{MPa})$$

因此,−460 m 水平的煤层瓦斯压力为 0.925 MPa。

二、煤层瓦斯压力测定原理

煤层瓦斯压力测定原理就是通过地面钻探孔或井下钻孔揭露煤层,安设瓦斯压力测定装置及仪表。封孔后,利用煤层瓦斯的自然渗透作用,使钻孔揭露煤层处或测压室的瓦斯压力与未受钻孔扰动煤层的瓦斯压力达到相对平衡,并通过测定钻孔揭露煤层处或测压室的瓦斯压力来表征被测煤层的瓦斯压力。

根据煤层瓦斯压力测定时的钻孔设置地点不同,可以分为井下钻孔法和地面钻孔法两种。

井下钻孔法按照钻孔封孔位置不同又可分为岩石-煤层测压法和本煤层测压法。岩石-煤层测压法就是由岩巷向煤层打测压钻孔,在岩石段中封孔测定煤层中的瓦斯压力;本煤层测压法就是在煤巷或穿层石门直接沿煤层打测压钻孔,在煤层中封孔测定煤层中的瓦斯压力。

地面钻孔法就是在煤田勘探时期,由放入勘探孔底的压力敏感元件发出的压力信号,传输到地面而测得煤层瓦斯压力的一种方法。

煤层瓦斯压力直接测定时,关键在于封闭钻孔的质量。如果钻孔封闭严密不漏气,仪表显示的压力即是测点及其附近的实际瓦斯压力。根据封孔原理可以分为主动式和被动式两种封孔方法。

主动式封孔方法就是在封闭段两端的固体物质间注入密封液,并在高于预计瓦斯压力的密封液压力作用下,使密封液渗入孔壁与固体物的缝隙和孔壁周围的裂隙中以阻止煤层瓦斯泄漏。被动式封孔法就是用固体物充填测压管与钻孔壁之间的空隙,以阻止煤层瓦斯泄漏。

三、煤层瓦斯压力测定方法

我国广泛采用从井下巷道打钻直接测定煤层瓦斯压力。测定煤层瓦斯压力时,通常是从围岩巷道(石门或围岩钻场)向煤层打直径为 50～75 mm 的钻孔,孔中放测压管,将钻孔密封后,用压力表直接进行测定。为了测定煤层的原始瓦斯压力,测压地点的煤层应为未受采动影响的原始煤体。

石门揭穿突出煤层前测定煤层瓦斯压力时,在工作面距煤层法线距离 5 m 以外,至少打 2 个穿透煤层全厚或见煤深度不少于 10 m 的钻孔,如图 1-3 所示。

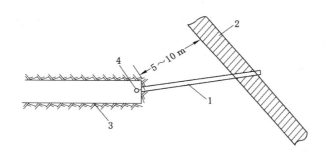

图 1-3　煤层瓦斯压力测定图
1——测压钻孔;2——煤层;3——巷道;4——压力表

测压的封孔方法分填料法和封孔器法两类。根据封孔器的结构特点,封孔器又分为胶圈、胶囊和胶圈-压力黏液等几种类型。

(一)填料封孔法

填料封孔法是应用最广泛的一种测压封孔方法。采用该法时,在打完钻孔后,先用水清洗钻孔,再向孔内放置带有压力表接头的测压管,管径一般为 6～8 mm,长度不小于 6 m,最后用充填材料封孔。图 1-4 为填料封孔法结构示意图。

人工封孔时,封孔深度一般不超过 5 m;用压气封孔时,借助喷射罐将水泥砂浆由孔底向孔口逐渐充满,其封孔深度可达 10 m 以上。为了提高填料的密封效果,可使用膨胀水泥。

填料封孔法的优点是不需要特殊装置,密封长度大,密封质量可靠,简便易行;缺点是人

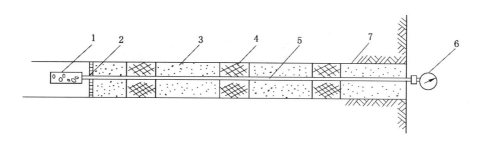

图 1-4　填料封孔法结构示意图

1——前端筛管；2——挡料圆盘；3——充填材料；4——木楔；5——测压管；6——压力表

工封孔长度短，费时费力，且封孔后需等水泥基本凝固后，才能上压力表。

（二）封孔器封孔法

1. 胶圈封孔器法

胶圈封孔器法是一种简便的封孔方法，它适用于岩柱完整致密的地质条件。图 1-5 为胶圈封孔器封孔的结构示意图。

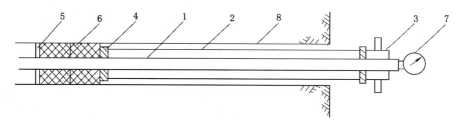

图 1-5　胶圈封孔法器封孔结构示意图

1——测压管；2——外套管；3——压紧螺帽；4——活动挡圈；5——固定挡圈；
6——胶圈；7——压力表；8——钻孔

封孔器由内外套管、挡圈和胶圈组成。内套管即为测压管。封直径为 50 mm 的钻孔时，胶圈外径为 49 mm，内径为 21 mm，长度为 78 mm。测压管前端焊有环形固定挡圈，当拧紧压紧螺帽时，外套管向前移动压缩胶圈，使胶圈径向膨胀，达到封孔的目的。

胶圈封孔器法的主要优点是简便易行，封孔器可重复使用；缺点是封孔深度小，且要求封孔段岩石必须致密、完整。

2. 胶圈-压力黏液封孔器法

这种封孔器与胶圈封孔器的主要区别是在两组封孔胶圈之间，充入带压力的黏液。胶圈-压力黏液封孔器法的结构示意图如图 1-6 所示。

该封孔器由胶圈封孔系统和黏液加压系统组成。为了缩短测压时间，该封孔器带有预充气口，预充气压力略小于预计的煤层瓦斯压力。使用该封孔器时，钻孔直径 62 mm，封孔深度 11～20 m，封孔黏液段长度 3.6～5.4 m。适用于坚固性系数 $f \geqslant 0.5$ 的煤层。

这种封孔器的主要优点是封孔段长度大，压力黏液可渗入封孔段岩（煤）体裂隙，密封效果好。

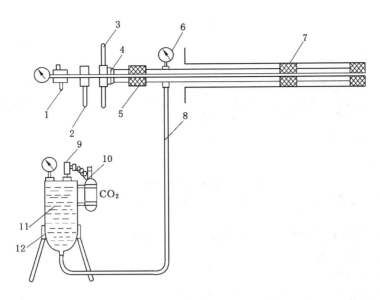

图 1-6　胶圈-压力黏液封孔器法结构示意图

1——补充气体入口;2——固定把;3——加压手把;4——推力轴承;5——胶圈;6——黏液压力表;
7——胶圈;8——高压胶管;9——阀门;10——CO_2 瓶;11——黏液;12——黏液罐

实践表明,封孔测压技术的效果除了与工艺条件有关外,更主要取决于测压地点岩体(或煤体)的破裂状态。当岩体本身的完整性遭到破坏时,煤层中的瓦斯会经过破坏的岩柱产生流动,这时所测得的瓦斯压力实际上是瓦斯流经岩柱的流动阻力,因此,为了测到煤层的原始瓦斯压力,就应当选择在致密的岩石地点测压,并适当增大封孔段长度。

四、瓦斯压力测定要求与数据处理

1. 瓦斯压力测定要求

(1) 选用的测压表量程为预计煤层瓦斯压力的 1.5 倍。准确度优于 1.5 级。

(2) 采用主动封孔测压法时,应每天观测压力表一次。当煤层瓦斯压力小于 4 MPa 时,观测时间需 5~10 天,当煤层瓦斯压力大于 4 MPa 时,则需 10~20 天。

(3) 采用被动封孔测压法时,应至少 3 天观测一次。在观测中发现瓦斯压力值变化较大时,则应适当缩短观测时间间隔。视煤层的瓦斯压力及透气性大小的不同,需 30 天以上。

(4) 测压钻孔的瓦斯压力变化在连续 3 天内每天小于 0.015 MPa 时,测压工作即可结束。

2. 数据处理

在结束测压工作拆卸压力表头时,应测量从钻孔中放出的水量。若钻孔与含水层导通,则此测压钻孔作废,并按有关规定进行封堵钻孔;若测压钻孔没有与含水层导通,应根据钻孔中的积水情况对测定压力结果进行修正。一般应根据从钻孔中放出的水量、钻孔参数、封孔参数等进行修正。但同一测压地点应以最高瓦斯压力值作为测定结果。

 思考与练习

1. 什么是煤层瓦斯压力?

2. 煤层瓦斯压力测定原理是什么？

3. 井下钻孔法测定瓦斯压力有哪些方法？

4. 简述采用钻孔测定瓦斯压力的步骤。

5. 瓦斯压力测量封孔方法有哪些？优缺点各是什么？

6. 某矿于－500 m 水平（地面标高 120 m）曾测得煤层瓦斯压力为 0.762 MPa，瓦斯压力梯度为 0.012 MPa/m，试预测下水平－580 m 水平煤层的瓦斯压力。

任务三　矿井瓦斯涌出及矿井瓦斯等级鉴定

一、矿井瓦斯涌出及其原因

完整的煤体内，游离瓦斯和吸附瓦斯处于动平衡状态，煤层的瓦斯含量可以看作稳定不变。但是，在煤层中或煤层附近开展采掘工作时，煤岩的完整性受到破坏，地压的分布发生了变化，一部分煤岩的透气性增加，游离瓦斯在瓦斯压力作用下，就会经由煤层的暴露面渗透流出，涌向采掘空间，这种现象就是煤层的瓦斯涌出。一部分游离状态的瓦斯涌出后，破坏了原有的瓦斯动态平衡，一部分吸附状态的瓦斯将转化为游离状态的瓦斯而涌出。另一方面，随着采掘工作的开展，煤体和围岩受采掘工作影响的范围不断扩大，瓦斯动态平衡破坏的范围也不断扩展。所以瓦斯能长时间地、均匀地从煤体中释放出来，这类瓦斯涌出又叫瓦斯的普遍涌出，它是瓦斯涌出的基本形式。

在某些特定的条件下，煤矿内还会出现其他特殊形式的瓦斯涌出。特殊涌出是指大量瓦斯突然、集中于局部并伴有动力效应的涌出现象。特殊涌出是较少见的一种瓦斯放散形式，主要有瓦斯喷出和煤与瓦斯突出。本部分仅介绍瓦斯的普通涌出。

二、矿井瓦斯涌出来源

根据矿井瓦斯涌出的地点不同，瓦斯来源可分为煤（岩）壁瓦斯涌出、采空区瓦斯涌出和采落煤炭瓦斯放散三类。有时把来源于煤（岩）壁和采落煤炭涌出的瓦斯称为直接源瓦斯；把来源于采空区涌出的瓦斯称为间接源瓦斯。

1. 煤（岩）壁瓦斯涌出

由于井下采掘巷道和采掘工作面的布置，煤（岩）壁暴露的自由面大而且分布广。从自由面向煤体深处瓦斯压力呈上升趋势，这样在煤体中就会形成瓦斯压力梯度，从而造成瓦斯由煤体深部向煤壁方向流动的流动场。对井下作业空间而言，煤（岩）壁成为瓦斯涌出的重要来源。

采煤工作面处于均匀连续的推进过程中，所以工作面新鲜暴露的煤壁不存在瓦斯枯竭的问题，瓦斯涌出也是连续不断的。以综采工作面为例，当采煤机位于工作面的上端或下端时，工作面的煤壁都是新鲜暴露的，这时工作面的瓦斯涌出量最大。

在掘进巷道中，可把当天暴露出来的新鲜煤壁看作移动煤壁，在这个移动区域内的新鲜煤壁像插入煤层原始应力区域的一根"针"，这根"针"破坏了煤层原始应力平衡状态和煤体内瓦斯压力平衡状态，在煤体中形成了较大的瓦斯压力梯度，使得瓦斯从这个移动煤壁大量涌出。

一般煤壁瓦斯的涌出量与煤壁暴露的自由面的大小和暴露时间有关，单位面积暴露煤壁的瓦斯涌出量叫作煤壁瓦斯的涌出强度，新鲜暴露煤壁的瓦斯涌出强度最大。因此，正常

情况下,井下采掘作业时煤壁瓦斯涌出强度应该是最大的。

2. 采空区瓦斯涌出

采空区瓦斯涌出中瓦斯来源主要包括受采动影响的卸压邻近层(包括上、下邻近层,不可采层及围岩)以及开采层本身丢煤(包括煤柱)所涌出的瓦斯。

一般在基本顶第一次冒落前,邻近层瓦斯基本上不向采空区涌出,这时的瓦斯涌出量可以认为是开采层本身涌出的瓦斯量。当基本顶第一次冒落后,卸压松动的邻近层就开始向采空区大量涌出瓦斯。

3. 采落煤炭瓦斯放散

采掘工作面采落下来的煤块在运输过程中,煤块内瓦斯仍向风流涌出。影响采落的煤炭放散瓦斯的因素有:煤炭的块度大小、煤块初始的瓦斯含量、煤块在采区内停留的时间。

在正常情况下,采落煤块在采区进风系统中停留的时间为 5~10 min。如果停留时间延长,则煤块在采区内的瓦斯涌出量将显著增加;但超过 30~40 min 后,采落煤块的瓦斯涌出量将趋向稳定。采煤工作面的推进速度越快,采落煤块瓦斯涌出量占采煤工作面瓦斯涌出总量的比例越大。

三、矿井瓦斯涌出量

矿井瓦斯涌出量是指在矿井建设和生产过程中从煤与岩石内涌出的瓦斯的体积或质量的多少。瓦斯涌出量的计算有两种,即绝对瓦斯涌出量和相对瓦斯涌出量。

(一)绝对瓦斯涌出量

矿井在单位时间内涌出的瓦斯量,称为绝对瓦斯涌出量,单位为 m³/d 或 m³/min,它与风量、瓦斯浓度的关系为:

$$Q_涌 = Q_风 \cdot C \tag{1-3}$$

式中　$Q_涌$——绝对瓦斯涌出量,m³/min;

　　　　$Q_风$——瓦斯涌出地区的风量,m³/min;

　　　　C——风流中的瓦斯体积浓度,即风流中瓦斯体积与风流总体积的百分比。

(二)相对瓦斯涌出量

矿井在正常生产条件下,平均日产 1 t 煤涌出的瓦斯量,称为相对瓦斯涌出量。其单位为 m³/t。

$$q_涌 = \frac{1\,440 \cdot Q_涌}{T} \tag{1-4}$$

式中　$q_涌$——相对瓦斯涌出量,m³/t;

　　　　$Q_涌$——绝对瓦斯涌出量,m³/d;

　　　　T——产煤量,t/d。

如果某矿井月产量为 A t,则 T 的值可按下式求出:

$$T = \frac{A}{n} \tag{1-5}$$

式中　n——月工作天数,d。

【例 1-2】　已知某矿日产量 3 000 t,总回风巷回风量为 7 600 m³/min,相对瓦斯涌出量为 25 m³/t,那么总回风巷的瓦斯浓度是多少?该浓度是否符合《煤矿安全规程》的规定?

解　　　　　　　　　　　　　　　$C = Q_涌 / Q_风$

但
$$Q_涌 = q_涌 \cdot T/(24 \times 60)$$
$$= 25 \times 3\,000/(24 \times 60)$$
$$= 52.1\,(\text{m}^3/\text{min})$$

故
$$C = Q_涌/Q_风 = 52.1/7\,600 = 0.68\%$$

因 0.68%<0.75%,所以总回风巷瓦斯浓度符合《煤矿安全规程》的规定。

【例 1-3】 某采煤工作面回风量为 300 m³/min,瓦斯浓度为 1.3%,那么应至少再增加多少新风,才能使回风流瓦斯浓度符合《煤矿安全规程》的规定?

解
$$C = Q_涌/Q_风$$
$$Q_涌 = C \cdot Q_风$$

设当把瓦斯浓度降到 1% 时,需风量为 $Q_风$,则:
$$1.3\% \times 300 = 1\% \times Q_风$$

得
$$Q_风 = 390\,(\text{m}^3/\text{min})$$

需要增加的风量 $Q_增$ 为:
$$Q_增 = 390 - 300 = 90\,(\text{m}^3/\text{min})$$

(三)瓦斯涌出不均系数

矿井瓦斯涌出量的变化分为正常变化和异常变化。正常变化指生产过程中发生的瓦斯涌出量变化;异常变化发生于气压的突然变化,瓦斯喷出、煤与瓦斯突出、基本顶大面积冒落和地震等特殊情况时。正常变化在一段时间内不超过一定的数值,以瓦斯涌出不均系数表示:

$$k = \frac{Q_{涌大}}{Q_{涌均}} \tag{1-6}$$

式中 k——给定时间内的瓦斯涌出不均系数;

$Q_{涌大}$——该时间内的最大瓦斯涌出量,m³/min;

$Q_{涌均}$——该时间内的平均瓦斯涌出量,m³/min。

测定瓦斯涌出不均系数时,根据需要,在测定地区(工作面、采区或全矿)的进、回风流中连续测定一段时间内一个生产循环、一个工作班、一天、一月或一年的风量和瓦斯浓度。一般以测定结果中的最大一次瓦斯涌出量和各次测定的算术平均值代入上式,即为该地区在该时间间隔内的瓦斯涌出不均系数。表 1-4 为淮南谢二矿等矿根据通风报表统计的瓦斯涌出不均系数。

表 1-4　　　　　　　　　　　　　瓦斯涌出不均系数

矿井	全矿	采煤工作面	掘进工作面
淮南谢二矿	1.18	1.51	
抚顺龙凤矿	1.18	1.32	1.42
抚顺胜利矿	1.29	1.38	
阳泉一矿北头嘴井	1.24	1.41	1.40

任何矿井的瓦斯涌出在时间上与空间上都是不均匀的。如果这种不均匀性很大,就需要根据测定结果,有针对性地采取措施,使瓦斯涌出比较均匀稳定。例如,尽可能采用浅截

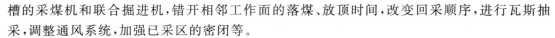

槽的采煤机和联合掘进机,错开相邻工作面的落煤、放顶时间,改变回采顺序,进行瓦斯抽采,调整通风系统,加强已采区的密闭等。

四、影响瓦斯涌出量的因素

瓦斯涌出量的大小,决定于自然因素和开采技术因素的综合影响,如煤(岩)的瓦斯含量、煤的物理化学特性、开采规模、回采顺序、落煤方式、通风系统、地面大气压、风压和风量的变化等。这里只简要地讨论与生产技术关系密切的一些因素。

(一)自然因素

1. 煤层、围岩的瓦斯含量

它是影响瓦斯涌出量的最重要因素。单一的薄煤层和中厚煤层开采时,瓦斯主要来自煤层暴露面和采落的煤炭。因此,瓦斯含量越高,瓦斯涌出量也越大。如果在开采煤层附近赋存有瓦斯含量大的邻近煤层或岩层时,由于煤层回采的影响,在采空区上、下形成大量的裂隙,邻近煤层或岩层中的瓦斯,就能不断地流向开采煤层的采空区,再进入生产空间,从而增加矿井的瓦斯涌出量。在此情况下,开采煤层的瓦斯涌出量有可能大大超过它的瓦斯含量。

2. 地面大气压的变化

地面大气压变化,必然引起井下大气压的相应变化,对于从煤层暴露面涌出的瓦斯量影响甚微,但对采空区或坍冒处瓦斯涌出的影响比较显著。这是由于正常情况下,这些瓦斯积存区与巷道的气压差处于相对平衡状态,积存瓦斯均匀地流入风流中。所以在生产规模较大的老矿内,当地面大气压突然下降时,瓦斯积存区的气体压力将高于风流的压力,原来的相对平衡压差遭到破坏,因而引起瓦斯涌出量的增加,瓦斯就会更多地涌入风流中,使矿井的瓦斯涌出量增大;反之,矿井的瓦斯涌出量将减少。

3. 开采深度

因为煤层和围岩的瓦斯含量随深度的增加而增大,所以,在甲烷带内,随着开采深度的增加,瓦斯涌出量也增大。

4. 地质构造

采掘工作面接近地质构造时,瓦斯涌出量往往发生很大的变化。其大小取决于引起构造时地层受力情况和最终的成型构造类型。一般来说,受拉力影响产生的开放性构造裂隙有利于排放瓦斯,受挤压力产生的封闭构造裂隙有利于瓦斯聚积。因此,当开采到瓦斯聚积区时,瓦斯涌出量就增大。

(二)开采技术因素

1. 开采强度和产量

矿井的绝对瓦斯涌出量与回采速度或矿井产量成正比,而相对瓦斯涌出量变化较小。当回采速度较高时,相对瓦斯涌出量中开采煤层涌出的量和邻近煤层涌出的量反而相对减少,使得相对瓦斯涌出量降低。实测结果表明,如从两方面考虑,则高瓦斯的综采工作面快采必须快运才能减少瓦斯的涌出。

2. 开采顺序和回采方法

厚煤层分层开采或开采有邻近煤层涌出瓦斯的煤层时,首先开采的煤层瓦斯涌出量较大,除本煤层(或本分层)瓦斯涌出外,邻近层(或未开采分层)的瓦斯也要通过回采产生的裂隙与孔洞渗透出来,增大瓦斯涌出量,而其他层开采时,瓦斯涌出量大大减少。

采空区丢失煤炭多,采出率低,瓦斯涌出量大。管理顶板采用陷落法比充填法造成的顶板破坏范围大,邻近层瓦斯涌出量较大。采煤工作面周期来压时,瓦斯涌出量也会增大。

3.采空区封闭质量

采空区积存的瓦斯浓度可高达 60%～70%。如果设置的密闭墙质量差或进、回风侧的风压差较大,就会造成采空区内的瓦斯大量涌出,进而增大矿井瓦斯涌出量。

4.风量的变化

风量变化时,瓦斯涌出量和风流中的瓦斯浓度由原来的稳定状态,逐渐转变为另一稳定状态。风量变化时,漏风量和漏风中的瓦斯浓度也会随之变化。通常风量增加时,起初由于负压和采空区漏风的加大,一部分高浓度瓦斯被漏风从采空区带出,绝对瓦斯涌出量迅速增加,回风流中的瓦斯浓度可能急剧上升。然后,浓度开始下降,经过一段时间,绝对瓦斯涌出量恢复到或接近原有值,回风流中的瓦斯浓度才能降低到原值以下,风量减少时情况相反。这类瓦斯涌出量变化的时间,由几分钟到几天,峰值浓度和瓦斯涌出量可为原值的几倍。

五、矿井瓦斯等级的划分

矿井瓦斯等级是矿井瓦斯量大小和安全程度的基本标志,矿井生产过程中,根据不同的瓦斯等级选用相应的机电设备,采取相应的通风瓦斯管理制度,以保障安全生产,并做到经济合理。

《煤矿安全规程》第一百六十九条规定:

一个矿井中只要有一个煤(岩)层发现瓦斯,该矿井即为瓦斯矿井。瓦斯矿井必须依照矿井瓦斯等级进行管理。

根据矿井相对瓦斯涌出量、矿井绝对瓦斯涌出量、工作面绝对瓦斯涌出量和瓦斯涌出形式,矿井瓦斯等级划分为:

(一)低瓦斯矿井。同时满足下列条件的为低瓦斯矿井:

1.矿井相对瓦斯涌出量不大于 $10 \ \mathrm{m^3/t}$;

2.矿井绝对瓦斯涌出量不大于 $40 \ \mathrm{m^3/min}$;

3.矿井任一掘进工作面绝对瓦斯涌出量不大于 $3 \ \mathrm{m^3/min}$;

4.矿井任一采煤工作面绝对瓦斯涌出量不大于 $5 \ \mathrm{m^3/min}$。

(二)高瓦斯矿井。具备下列条件之一的为高瓦斯矿井:

1.矿井相对瓦斯涌出量大于 $10 \ \mathrm{m^3/t}$;

2.矿井绝对瓦斯涌出量大于 $40 \ \mathrm{m^3/min}$;

3.矿井任一掘进工作面绝对瓦斯涌出量大于 $3 \ \mathrm{m^3/min}$;

4.矿井任一采煤工作面绝对瓦斯涌出量大于 $5 \ \mathrm{m^3/min}$。

(三)突出矿井。

《煤矿安全规程》第一百七十条规定:

每 2 年必须对低瓦斯矿井进行瓦斯等级和二氧化碳涌出量的鉴定工作,鉴定结果报省级煤炭行业管理部门和省级煤矿安全监察机构。上报时应当包括开采煤层最短发火期和自燃倾向性、煤尘爆炸性的鉴定结果。高瓦斯、突出矿井不再进行周期性瓦斯等级鉴定工作,但应当每年测定和计算矿井、采区、工作面瓦斯和二氧化碳涌出量,并报省级煤炭行业管理部门和煤矿安全监察机构。

新建矿井设计文件中,应当有各煤层的瓦斯含量资料。

高瓦斯矿井应当测定可采煤层的瓦斯含量、瓦斯压力和抽采半径等参数。

六、矿井瓦斯等级鉴定方法与步骤

矿井瓦斯等级鉴定是矿井瓦斯防治工作的基础。借助于矿井瓦斯等级鉴定工作,也可以较全面地了解矿井瓦斯的涌出情况,包括各工作区域的涌出和各班涌出的不均衡程度。该项工作主要包括下列内容:

1. 鉴定进行的时间

根据矿井生产和气候变化的规律,可以选在瓦斯涌出量较大的一个月份进行,一般为七八月份。

2. 鉴定时的生产条件

矿井瓦斯鉴定工作应在正常的条件下进行,按每一矿井的全矿井、煤层、一翼、水平和采区分别计算月平均日产 1 t 煤瓦斯的涌出量。在测定时,应采取各项测定中的最大值,作为确定矿井瓦斯等级的依据。

3. 测定的内容和要求

测定必须在鉴定月的上、中、下旬各取一天(时间间隔 10 天,分三个班或四个班进行),具体的计划根据矿井实际作业规程安排。每一工作班的测定时间应该选在生产正常时刻,分别测定矿井、煤层、一翼、水平和采区回风巷道中的风量和瓦斯浓度,测定的地点尽量设置在测风站内,测量方法和次数应按操作规程进行。有瓦斯抽采系统的矿井,在测定日应同时测定各区域内瓦斯的抽采量,因为矿井瓦斯等级中包含抽采的瓦斯量在内。鉴定月内地面和井下的大气变化情况也应记录,包括气温、气压和湿度等气象条件。

4. 瓦斯涌出量的计算

各工作班的绝对瓦斯涌出量按式(1-3)计算;相对瓦斯涌出量按式(1-4)计算。

计算煤层、一翼、水平或采区的瓦斯或二氧化碳涌出量时,应该扣除相应的进风流中瓦斯或二氧化碳量。计算结果填入测定表中。

5. 鉴定报告

在鉴定月三天测定的数据中选取瓦斯涌出量最大的一天,作为计算相对瓦斯涌出量的基础。根据鉴定的结果,结合产量、地质构造、采掘比重等提出确定矿井瓦斯等级的意见,填写矿井瓦斯等级鉴定报告,并连同其他资料报上级主管部门审批。

【例 1-4】 某矿 7 月份进行瓦斯等级鉴定,该月产量为 18 万 t,工作日数为 30 天,测得风量和瓦斯浓度见表 1-5,试确定该矿井的瓦斯等级。

表 1-5 瓦斯等级鉴定记录表

项目 \ 班次	上旬(5日)			中旬(15日)			下旬(25日)		
	1	2	3	1	2	3	1	3	3
风量/(m³/min)	800	830	840	820	840	820	800	830	810
瓦斯浓度/%	0.72	0.73	0.70	0.73	0.74	0.72	0.70	0.70	0.68

解 首先根据 $Q_涌 = Q_风 \times C$,求鉴定日的三班平均绝对瓦斯涌出量:

上旬(5日): $Q_{涌上} = (800 \times 0.72\% + 830 \times 0.73\% + 840 \times 0.74\%)/3 = 5.90$ (m³/min)

中旬(15日): $Q_{涌中} = (820 \times 0.73\% + 840 \times 0.74\% + 820 \times 0.72\%)/3 = 6.04$ (m³/min)

下旬(25 日):$Q_{涌下}=(800×0.70\%＋830×0.70\%＋840×0.68\%)/3=5.61$（m³/min）

然后,取三天中最大的绝对瓦斯涌出量计算相对瓦斯涌出量:

$$Q_{涌}＝1\,440×Q_涌/T＝1\,440×6.04/6\,000＝1.45（m³/t）$$

将计算结果填入矿井瓦斯等级报告表中,见表1-6。

表 1-6   矿井瓦斯等级鉴定报告表

鉴定区域名称	三旬中最大一天的瓦斯涌出量/(m³/min)			月实际工作日/d	月产量/万 t	月平均日产量/(t/d)	绝对瓦斯涌出量/(m³/min)	相对瓦斯涌出量/(m³/t)	矿井瓦斯等级	上年度瓦斯等级	备注
	风流	抽采	总量								
某矿	6.04	0	6.04	30	18	6 000	6.04	1.45	低	低	

 思考与练习

1. 简述煤层瓦斯涌出及其原因。

2. 简述矿井瓦斯涌出来源。

3. 影响瓦斯涌出量的因素有哪些?

4. 矿井瓦斯等级根据什么来划分? 分为几级?

5. 简述瓦斯等级鉴定时测定的内容和要求。

6. 已知某矿日产量 3 500 t,总回风巷回风量为 8 000 m³/min,相对瓦斯涌出量为 26 m³/t,求总回风巷的瓦斯浓度。该浓度是否符合《煤矿安全规程》的规定?

7. 某采煤工作面回风量为 400 m³/min,瓦斯浓度为 1.2％,则应至少再增加多少新风,才能使回风流瓦斯浓度符合《煤矿安全规程》的规定?

8. 某矿 8 月份进行瓦斯等级鉴定,该月产量为 15 万 t,工作日数为 30 天,测得风量和瓦斯浓度见表 1-7,试确定该矿井的瓦斯等级。

表 1-7   瓦斯等级鉴定记录表

项目 \ 班次	上旬(5 日)			中旬(15 日)			下旬(25 日)		
	1	2	3	1	2	3	1	3	3
风量/(m³/min)	820	840	840	830	840	830	820	830	840
瓦斯浓度/％	0.52	0.53	0.50	0.53	0.54	0.52	0.50	0.50	0.48

任务四 矿井瓦斯爆炸及其防治措施

瓦斯爆炸是煤矿生产中最严重的灾害之一。如果由于瓦斯爆炸而引起煤尘爆炸,后果更为严重。例如,1942 年 4 月 26 日辽宁本溪湖煤矿发生的瓦斯、煤尘爆炸,死亡 1 549 人,伤 146 人,成为世界煤矿开采史上最大的伤亡事故。20 世纪中后期以来,由于大型高效扇风机的制成,自动遥测监控装置的使用和采取了瓦斯抽采等一系列技术措施,矿井瓦斯爆炸事故已逐渐减少,但是还不能完全杜绝。所以掌握瓦斯爆炸的原因、规律和防

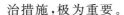

治措施,极为重要。

一、瓦斯爆炸的机理

物质从一种状态迅速变成另一种状态,并在瞬间放出大量能量的同时产生巨大声响的现象称为爆炸。瓦斯爆炸是瓦斯和氧气组成的爆炸性混合气体遇火源点燃所产生的一种复杂的激烈的氧化反应。其化学反应式为:

$$CH_4 + 2O_2 = CO_2 + 2H_2O + 882.6 \text{ kJ/mol} \tag{1-7}$$

上述反应是放热反应,当反应生成热的速度大于散热速度时,则热量积聚,反应物的温度上升,反应速度进一步加快,周围气体体积剧烈膨胀,以声、光形式表现出来,最后形成爆炸。

瓦斯爆炸是一个复杂的化学反应过程,上式只是反应的最终结果。目前认为,矿井瓦斯爆炸是一种链式反应,当爆炸混合物吸收一定的能量后,反应物分子的链即行断裂,离解成两个或两个以上的游离基(或叫自由基),这种游离基具有很强的化学活性,成为反应连续进行的活化中心。在适当的条件下,每个游离基又可进一步分解,产生两个或两个以上的游离基,如此循环不已,化学反应也越来越快,最后发展为爆燃或爆轰式的氧化反应。

二、瓦斯爆炸的效应

爆炸的效应即指爆炸的效果或结果,亦即爆炸对矿井造成的危害。

矿井瓦斯在高温火源的引发下的激烈氧化反应形成爆炸过程中,如果氧化反应极为剧烈,膨胀的高温气体难于散失,将会产生极大的爆炸动力危害。

(一)产生高温高压

瓦斯爆炸时反应速度极快,瞬间释放出大量的热,使气体的温度和压力骤然升高。试验表明,爆炸性混合气体中的瓦斯浓度为9.5%时,在密闭条件下,爆炸气体温度可达2 150～2 650 ℃,相对应的压力可达1.02 MPa;在自由扩散条件下,爆炸气体温度可达1 850 ℃,相对应的压力可达0.74 MPa,其爆炸压力平均值为0.9 MPa。煤矿井下处于封闭和自由扩散之间,因此,瓦斯爆炸时的温度高于1 850 ℃,相对应的压力高于0.74 MPa。

(二)产生冲击波和火焰锋面

1. 产生冲击波

瓦斯爆炸时产生的高压高温气体以极快的速度(可达每秒几百米甚至数千米)向外运动传播,形成高压冲击波。瓦斯爆炸产生的高压冲击作用可以分为直接冲击和反向冲击两种。

(1)直接冲击:爆炸产生的高温及气浪使爆源附近的气体以极高的速度向外冲击,造成井下人员伤亡,摧毁巷道和设备,扬起大量的煤尘参与爆炸,使灾害事故扩大。

(2)反向冲击:爆炸后由于附近爆源气体以极高的速度向外冲击,爆炸生成的一些水蒸气随着温度的下降很快凝结成水,在爆源附近形成空气稀薄的负压区,致使周围被冲击的气体又高速返回爆源地点,形成反向冲击,其破坏性更为严重。如果冲回气流中有足够的瓦斯和氧气,遇到尚未熄灭的爆炸火源,将会引起二次爆炸,造成更大的灾害破坏和损失。

【事故案例】 辽源太信矿一井1751准备区掘进巷道复工排放瓦斯时,因明火引燃瓦斯,而导致大巷内瓦斯爆炸,在救护队处理事故过程中和采区封闭后,六天内连续爆炸32次。

2. 产生火焰锋面

伴随高压冲击波产生的另一危害是火焰锋面。火焰锋面是瓦斯爆炸时沿巷道运动的化学反应区和高温气体总称。其传播速度可在宽阔的范围内变化,从正常的燃烧速度 $1\sim2.5$ m/s 到爆轰式传播速度 2 500 m/s,火焰锋面温度可高达 2 150～2 650 ℃。火焰锋面所经过之处,可以造成人体大面积皮肤烧伤或呼吸器官及食道、胃等黏膜烧伤,还能烧坏井下的电气设备、电缆,并可能引燃井巷中的可燃物,产生新的火源。

（三）产生有毒有害气体

瓦斯爆炸后生成大量有害气体,试验中对某些煤矿爆炸后的气体成分进行分析为:O_2 为 6%～10%,N_2 为 82%～88%,CO_2 为 4%～8%,CO 为 2%～4%。如果有煤尘参与爆炸,CO 的生成量将更大,往往成为人员大量伤亡的主要原因。例如,日本三池煤矿在 1963 年发生特大瓦斯煤尘爆炸,死亡 1 200 余人,其中 90% 以上为中毒致死。

三、瓦斯爆炸的条件及其影响因素

瓦斯爆炸必备的三个基本条件参数是:混合气体中瓦斯浓度达到一定的爆炸界限范围(5%～16%);存在高能量的引燃火源(650～750 ℃);有足够的氧气浓度(不低于 12%)。三者缺一不可。

（一）瓦斯浓度

1. 瓦斯爆炸的浓度界限

理论分析和试验研究表明:在正常的大气环境中,瓦斯只在一定的浓度范围内爆炸,这个浓度范围称为瓦斯的爆炸界限,其最低浓度界限叫爆炸下限,其最高浓度界限叫爆炸上限。瓦斯在空气中的爆炸下限为 5%,上限为 16%。

（1）形成爆炸界限的原因

根据链式反应理论,瓦斯吸收足够的热量后,就将分解出大量活化中心,并放出一定的热量。如果生成的热量超过周围介质的吸热和散热能力,而混合气体中又有足够的 CH_4 和 O_2 存在,足以使链反应发展,就会形成更多的活化中心,使氧化过程迅猛发展成为爆炸;若参与反应的瓦斯浓度不够,反应速度就不能发展成为爆炸,又若瓦斯浓度过高,相对来说 O_2 浓度就过低,而且 CH_4 的吸热能力比空气大,氧化生成的热量容易被周围介质所吸收,当然也不能发展为爆炸。这两种情况下都只能发生瓦斯的燃烧。因此,瓦斯浓度低于爆炸下限时,遇高温火源并不爆炸,只能在火焰外围形成稳定的燃烧层,此燃烧层呈浅蓝或淡青色。浓度高于爆炸上限时,在该混合气体内不会爆炸,也不燃烧。当有新鲜空气供给时,可以在混合气体与新鲜空气的接触面上进行燃烧。

（2）动力效应最强的爆炸浓度

由于瓦斯的主要成分是甲烷,根据甲烷燃烧或爆炸的化学反应式可知,一个体积的甲烷需要两个体积的氧气才能发生完全反应。新鲜空气中一个体积的氧,必有 79.04÷20.96＝3.77 个体积的氮、二氧化碳及其他惰性气体同时存在。因此,要使一个体积的甲烷全部参加反应就需 2×(1＋3.77)＝9.54 个体积的新鲜空气。此时混合气体中的甲烷浓度应为 1÷(1＋9.54)×100%＝9.5%。在矿井空气中,氧的浓度较低,《煤矿安全规程》规定不得低于 20%,如以 20% 计算,则反应完全的甲烷浓度应为(1÷11)×100%＝9.1%,即当矿井空气中的甲烷浓度为 9.1% 时,甲烷爆炸反应最完全,产生的动力效应最强。

2. 影响瓦斯爆炸浓度界限的因素

实践证明,瓦斯的爆炸界限不是固定不变的,它受到许多因素的影响,其中重要的有:

（1）其他可燃气体的存在

两种以上可燃气体同时存在时,这类混合气体的爆炸界限取决于各可燃气体的爆炸界限和它们的浓度。也就是说,如果瓦斯和空气混合物中还存在着其他可燃性气体,那么这种混合气体的爆炸界限就不是各单个可燃气体的爆炸界限了。一般说来,瓦斯和空气混合气体中,如果混入的其他可燃气体的爆炸下限比瓦斯的爆炸下限低,那么混合气体的爆炸下限也就比瓦斯单独存在时的爆炸下限低。爆炸上限也是这样。所以判断煤矿自燃火区内的爆炸危险时,不能只以瓦斯浓度为准。通常建议,只单独测定瓦斯浓度时,应以3.5%作为火区有无爆炸危险的下限浓度。

(2)煤尘的混入

浮游在瓦斯混合气体中的具有爆炸危险性的煤尘,不仅能增加爆炸的猛烈成度,还可降低甲烷的爆炸下限。这是因为在温度300～400 ℃时,煤尘会干馏出可燃气体,试验表明:当煤尘浓度达68 g/m³时,瓦斯的爆炸下限会降低到2.5%。

(3)惰性气体的混入

如果在瓦斯混合气体中加入了惰性气体,则爆炸下限提高、上限降低,即爆炸范围减小。如在瓦斯混合气体中加入某些卤代碳氢化合物(如CBr_2F_2),能抑制其爆炸,因为惰性气体具有捕捉燃烧反应中起活化中心作用的自由基的能力,从而抑制了链式反应,可中止燃烧过程。例如,如果在瓦斯混合气体中氮气含量超过81.69%,或二氧化碳含量超过22.8%,则任何浓度的瓦斯都不会爆炸。

(4)混合气体的初温和初压(环境温度和气压的影响)

试验表明:瓦斯的爆炸界限随爆炸前环境的温度(初温)和压力(初压)而变化,随着温度的升高,甲烷爆炸下限下降、上限升高,即爆炸范围扩大,见表1-8。爆炸初始时环境的气压对瓦斯气体的爆炸界限也有很大影响,随着环境压力的升高,甲烷爆炸下限变动很小而上限上升很大,这个规律对烃类气体都适用,见表1-9。所以井下发生火灾或爆炸时,高温和高压会使正常条件下未达到爆炸浓度的瓦斯发生爆炸。

表 1-8 　　　　　　　　　　　瓦斯爆炸界限与初始温度的关系

初始温度/℃	20	100	200	300	400	500	600	700
爆炸下限/%	6.00	5.45	5.05	4.40	4.00	3.65	3.35	3.25
爆炸上限/%	13.40	13.50	13.85	14.25	14.70	15.35	16.40	18.75

表 1-9 　　　　　　　　　　　瓦斯爆炸界限与初始压力的关系

初始压力/kPa	101.3	1 013	5 065	12 662.5
爆炸下限/%	5.6	5.9	5.4	5.7
爆炸上限/%	14.3	17.2	29.4	45.7

(二)引燃火源

1.瓦斯的点燃温度与点燃能量

点燃瓦斯所需的最低温度叫它的点燃温度,所需的最低点燃能量称点燃能量。一般认为,正常大气条件下,瓦斯在空气中的着火温度为650～750 ℃,瓦斯的最小点燃能量为0.28 mJ(相关电气规程规定的安全着火能量为0.25 mJ)。煤矿井下的明火、煤炭自燃、电弧、电火花,赤热的金属表面和撞击或摩擦火花都能点燃瓦斯。

影响点燃温度与点燃能量的主要因素有空气中的瓦斯浓度、氧浓度、初压和火源性质。

（1）瓦斯浓度的影响

不同的瓦斯浓度,所需要的引火温度也不同。例如,当瓦斯浓度为 2% 时,点燃温度为 810 ℃;当瓦斯浓度为 7.6% 时,点燃温度为 510 ℃;当瓦斯浓度为 11% 时,点燃温度为 539 ℃;瓦斯最容易点燃的浓度为 7%~8%,而不是爆炸最猛烈的浓度 9.5%。

（2）气体压力的影响

混合气体压力愈大,点燃温度愈低。正常大气压力下点燃温度为 700 ℃;当混合气体压力增加到 2 836.4 kPa(28 个大气压)时,点燃温度降为 460 ℃。混合气体的温度越高,点燃温度越低。火源面积越大,点火时间越长,越易点燃。

2. 瓦斯的引火延迟性

瓦斯与高温热源接触时,不是立即燃烧或爆炸,而是要经过一个很短的间隔时间,这种现象叫引火延迟性,间隔的这段时间称感应期。感应期的长短与瓦斯浓度、火源温度和火源性质有关,而且瓦斯燃烧的感应期总是小于爆炸的感应期。表 1-10 所列为瓦斯爆炸的感应期。由此可见,火源温度升高,感应期迅速下降;瓦斯浓度增加,感应期略有增加。

表 1-10   瓦斯爆炸感应期与火源温度关系表

感应期/s \ 瓦斯浓度/%	火源温度/℃			
	775	875	975	1 075
6	1.08	0.35	0.12	0.039
7	1.15	0.30	0.13	0.041
8	1.25	0.37	0.14	0.042
9	1.30	0.39	0.14	0.044
10	1.40	0.41	0.15	0.049
12	1.64	0.44	0.16	0.055

瓦斯爆炸的感应期,对煤矿安全生产意义很大。例如,使用安全炸药爆破时,虽然炸药爆炸的初温能达到 2 000 ℃ 左右,但是在绝大多数情况下,这一高温存在时间极短(一般为几毫秒),小于瓦斯的爆炸感应期,所以不会引起瓦斯爆炸。如果炸药质量不合格,炮泥充填不紧或爆破操作不当,火焰存在时间就可能延长,一旦超过感应期,就能发生瓦斯燃烧或爆炸事故。

另外,硝铵炸药爆炸后分解的二氧化氮(NO_2)能使瓦斯爆炸感应期缩短。再加上爆破冲击波对气体的冲击压缩作用,井下爆破时,瓦斯的实际感应期将比表 1-10 所列时间短。因此,爆破常可引起瓦斯事故。必须严格遵守《煤矿安全规程》中有关爆破作业的规定。

煤矿井下用的电气自动控制装置的电流切断时间,也必须小于瓦斯爆炸的感应期。这就必须做好这类装置的管理和维修工作。

3. 井下引燃瓦斯的热源种类

（1）明火和热辐射

明火有多种,如火柴的明火火焰温度高达 1 200 ℃;香烟明火,吸烟时温度为 650~800 ℃,点燃未吸时温度为 450~500 ℃;气焊、喷灯明火;火灾明火;等等。

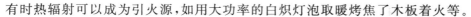

有时热辐射可以成为引火源,如用大功率的白炽灯泡取暖烤焦了木板着火等。

（2）爆破火焰

使用不合格炸药,炮孔封泥不足或不严,用可燃物做封炮眼填料等,都有可能产生火焰引燃瓦斯。

（3）冲击、摩擦火花

如金属器具冲击出火;坚硬顶板岩石冒落撞击出火;绞车闸皮铆钉摩擦出火;运输带摩擦出火;截齿切割黄铁矿结核出火;钻杆旋转中切断,在断裂面之间摩擦出火;等等。总之,岩石与岩石、岩石与金属、金属与金属等之间的强力撞击与摩擦都有可能引燃瓦斯。

（4）电弧、静电火花

电弧和静电火花是常见的火源,如果设备的隔爆性能丧失或带电作业、照明电灯泡破碎时、电焊作业、架线电机车运行、电缆与电路短路、蓄电池机车控制器防爆性能失效、爆破装置不防爆、爆破母线短路或与其他带电体搭接、矿灯不合格或违章使用,以及杂散电流等都能产生足以引燃瓦斯的电火花与电弧。

（三）氧气浓度

试验表明:瓦斯的爆炸界限随混合气体中氧气浓度的降低而缩小。当混合气体中的氧气浓度低于12%时,混合气体就会失去爆炸性。

常温常压下瓦斯爆炸界限与混合气体中氧浓度的关系如图1-7所示。图中的三个顶点 B、C、E 分别表示瓦斯爆炸下限、上限和爆炸临界点时混合气体中瓦斯和氧气的浓度。爆炸下限点 B：CH_4 浓度为 5%、O_2 浓度为 19.88%,爆炸上限点 C：CH_4 浓度为 16%、O_2 浓度为 17.58%。爆炸临界点 E 是指空气中掺入过量的惰性气体时,瓦斯爆炸界限的变化。混入的惰性气体不同,E 点的位置也不同,图中所示是掺入 CO_2 时的爆炸临界点：CH_4 浓度为 5.96%、O_2 浓度为 12.32%。

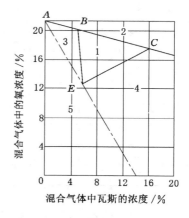

图 1-7　常温常压下瓦斯
爆炸界限与混合气体中氧浓度的关系

B、C、E 构成了通常所称的瓦斯爆炸三角形,加上氧浓度的起始点 A,可以将整个区域分为五部分:1 区为瓦斯爆炸危险区,遇到能量足够的点火源就会发生爆炸;2 区是不可能存在的混合气体区,因为不可能向空气中加入过量的氧,ABC 线是氧浓度的顶线;3 区是瓦斯浓度不足区,该区内瓦斯的浓度还没有达到爆炸界限;4 区是瓦斯浓度过高失爆区,处于该区的混合气体若有新鲜风掺入,就会进入爆炸危险区;5 区是贫氧失爆区,混合气体中氧含量的不足使混合气体失爆。试验表明:混合气体中氧浓度的降低不仅使爆炸范围缩小,而且爆炸冲击的压力也明显减小。

《煤矿安全规程》规定,采掘工作面进风流中氧浓度不得低于 20%,所以,正常工作地点的氧气浓度对控制瓦斯爆炸没有实际意义,但在密闭区特别是密闭的火区内,情况就不同了,其中往往积存大量瓦斯,且有火源存在,只有氧浓度低于 12% 时,才不会发生爆炸。如果重开火区或火区封闭不严而大量漏风时,新鲜空气不断流入,氧浓度达到 12% 以上,就可能发生爆炸。所以瓦斯矿井火区的封闭与重开,氧气浓度也是一个重要的参考指标。而且

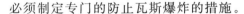

必须制定专门的防止瓦斯爆炸的措施。

四、预防瓦斯爆炸的措施

瓦斯爆炸必须同时具备三个条件,即瓦斯浓度在爆炸界限内,高温热源存在时间大于瓦斯的引火感应期以及瓦斯与空气混合气体中的氧浓度大于12％。由于在正常生产的矿井中,为保证工作人员的正常呼吸,氧气浓度始终要大于12％,所以预防瓦斯爆炸的措施,就要重点考虑防止瓦斯的积聚、杜绝或限制高温热源的出现以及预防瓦斯爆炸灾害的扩大。

（一）防止瓦斯积聚

瓦斯积聚是指局部空间的瓦斯浓度达到2％,其体积超过 0.5 m³ 的现象。防止瓦斯积聚必须做到如下两方面:

1. 加强通风管理,保证可靠的供风量

（1）建立合理、完善的通风系统。实行分区式通风,各水平、各采区、各采掘工作面都必须有独立的通风系统。

（2）严格贯彻执行"以风定产"的基本原则,要依据矿井通风能力核定煤炭产量,严禁超过通风能力进行生产。

（3）及时建筑和管理好通风构筑物。对风门、风桥、密闭、调节风窗等设施,要及时建筑并保证质量;经常检查维修通风设施,保持完好;根据需要,应及时调整风量。

（4）加强局部通风管理。局部通风机的安装和使用必须符合规定,实行掘进工作面安全技术装备系列化。

2. 加强瓦斯管理,防止采掘工作面瓦斯超限

（1）严格执行瓦斯检查制度。瓦斯检查中必须在井下交接班,做到无空班、无漏检、无假检。瓦斯检查应做到"三对照"和"三签字"。

（2）及时处理局部瓦斯积聚。采取措施妥善处理采煤工作面上隅角、掘进巷道的局部瓦斯积聚,按规定制定专门措施,进行瓦斯排放。

（3）加强瓦斯监测监控设备的管理。经常做好设备的检修、维护工作,确保瓦斯监测监控设备的正常运行。

（4）加强瓦斯的综合治理。凡是符合抽采条件的矿井、采区和工作面,实施煤层瓦斯抽采技术。实践证明,矿井瓦斯抽采是治理瓦斯的一项根本性措施。

（二）防止瓦斯引燃

防止瓦斯引燃的原则是,对一切非生产必需的热源,要坚决禁绝;生产中可能发生的热源,必须严加管理和控制。引燃瓦斯的火源有明火、爆破、电火花及摩擦火花四种,针对这四种火源,应采取下列预防措施:

1. 严加明火管理

严禁携带烟草和点火物品下井。井口房、通风机房和抽采瓦斯泵站附近 20 m 内,不得有烟火或用火炉取暖;井下严禁使用灯泡取暖和使用电炉;井下和井口房内不得从事电焊、气焊喷灯焊接等工作;严禁拆开、敲打、撞击矿灯;严格管理井下火区。

2. 严格爆破制度

煤矿井下都必须使用具有国家认证的煤矿许用炸药和煤矿许用电雷管。井下爆破应使用防爆型发爆器;严格执行"一炮三检"制度和"三人连锁爆破"制度;打眼、装药、封泥和爆破都必须符合《煤矿安全规程》的规定。

3. 消除电气火花

瓦斯矿井中应选用本质安全型和矿用防爆型电气设备;井下不得带电检修、搬迁电气设备(包括电缆和电线);井下供电应做到:无"鸡爪子"、无"羊尾巴"、无明接头;坚持使用漏电继电器和煤电钻综合保护装置;严格执行停送电制度。

4. 严防摩擦火花发生

禁止使用磨钝的截齿;禁止向截槽内喷雾洒水;禁止在摩擦发热的部件上安设过热保护装置,或在摩擦部件的金属表面熔敷一层活性小的金属(如铬);井下禁止穿化纤衣服,以防止静电火花。

(三)限制瓦斯爆炸范围扩大的措施

如果井下局部地区发生瓦斯爆炸,应使其波及范围尽可能缩小,不致引起全矿井的瓦斯爆炸。为此,应采取以下措施:

(1)实行分区通风。每一生产水平和采区,都必须布置单独的回风道,采煤工作面和掘进工作面都应采用独立通风。

(2)通风系统力求简单。总进风道与总回风道布置间距不得太近,以防发生爆炸时使风流短路。采空区必须及时封闭。

(3)装有主要通风机的出风井口应安装防爆门,以防止发生爆炸时通风机被毁,造成救灾和恢复生产困难。

(4)生产矿井主要通风机必须装有反风设施。必须能在 10 min 内改变巷道中的风流方向。

(5)设立隔爆棚。开采有煤尘、瓦斯爆炸危险的矿井,在矿井的两翼、相邻的采区、相邻的煤层和相邻的工作面,都必须用岩粉棚或水棚隔开。在所有运输巷道和回风巷道中必须撒布岩粉。

五、局部积存瓦斯的处理方法

及时处理生产井巷中局部积存的瓦斯,是矿井日常瓦斯管理的重要内容,也是预防瓦斯爆炸事故,保证安全生产的关键工作。这里主要介绍回采工作面上隅角瓦斯积聚的处理和掘进工作面因故停风恢复生产时瓦斯积聚的处理。

(一)回采工作面上隅角瓦斯积聚的处理

我国煤矿处理回采工作面上隅角瓦斯积聚的方法很多,主要有以下几种方法:

1. 风障引导风流法

具体方法是在工作面上隅角附近设置木板隔墙或帆布风障,如图 1-8(a)所示。这样进入工作面的风流分为两部分,一部分冲淡工作面涌出的瓦斯;另一部分漏入采空区用于冲淡来自采空区的瓦斯,提高了安全性。风障引导风流法的优点是安设简单,不需要任何动力设备,安全、经济;其不足是引入风量有限、波动性大,增加了通风阻力,加剧了采空区漏风,减小了作业空间,降低了作业环境的安全程度。

2. 埋管抽采上隅角瓦斯

该方法为:预先在回风巷安装金属抽采管路,与矿井抽采系统相连,直径为 200~300 mm。随着工作面向前推进,管路的末端(吸气口)进入采空区 5 m 后,打开阀门开始抽采瓦斯。随着工作面向前推进,瓦斯抽采管路的吸气口逐渐进入采空区深处,同时在距吸气口 40 m 远的位置,在主管路上再连接 20 m 长的一支管路,先使支管路处于关闭状态。如图 1-8(b)所示。

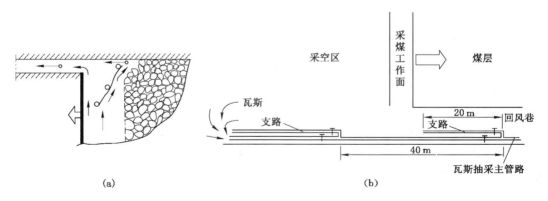

(a)　　　　　　　　　　　　　　　　　(b)

图 1-8　风障引导风流及采空区埋管瓦斯抽采系统

3. 移动抽采泵站排放法

移动抽采泵站排放法就是利用可移动的瓦斯抽采泵通过埋设在采空区一定距离内的管路抽采瓦斯,从而减小回风隅角处的瓦斯涌出,如图 1-9 所示。该方法的实质也是改变采空区内风流流动的线路,使高浓度的瓦斯通过抽采管路排出。该方法使用的管路直径较小,抽采泵也不布置在回风巷道中,因此,对工作面的工作影响较小,且该法具有稳定可靠、排放量大、适应性强的优点,目前得到了较广泛的应用。但对于自燃倾向性比较严重的煤层不宜采用。

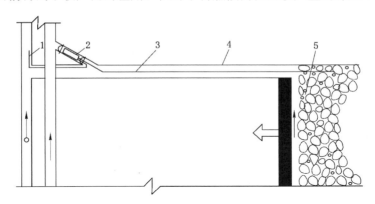

图 1-9　移动抽采泵站排放瓦斯

1——排放口;2——移动泵;3——抽采管;4——回风巷;5——采空区

(二)掘进工作面因故停风恢复生产时瓦斯积聚的处理

掘进工作面因故停风恢复生产时,首先应排除其中积聚的瓦斯。排除积聚的瓦斯是一项复杂、危险的工作,稍有疏忽,便可能引起瓦斯事故,因此在排放瓦斯前,要制定完善的安全技术措施。

1. 排放要求

(1)编制排放瓦斯措施

必须根据不同地点的不同情况制定有针对性的措施。批准的瓦斯排放措施,必须由矿总工程师负责贯彻,责任落实到人,凡参加审查、贯彻、实施的人员,都必须签字备案。

(2)排放瓦斯前检查瓦斯浓度

排放瓦斯前检查局部通风机及其开关附近 10 m 以内风流中的瓦斯浓度,其浓度都不超过 0.5％时,方可人工开动局部通风机向独头巷道送入有限的风量,逐步排放。

(3)排放瓦斯时的有关要求

① 瓦检员检查独头巷道回风流混合处瓦斯浓度。当瓦斯浓度达到 1.5％时,应指令调节风量人员,减少向独头巷道的送入风量。

② 独头巷道内的回风系统内必须切断电源、撤出人员,还应有矿山救护队现场值班。

(4)排放瓦斯后的有关要求

① 经检查证实,整个独头巷道内风流中的瓦斯浓度不超过 1％且稳定 30 min 后瓦斯浓度没有变化时,才可以恢复局部通风机的正常通风。

② 独头巷道恢复正常通风后,由电工检查其他电气设备,确认完好后,方可人工恢复局部通风机供风的巷道中的一切电气设备的电源。

2. 排放方法

排放瓦斯时,一般是通过限制送入巷道中的风量来控制排放风流中的瓦斯浓度。可采用的方法有:

(1)收放法

在局部通风机排风侧的风筒上捆扎上绳索,收紧或放松绳索控制局部通风机的排风量,如图 1-10 所示。

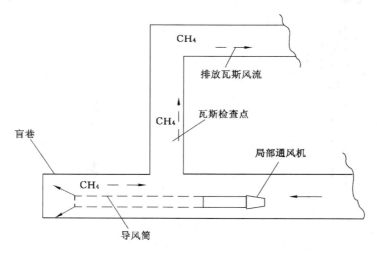

图 1-10　收放风筒调节法

(2)三通法

在局部通风机排风侧的第一节风筒上设置"三通"调节器,以调节送入风量,如图 1-11 所示。

(3)断开法

把风筒接头断开,改变风筒接头对合空隙的大小,调节送入的风量,如图 1-12 所示。

【事故案例】 2001 年 6 月 8 日,洛阳市伊川县某矿,因部分工人返乡收麦,由三班生产改为一班生产,停工停风,造成瓦斯积聚,由于该矿为低瓦斯矿井,瓦斯管理松懈,复工时采用"一风吹",含高浓度瓦斯的风流经过外面一失爆按钮时,发生瓦斯燃烧,烧伤 11 人。

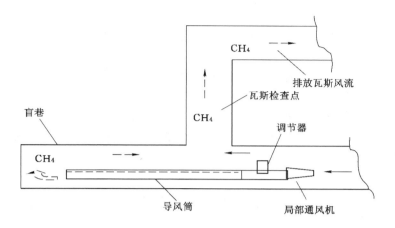

图 1-11 三通调节器调节法

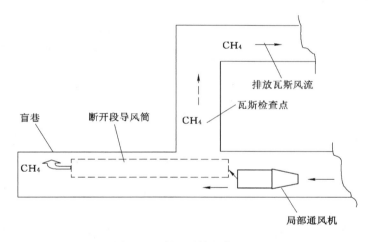

图 1-12 断开风筒调节法

思考与练习

1. 简述瓦斯爆炸的机理。

2. 简述瓦斯爆炸的效应。

3. 影响瓦斯涌出量的因素有哪些？

4. 简述瓦斯爆炸的条件。

5. 瓦斯爆炸的界限是多少？影响瓦斯爆炸界限的因素主要有哪些？

6. 什么是瓦斯爆炸的引火延迟性？

7. 瓦斯爆炸的感应期,对煤矿安全爆破有什么意义？

8. 试述预防瓦斯爆炸的措施。

9. 试述回采工作面上隅角瓦斯积聚的处理方法。

10. 试述掘进工作面因故停风恢复生产时瓦斯积聚的排放要求和方法。

任务五 矿井瓦斯浓度检测

矿井瓦斯检测与监控是煤矿安全管理中极其重要的一项工作内容。其目的:一是了解掌握煤矿井下不同地点、不同时间的瓦斯涌出情况,为矿井风量计算、分配和调节提供可靠的技术参数,以达到安全、经济、合理通风的目的;二是妥善处理和防止瓦斯事故的发生,及时检查发现瓦斯超限或积聚等灾害隐患,以便采取有针对性的有效预防措施。

一、《煤矿安全规程》关于瓦斯浓度检测的要点(表1-11)

表1-11　　　　　　　　井下各处瓦斯的允许浓度及超限时应采取的措施

地点	允许瓦斯浓度/%	超限时必须采取的措施
矿井总回风巷或一翼回风巷风流中	≤0.75	必须立即查明原因,进行处理
采区回风巷、采掘工作面回风巷风流中	≤1	必须停止工作,撤出人员,采取措施,进行处理
采掘工作面风流中	<1 <1.5	必须停止用电钻打眼; 停止工作,撤出人员,切断电源,进行处理
采掘工作面内局部地点	<2	附近20 m必须停止工作,撤出人员,切断电源,进行处理
爆破地点附近20 m以内风流中	<1	严禁爆破
电动机或其开关地点附近20 m以内风流中	<1.5	必须停止工作,撤出人员,切断电源,进行处理

(1)矿井总回风巷或者一翼回风巷中甲烷或者二氧化碳浓度超过0.75%时,必须立即查明原因,进行处理。

(2)采区回风巷、采掘工作面回风巷风流中甲烷浓度超过1.0%或者二氧化碳浓度超过1.5%时,必须停止工作,撤出人员,采取措施,进行处理。

(3)采掘工作面及其他作业地点风流中甲烷浓度达到1.0%时,必须停止用电钻打眼;爆破地点附近20 m以内风流中甲烷浓度达到1.0%时,严禁爆破。

(4)采掘工作面及其他作业地点风流中、电动机或者其开关安设地点附近20 m以内风流中的甲烷浓度达到1.5%时,必须停止工作,切断电源,撤出人员,进行处理。

(5)采掘工作面及其他巷道内,体积大于0.5 m³的空间内积聚的甲烷浓度达到2.0%时,附近20 m内必须停止工作,撤出人员,切断电源,进行处理。

(6)对因甲烷浓度超过规定被切断电源的电气设备,必须在甲烷浓度降到1.0%以下时,方可通电开动。

二、矿井瓦斯浓度的检测地点和方法

(一)采煤工作面瓦斯浓度的检测

1.检测地点(图1-13)

(1)工作面进风流:即进风巷道至工作面煤壁线以外的风流。

(2)工作面风流:即距煤壁、顶、底板各200 mm(小于1 m厚的薄煤层,采煤工作面距煤

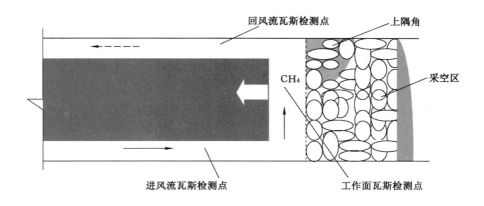

图 1-13 采煤工作面瓦斯检测地点

壁、顶、底板各 100 mm)和以采空区切顶线为界的采煤工作面空间的风流。

（3）上隅角:即采煤工作面回风巷与采空区接合处的风流。

（4）工作面回风流:即距采煤工作面 10 m 以外回风巷道内不与其他风流汇合的一段风流。

2. 检测方法及要求

（1）采煤工作面是从进风巷开始,经采煤工作面、上隅角、回风巷、尾巷栅栏处等为一次循环检查。

（2）循环检查中,应在采煤工作面上、下次检查的间隔时间中确定无人工作区或其他检查点的检查时间。

（3）检查瓦斯的间隔时间要均匀,在正常情况下,每班检查 3 次的,其相隔时间不允许过大或过小,每班检查 2 次的,其相隔时间要求不允许半班内完成一班的检查次数。

（4）检查采煤工作面上隅角、采空区边缘的瓦斯时,要站在支护完好的地点用小棍将胶管送到检测地点,以防缺氧而窒息。

（5）检查采煤机前后 20 m 内,距煤壁 300 mm、距顶板 200 mm 范围内的瓦斯。当局部积聚的瓦斯浓度达 2％或采煤机前后 20 m 内风流中瓦斯浓度达 1.5％时,应停止采煤机工作,切断工作面电源,立即进行处理。

（6）利用检查棍、胶皮管检查采煤机滚筒之间、距煤壁 300 mm、距顶板 200 mm 范围内的瓦斯。当瓦斯浓度达 2％时,应停止采煤机的工作,切断工作面电源,进行处理;凡处理不了的,应立即向通风调度室汇报。

（7）每次检查瓦斯后,必须填写瓦斯记录报表及黑板牌,并随时向上级汇报。

（二）掘进巷道瓦斯浓度的检测

1. 检测地点

（1）掘进工作面风流:即风筒出口或入口前方到掘进工作面一段风流。

（2）掘进工作面回风流:即掘进巷道的回风流。

（3）局部通风机设备附近:即局部通风机前后各 10 m 以内的风流。

（4）局部高冒区域:即掘进巷道顶板的高冒区内。

2. 检测方法及要求

(1) 检测掘进工作面上部左右角距顶、帮、煤壁各 200 mm 处的瓦斯浓度,取测量次数中的最大值作为检测结果和处理依据。

(2) 检查局部高冒区域的瓦斯时,要站在支护完好的地点用小棍将胶管送到检测地点,由低到高逐渐向上检查。检查人员的头部切忌超越检查的最大高度,以防缺氧而窒息。

(3) 使用掘进机的掘进工作面,应检查掘进机的电动机附近 20 m 范围内及风筒出口至煤壁间风流中的瓦斯浓度。当瓦斯浓度达到 1.5% 或掘进工作面回风流中瓦斯浓度达到 1% 时,应停止掘进机工作,切断工作面电源,立即进行处理;处理不了的,应向通风调度室汇报。

(4) 检查瓦斯的间隔时间要均匀。

(三) 工作面爆破过程中的瓦斯检测

1. 检查瓦斯的地点

(1) 采煤工作面爆破地点的瓦斯检查,应在沿工作面煤壁上下各 20 m 范围内的风流中进行。

(2) 掘进工作面爆破地点的瓦斯检查,应在该点向外 20 m 范围内的巷道风流中及本范围内局部瓦斯积聚处进行。

2. 安全爆破检查要求

井下爆破煤(岩)时,往往会从煤(岩)层中释放出大量的瓦斯。达到燃烧或爆炸浓度的瓦斯,因爆破产生的火焰将会导致瓦斯燃烧或爆炸事故。因此,《煤矿安全规程》第一百七十三条规定:爆破地点附近 20 m 以内风流中甲烷浓度达到 1% 时,严禁爆破。严格执行爆破过程中的瓦斯管理,必须严格检查制度,严格执行"一炮三检"和"三人连锁爆破"制度。

(1) "一炮三检"制度:即装药前、爆破前、爆破后必须检查爆破地点附近 20 m 以内风流中的瓦斯浓度。瓦斯浓度达到 1% 时,严禁装药爆破。爆破后至少等待 15 min(突出危险工作面至少 30 min)待炮烟吹散,瓦斯检查工、爆破工和生产班组长一同进入爆破地点检查瓦斯及爆破效果等情况。

(2) "三人连锁爆破"制度:三人连锁中的"三人",是指生产班组长(队长)、爆破工和瓦斯检查工;连锁的方法是:爆破前,爆破工将警戒牌交给班组长,由班组长派人警戒,并检查顶板与支架情况,将自己携带的爆破命令牌交给瓦斯检查工,瓦斯检查工经检查瓦斯煤尘合格后,将自己携带的爆破牌交给爆破工,爆破工发出爆破口哨进行爆破,爆破后三牌各归原主。三牌在一个循环之前各牌对应人员为:命令牌—班组长、爆破牌—瓦斯检查工、警戒牌—爆破工。

三、光学瓦斯检测仪的使用

光学瓦斯检测仪是煤矿井下用来测定瓦斯和二氧化碳等气体浓度的便携式仪器,采用光学原理来测定瓦斯和二氧化碳浓度。这种仪器的特点是携带方便,操作简单,安全可靠,且有足够的精度。但由于其采用光学系统,因此构造复杂,维修不便。仪器测定范围和精度有两种:测量瓦斯浓度 0~10.0%,精度 0.01%;测量瓦斯浓度 0~100%,精度 0.1%。

(一) 光学瓦斯检测仪的构造与原理

光学瓦斯检测仪的构造如图 1-14 所示。

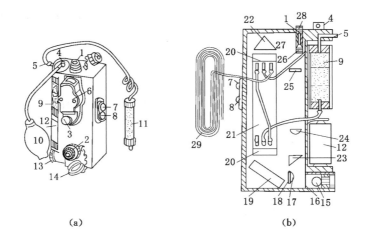

(a)　　　　　　　　　　(b)

图 1-14　光学瓦斯检测仪的结构

1——目镜；2——主调螺旋；3——微调螺旋；4——吸气孔；5——进气孔；6——微读数观察孔；7——微读数电门；

8——光源电门；9——水分吸收管；10——吸气球；11——二氧化碳吸收管；12——干电池；13——光源盖；

14——主调螺旋盖；15——灯泡；16——光栅；17——聚光镜；18——光屏；19——平行平面镜；

20——平面玻璃；21——气室；22——反射棱镜；23——折射棱镜；24——物镜；25——测微玻璃；

26——分划板；27——场镜；28——目镜保护盖；29——毛细管

光学瓦斯检测仪的原理如图 1-15 所示。

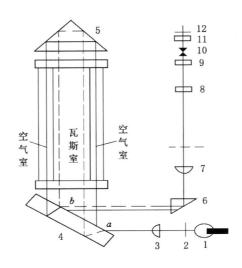

图 1-15　光学瓦斯检测仪的原理

1——光源；2——光栅；3——透镜；4——平行平面镜；5——大三棱镜；6——三棱镜；7——物镜；

8——测微玻璃；9——分划板；10——场镜；11——目镜；12——目镜保护玻璃

光学瓦斯检测仪光谱形成路线图如图 1-16 所示。

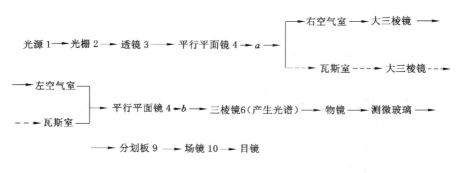

图 1-16　光学瓦斯检测仪光谱形成路线图

(二)光学瓦斯检测仪的操作步骤

1. 检测前准备工作

(1)药品性能检查:检查水分吸收管中的氯化钙(或硅胶)和二氧化碳吸收管中的钠石灰颗粒及颜色。药品颗粒直径为 2～5 mm,颜色新鲜,二氧化碳药品为粉红色,氯化钙药品为蓝色方为合格。否则,应更换。

(2)气密性检查:堵住进气口,用手捏扁吸气球,然后放松,球体不起表明仪器不漏气。

(3)光路系统检查:按下光源电门,由目镜观察并转动目镜筒,调整到分划板刻度清晰时,再看干涉条纹是否清晰,如不清晰可转动微读数电门,由微读数观测窗看微读数电源是否接通。

2. 测定瓦斯浓度

(1)清洗气室调零

① 清洗气室:按压微读数电门,逆时针转动微调螺旋,将微读数调到零点,捏放橡皮球 5～6 次,使瓦斯室内充满新鲜空气。

② 调零:按压下光源电门,由目镜观察干涉条纹的同时,转动主调螺旋,使条纹中的某一黑线正对分划板的零点,盖紧主调螺旋盖。

(2)检测读取瓦斯浓度

① 吸取检测气体:在测定地点捏放橡皮球 5～6 次,将待测气体吸入瓦斯室。

② 读取瓦斯检测值:按下光源电门,读出选定黑基线位移后的整数值。

③ 调整读数值:如果选定黑基线位移后,没有与分划整数刻度线重合,则转动微调螺旋,使黑线退移到与整数刻度线重合,先读出整数值 R_1 再由微调读数盘上读数读出小数值 R_2,所测定的瓦斯浓度值 $C\%$ 为:

$$C\% = R_1 + R_2$$

3. 测定二氧化碳浓度

(1)空气中同时存在瓦斯和二氧化碳时,先测出瓦斯浓度。

(2)取下吸收管,测出瓦斯与二氧化碳的混合浓度。

(3)二氧化碳的折射率(1.000 418)与瓦斯的折射率(1.000 411)相差不大,一般测定时,用混合浓度读数减去瓦斯浓度读数即为二氧化碳浓度。

精度测定时,乘以校正系数 $k(k=0.955)$,即:

二氧化碳浓度(%)＝(混合浓度读数－瓦斯浓度读数)×0.995

(三)光学瓦斯测定器操作使用注意事项

(1)主调螺旋保护盖不要拧得过紧,避免造成零位漂移。

(2)清洗气室与调零必须在统一地点进行。

(3)药品失效,必须更换后方可使用。

(4)井下检测地点空气湿度过大时,可外接一个水分吸收药品管。

 思考与练习

1.简述采掘工作面风流中瓦斯的允许浓度及超限时应采取的措施。

2.简述采区回风巷、采掘工作面回风巷风流中瓦斯的允许浓度及超限时应采取的措施。

3.简述采煤工作面瓦斯浓度的检测地点。

4.简述掘进巷道瓦斯浓度的检测地点。

5.简述采煤和掘进工作面爆破过程中瓦斯检测地点。

6.什么是"一炮三检"制度？什么是"三人连锁爆破"制度？

7.简述光学瓦斯检测仪的工作原理。

8.试述如何用光学瓦斯检测仪测定瓦斯浓度。

任务六　瓦斯传感器及其设置与校正

一、瓦斯传感器的分类和工作原理

瓦斯传感器又称甲烷传感器,是矿井最常用的传感器之一,是煤矿安全监控系统中最重要且必须配备的检测设备,主要用于监测煤矿井下环境气体中的瓦斯浓度,它可以连续自动地将井下瓦斯浓度转换成标准电信号并输送给关联设备,同时具有即时显示瓦斯浓度值、超限声光报警等功能。

瓦斯传感器按其监测浓度范围可分低浓度、高浓度、高低浓度组合和全量程四种。目前矿用传感器多为低浓度,如 CJC4 型煤矿用低浓度瓦斯传感器,如图 1-17 所示。

瓦斯传感器按其工作原理可分为热催化式和热导式等,热催化式主要用于低浓度甲烷的监测,热导式主要用于高浓度甲烷的监测。

(一)热催化式瓦斯传感器

热催化式瓦斯传感器的工作原理是:传感元件(含敏感元件,以下同)表面的瓦斯(或可燃性气体)在催化剂的催化作用下,发生无焰燃烧,放出热量,使传感元件温度上升,测量元件可随自身温度的变化量测出瓦斯气体浓度。

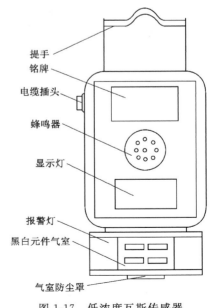

图 1-17　低浓度瓦斯传感器

在矿井安全监测监控系统装置中,测量低浓度的瓦斯传感器主要采用载体催化元件。

载体催化元件一般由一个带催化剂的传感元件(俗称黑元件)和一个不带催化剂的补偿元件(俗称白元件)组成,如图 1-18 所示。白元件与黑元件的结构尺寸完全相同,而白元件表面没有催化剂,仅起环境温度补偿作用。

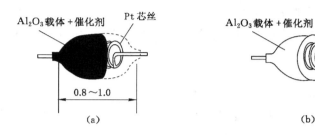

图 1-18　载体催化元件结构

(a)带催化剂的传感元件(俗称黑元件);(b)不带催化剂的补偿元件(俗称白元件)

(1) 黑元件:由铂丝线圈 Al_2O_3 载体和表面的催化剂组成,如图 1-18(a)所示。其中,铂丝线圈用来给元件加温,提供甲烷催化燃烧所需要的温度,瓦斯气体燃烧放出的热量使其温度上升、电阻值变化;Al_2O_3 载体用来固定铂丝线圈,增强元件的机械强度;涂在元件表面的铂(Pt)和钯(Pd)等重金属催化剂,使吸附在元件表面的甲烷无焰燃烧。

(2) 白元件:表面没有催化剂,甲烷不会在白元件表面燃烧。白元件铂丝圈的电阻变化仅与环境温度有关,因而主要用于克服环境温度变化时对甲烷浓度测量的影响,如图 1-18(b)所示。

载体催化元件构成瓦斯传感器检测电桥电路,如图 1-19 所示。由于黑元件 R_1 与白元件 R_2 处于电桥的同一侧,当通过电流相等(不考虑电压测量电路的漏电流)时,瓦斯(可燃性气体)在新鲜空气中的浓度为零,其电阻值相等,即 $R_1=R_2$(不考虑由于制造而造成的结构差异)。此时,电桥处于平衡状态,输出电压 $U_{AB}=0$。若环境温度发生变化或通过黑白元件的电流发生变化,由于白元件对环境温度变化的补偿作用,变化后的黑白元件电阻仍相等,电桥电路不会失去平衡。

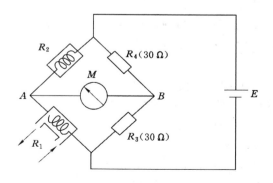

图 1-19　催化元件检测

当检测空气中的瓦斯浓度不为零时,吸附在黑元件表面的甲烷催化燃烧(在甲烷浓度小于 9.5% 的情况下,燃烧放出的热量与甲烷浓度成正比),黑元件温度上升,铂丝电阻也随之

增大 ΔR_1。此时,检测电桥电路失去平衡状态($R_1 \neq R_2$,$U_{AB} \neq 0$),并通过测量转换显示出所测定的甲烷浓度。

（二）热导式瓦斯传感器

热导式瓦斯传感器是利用被测气体与纯净空气的热导率差异,以及混合气体热导率与浓度的关系,把瓦斯气体浓度变化量转变为相应电信号,从而检测出被测气体的甲烷浓度。其测量电路如图 1-20 所示。

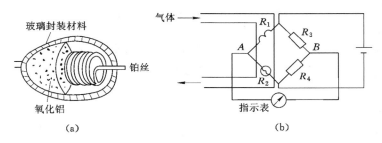

图 1-20　气体热导式元件及检测电路

（a）热导元件结构;（b）检测电桥电路

检测电桥电路由测量元件 R_1,补偿元件 R_2 及固定电阻 R_3、R_4 共同构成。测量元件置于被测气体连通的气室中,补偿元件置于密封的空气室中,但测量元件与补偿元件结构、形状、电参数完全相同。当气室通入新鲜空气时,$R_1 = R_2$,电桥处于平衡状态,输出电压 $U_{AB} = 0$;当气室通入甲烷与空气混合气体时,由于甲烷与空气混合气体的热导率大于新鲜空气的热导率,测量元件 R_1 传导出的热量大于补偿元件 R_2,电桥失去平衡,输出电信号测量出甲烷浓度值。

热导式瓦斯传感器是利用甲烷气体的热导率大于新鲜空气的热导率,测量元件传导出热量,致使电桥失去平衡,测定出被测气体的甲烷浓度。则空气中瓦斯浓度微量变化时,很难通过甲烷与空气混合物热导率的变化测得。因此,热导式瓦斯传感器主要用于测定高浓度瓦斯,如瓦斯抽采管道中甲烷浓度的测定和高瓦斯工作面甲烷浓度的测定等。风电瓦斯闭锁装置中,把热导元件和载体催化元件合用,构成高低浓度瓦斯传感器,以保护催化元件免受高浓度瓦斯冲击。

（三）瓦斯闭锁装置

1. 组成

瓦斯闭锁装置是指煤与瓦斯突出和瓦斯涌出较大、变化异常的采掘工作面中设置的甲烷断电仪。其主要由甲烷传感器和瓦斯断电仪(含电源)等组成。

（1）甲烷传感器

甲烷传感器将被测甲烷浓度转换成电信号输出,送至断电仪,并具有显示和声光报警等功能。

（2）瓦斯断电仪

瓦斯断电仪接收传感器送来的电信号,与预置的断电和复电甲烷浓度比较后,控制被控开关断电或送电;同时,将交流电网的交流电能转换成本质安全型防爆直流电源向甲烷传感器供电。为保证电网停电后瓦斯断电仪正常工作,配备有不小于 2 h 的蓄电池。

2. 监控工作原理

主机接收甲烷传感器和风筒传感器送来的电信号,与预置的断电和复电浓度比较,当甲烷浓度达到或超过断电浓度时,切断被控区域全部非本质安全型电气设备电源并闭锁;当甲烷浓度低于复电浓度时,可向被控区域供电。主机同时具有将交流电网的交流电能转换成本质安全型防爆直流电能的功能,并向传感器供电,其备用蓄电池供电不小于 2 h。

二、瓦斯传感器的设置位置

井下安装布置瓦斯传感器时,应根据瓦斯密度小于空气密度的性质,垂直悬挂在巷道顶板(顶梁)下,距顶板(顶梁)不大于 300 mm,距巷道侧壁不小于 200 mm;在有风筒的巷道中,严禁挂在风筒出口和风筒漏风处。一般要求瓦斯传感器布置在巷道顶板坚固、无淋水、安装维护方便处,传感器设置的报警浓度、断电浓度、复电浓度和断电范围应符合《煤矿安全规程》的规定。

(一)采煤工作面瓦斯传感器的设置位置

采煤工作面是矿井瓦斯来源的主要区域,为能及时监测采煤工作面瓦斯浓度的变化情况,必须根据瓦斯矿井安全管理规定设置传感器,进行采煤工作面瓦斯安全监测。

(1)低瓦斯矿井采煤工作面的瓦斯传感器应尽量靠近工作面设置,如图 1-21 所示。其报警浓度为 1.0%,断电浓度为 1.5%,复电浓度为 1.0%,断电范围为工作面及回风巷中全部非本质安全型电气设备。

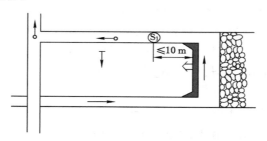

图 1-21　低瓦斯矿井采煤工作面瓦斯传感器的设置
S_1——设置在工作面回风流中的瓦斯传感器

(2)高瓦斯矿井采煤工作面瓦斯传感器的设置如图 1-22 所示。其中,S_1、S_2 报警浓度均为 1.0%;S_1 断电浓度为 1.5%,S_2 断电浓度为 1.0%;S_1、S_2 复电浓度均为 1.0%;断电范围 S_1、S_2 均为工作面及回风巷中全部非本质安全型电气设备。

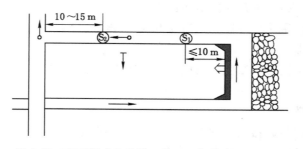

图 1-22　高瓦斯矿井采煤工作面瓦斯传感器的设置
S_1、S_2——设置在工作面回风流中的瓦斯传感器

（3）煤与瓦斯突出矿井采煤工作面瓦斯传感器的设置如图 1-23 所示。断电范围为进风巷、工作面和回风巷内的全部非本质安全型电气设备。若工作面瓦斯传感器不能控制进风巷内全部非本质型安全电气设备，则必须在进风巷布置瓦斯传感器。其中，S_1、S_2 报警浓度均为 1.0%；S_1 断电浓度为 1.5%，S_2 断电浓度为 1.0%，S_1、S_2 复电浓度均为 1.0%；S_3 断电浓度为 0.5%，S_3 复电浓度为 0.5%；断电范围 S_3 为工作面及进、回风巷内全部非本质安全型电气设备。

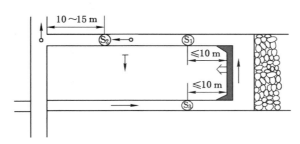

图 1-23　煤与瓦斯突出矿井采煤工作面传感器设置

S_1——采煤工作面风流中的瓦斯传感器；S_2——采煤工作面回风流中的瓦斯传感器；

S_3——采煤工作面进风流中的瓦斯传感器

需要注意的是：① 采煤工作面采用串联通风时，被串联工作面的进风巷必须设置瓦斯传感器。其报警浓度和断电浓度均为 0.5%，复电浓度为 0.5%，断电范围为被串采煤工作面及其进、回风巷内全部非本质安全型电气设备。② 装有矿井安全监控系统的采煤工作面，符合条件且经批准，回风巷风流中瓦斯浓度提高到 1.5% 时，回风巷（回风流）瓦斯传感器的报警浓度和断电浓度均为 1.5%，复电浓度为 1.5%。③ 采煤工作面的采煤机应设置机载式瓦斯断电仪或便携式瓦斯检测报警器。其报警浓度为 1.0%，断电浓度为 1.5%，复电浓度为 1.0%，断电范围为采煤机电源。

（二）掘进工作面瓦斯传感器的设置位置

（1）高瓦斯矿井和煤与瓦斯突出矿井的煤巷、半煤岩巷和有瓦斯涌出的岩巷掘进工作面瓦斯传感器的设置如图 1-24 所示。其中，S_1 和 S_2 报警浓度均为 1.0%，断电浓度 S_1 为 1.5%，S_2 为 1.0%；复电浓度 S_1 和 S_2 均为 1.0%；断电范围 S_1 和 S_2 均为掘进巷道内全部非本质安全型电气设备。低瓦斯矿井的掘进工作面可以不设 S_2。

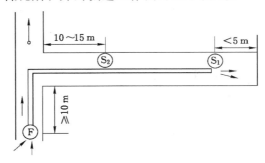

图 1-24　掘进工作面传感器设置

S_1——掘进工作面进风流中的瓦斯传感器；S_2——掘进工作面回风流中的瓦斯传感器

（2）掘进工作面串联通风时，被串掘进工作面增加瓦斯传感器 S_3，如图1-25所示。其中，S_3 报警浓度和断电浓度均为 0.5%；复电浓度为 0.5%；断电范围为被串掘进巷道内全部非本质安全型电气设备。

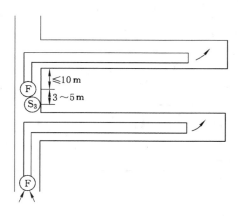

图 1-25　掘进工作面串联通风传感器设置

S_3——被串掘进工作面风流中的瓦斯传感器；F——局部通风机

掘进工作面的掘进机应设置机载式瓦斯断电仪或便携式瓦斯检测报警器。其报警浓度为 1.0%，断电浓度为 1.5%，复电浓度为 1.0%，断电范围为掘进机电源。

三、煤矿安全监测系统简介

国务院颁布的《关于进一步加强企业安全生产工作的通知》（国发〔2010〕23号）和国家安全生产监督管理总局、国家煤矿安全监察局颁布的《关于建设完善煤矿井下安全避险"六大系统"的通知》要求：全国煤矿要安装监测监控系统、井下人员定位系统、紧急避险系统、压风自救系统、供水施救系统和通信联络系统等技术装备。其中，要求建设完善矿井监测监控系统，充分发挥其安全避险的预警作用。

煤矿安全监测系统由监测传感器、井下分站、信息传输系统和地面中心站（主站）等四部分组成，如图1-26所示。

（1）监测传感器：监测传感器是指监测系统的感知部分，用来测量系统所需测量的量或判断设备、设施状态的部件。煤矿生产中常见的传感器有瓦斯、一氧化碳、氧气、温度、风速、压力、压差、烟雾及各种状态（开关）传感器。

（2）井下分站：井下分站负责收集传感器传出的信号并进行处理，把监测参数传给中心站，接受中心站的控制命令，控制所并联的设备、设施。分站还具有线性校正、超限判别、逻辑运算等简单的数据处理能力。

（3）信息传输系统：该系统是指井下分站和中心站的连接部分，直接影响信息传输质量和投资费用。传输接口还具有控制分站的发送与接收、多路复用信号的调制与解调、系统自检等功能。

（4）中心站：中心站是监测系统的核心部分，由电子计算机处理各种数据、发送有关控制命令，实现遥测遥控，包括接收监测信号、校正、报警判别、数据统计、磁盘存储、显示、声光报警、人机对话、输出控制、控制打印输出、联网等。主机一般选用工控微型计算机或普通微型计算机，双机或多机备份。

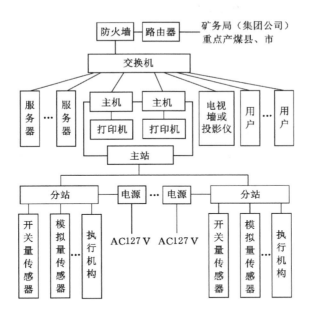

图 1-26 煤矿安全监测系统的组成

监测系统的监测内容有三个方面,即矿井空气成分的监测、矿井空气物理状态的监测、通风设备和设施运行状况的监测。

 思考与练习

1. 瓦斯传感器的分类有哪些?
2. 简述热催化式瓦斯传感器的工作原理。
3. 简述煤与瓦斯突出矿井采煤工作面瓦斯传感器的设置位置及报警断电浓度。
4. 简述掘进工作面瓦斯传感器的设置位置及报警断电浓度。
5. 简述煤矿安全监测系统的组成。

任务七 煤与瓦斯突出机理和规律

煤矿地下采掘过程中,在很短时间(数分钟)内,从煤(岩)壁内部向采掘工作空间突然喷出大量煤(岩)和瓦斯(CH_4、CO_2)的现象,称为煤(岩)与瓦斯突出,简称突出。煤与瓦斯突出是矿井瓦斯特殊涌出的一种形式。它是一种伴有声响和猛烈力能效应的动力现象。它能摧毁井巷设施,破坏通风系统,使井巷充满瓦斯与煤粉,造成人员窒息、煤流埋人,甚至引起火灾和瓦斯爆炸事故。因此,是煤矿中严重的自然灾害之一。

1834 年 3 月 22 日,法国鲁阿尔煤田伊萨克矿井在急倾斜厚煤层平巷掘进工作面发生了世界上第一次有记载的突出。支架工在架棚子时,发现工作面煤壁外移,三个工人立即撤离,巷道煤尘弥漫,一人被煤流埋没死亡,一人窒息遇难,一人幸免于难,突出煤炭充满 13 m 长的巷道,煤粉散落长度 15 m,迎头支架倾倒。

1879年4月17日,比利时的阿格拉波2号井,向上掘进580~610 m水平之间联络眼时,发生了当时在世界上第一次猛烈的突出。突出强度420 t煤,瓦斯50万 m^3 以上。最初瓦斯喷出量2 000 m^3/min以上。瓦斯逆风流从提升井冲至地面,距该井口23 m处绞车附近的火炉引燃了瓦斯,火焰在井口上高达50 m,井口建筑物烧成一片废墟,2 h后火焰将熄灭时,又连续发生7次瓦斯爆炸(每隔7 min一次),井下209人,死亡121人;地面3人被烧死,11人被烧伤。

迄今为止,世界各主要产煤国家都发生过煤和瓦斯突出现象。世界上最大的一次煤与瓦斯突出发生在1969年7月13日苏联的加加林矿,在710 m水平主石门揭穿厚仅1.03 m煤层时,发生了煤和瓦斯突出,突出煤炭14 000 t,瓦斯25万 m^3。

我国有文字记载的第一次煤与瓦斯突出是1950年吉林省辽源矿区富国西二坑,在垂深280 m煤巷掘进时发生突出。在所有煤和瓦斯突出事故中,最大一次突出发生在1975年8月8日在天府矿区三汇坝一矿主平硐震动爆破揭穿6号煤层时,突出煤炭12 780 t,喷出瓦斯120万 m^3。我国突出的气体,除甘肃窑街三矿与吉林营城煤五井是 CO_2 外,其余多为以 CH_4 为主的烃类气体,而且这些绝大多数突出发生在掘进工作面,其中以石门揭穿煤层的突出强度为最大。

突出的固体物主要是煤炭,有时伴有岩石。从20世纪50年代起,世界上不少矿井开采深度已超过700 m,砂岩与瓦斯(或二氧化碳)突出频繁发生。

一、煤与瓦斯突出的分类

(一)按突出现象的力学特征分类

(1)煤突然压出并涌出大量瓦斯(简称压出):发动与实现煤压出的主要因素是受采动影响所产生的地应力,瓦斯压力与煤的重力是次要的因素。压出的基本能源是煤层所积蓄的弹性能。

(2)煤突然倾出并涌出大量瓦斯(简称倾出):发动倾出的主要因素是瓦斯应力,即结构松软、饱含瓦斯、内聚力小的煤,在较高的瓦斯应力作用下,突然破坏,失去平衡,为其位能的释放创造了条件。实现突然倾出的主要动力是失稳煤体的自身重力。

(3)煤与瓦斯突出(简称突出):发动突出的主要因素是地应力和瓦斯压力的联合作用,通常以地应力作用为主,瓦斯压力作用为辅,重力不起决定作用。实现突出的基本能源是煤内积储的高压瓦斯能。

这三类动力现象的发动力都以地应力为主,所以它们的预兆相似,对震动以及引起应力集中的因素都非常敏感。在应力集中地带、地质构造带、松软煤带等都易发生这三类动力现象。

(二)按突出的强度进行分类

突出强度是指每次突出抛出的煤(岩)数量(以t为单位)和涌出的瓦斯量(以 m^3 为单位)。由于瓦斯的计量较难,暂以煤(岩)数量作为划分强度的主要依据。据此,可分为:

(1)小型突出:强度小于100 t。

(2)中型突出:强度100 t(含100 t)至500 t。

(3)大型突出:强度500 t(含500 t)至1 000 t。

(4)特大型突出:强度等于或大于1 000 t。

二、瓦斯突出的分布特点

1. 从地理分布来看

我国突出分布的总规律是南方多、北方少,东部多、西部少。根据全国煤与瓦斯突出分布的不均衡性,可将我国分为6个煤与瓦斯突出区域:华南区、华北区、东北区、西北区、西藏区、台湾区,其中以华南区突出最严重。根据突出次数和严重程度,大体依次为湖南、四川、贵州、江西、辽宁、黑龙江、河南、山西、吉林、广东、广西、江苏、河北等省、区

2. 从时代分布来看

由最老的早石炭世煤层(如湖南金竹山地区)到最新的第三纪煤层(如抚顺)都有突出发生。但突出最严重的是华南晚二叠世龙潭组煤系,其次是晚侏罗世和早第三纪煤系,然后是石炭二叠纪的太原组。因为不同时代的煤层瓦斯生成和保存条件有很大的差别,因此煤层厚、围岩完整致密、煤层变质程度较高、地质构造复杂、煤层埋藏深的高瓦斯矿井一般是瓦斯突出矿井。

三、煤与瓦斯突出的机理

(一)煤与瓦斯突出的机理假说

解释突出原因和突出过程的理论称为突出机理。突出是个很复杂的动力现象,至今已提出许多假说,其机理概括起来有三个方面:发动中心扩展机理、流变机理、球壳失稳破坏机理。

1. 突出发动中心扩展机理假说

煤与瓦斯突出是从离工作面某一距离处的发动中心开始,而后向周围扩展,并由发动中心周围的煤-岩石-瓦斯体系提供能量并参与活动,突出的发动中心就处在应力集中点,且由该点向各个方向的发展是不均匀的。

2. 煤与瓦斯突出的流变机理假说

煤与瓦斯突出本质上是属于含瓦斯煤体的流变行为。实践表明,一次大的突出往往是由几次小的突出所组成的,在煤层中波及的范围从几米到几十米,延续的时间从几十秒到几天。突出在某些情况下表现为整体位移,在另一些情况下又表现为猛烈突出。通过含瓦斯煤的流变行为,可以比较好地解释这一过程。

3. 煤与瓦斯突出的球壳失稳破坏机理假说

在煤与瓦斯突出过程中,地应力首先破坏煤体,使煤体内产生裂隙,然后煤体向裂隙内释放瓦斯,瓦斯使煤体裂隙扩张并使形成的煤壳失稳破坏并抛出巷道,迫使应力峰值移向煤体内部,继续破坏后续的煤体,形成一个连续发展的突出过程。

该机理说明,煤体在地应力的作用下被破坏仅是突出发生的必要条件,裂隙在瓦斯压力的作用下扩展并且失稳抛出是突出发生的充分条件。

从整个突出过程来看,突出的发生与发展是以球盖状煤壳的形成、发展及失稳抛出为其特点的,所以叫球壳失稳破坏机理。

(二)煤与瓦斯突出机理的理论要点

综合而言,由煤与瓦斯突出机理假说引发的理论要点是:

(1)煤与瓦斯突出是地应力、瓦斯压力与煤体结构或力学性质(即强度、硬度、脆性)三者综合作用的结果。

(2)地应力破碎煤体是造成突出的首要原因;瓦斯压力则起着抛出煤体和搬运煤体的

作用;煤体结构或力学性质决定了突出的难易程度。

在突出过程中,地应力、瓦斯压力的发动与发展是突出发生的动力;而煤体结构或力学性质是突出发生的阻碍因素。我们把地应力、瓦斯压力、煤体结构三个因素称为突出发生的条件。它们存在于一个共同体中,有其内在联系,但不同因素对突出的作用不同,不同的突出起主要作用的因素也不一样,如图 1-27 所示。

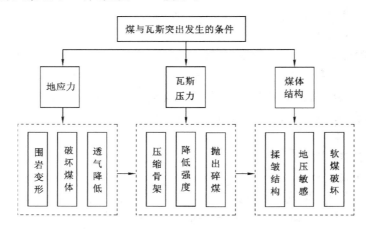

图 1-27　煤与瓦斯突出综合作用条件因素

(三) 煤与瓦斯突出的过程

根据煤与瓦斯突出的机理,煤与瓦斯突出的过程一般可划分为四个阶段,即准备、发动、发展和停止阶段。突出的发动和终止应该只是突出过程中的两个突变点,而突出的准备和发展则是两个持续的过程。

第一,准备阶段。在此阶段,突出煤体经历着能量积聚(如地应力集中、孔隙压缩等)或阻力降低过程(如落煤工序使煤体由三向受压状态转为两向受力状态等),并且显现有声的与无声的各种突出预兆。

第二,发动阶段。在该阶段,极限应力状态的部分煤体突然破碎卸压,发出巨响和冲击,使瓦斯作用在突然破裂煤体上的推力向巷道自由方向顿时增加几倍至十几倍,膨胀瓦斯流开始形成,大量吸附瓦斯进入解吸过程,加强了流速。

第三,发展阶段。在这个阶段中,破碎的煤在高速瓦斯流中呈悬浮状态流动,这些煤在煤内外瓦斯压力差的作用下被破碎成更小粒度,撞击与摩擦也加大了煤的粉化程度,煤的粉化又加速了吸附瓦斯的解吸作用,增强了瓦斯风暴的搬运力。与此同时,随着破碎煤被抛出和瓦斯的快速喷出,突出孔壁内的地应力与瓦斯压力分布进一步发生变化,煤体瓦斯排放,瓦斯压力下降,致使地应力增加,导致破碎区连续地向煤体深部扩展,构成后续的气体和破碎煤组成的混合两相流。

第四,停止阶段。当突出孔发展到一定程度时,由于堆积的突出物的堵塞和地压的分布满足了成拱静力平衡条件,而导致突出停止。这时,煤的突出虽然停止了,但从突出孔周围卸压区与突出煤炭中涌出瓦斯的过程并没有完全停止,异常的瓦斯涌出还要持续相当长的时间。这就造成了突出的瓦斯量大大超过煤的瓦斯含量的现象。有的突出实例可以观察到上述突出过程几次重复,形成突出煤岩轮回性堆积的现象。

四、煤与瓦斯突出的基本规律

大量的突出资料统计分析表明,煤与瓦斯突出具有一些基本规律。掌握这些基本规律,对制定防治煤与瓦斯突出措施具有一定的参考价值。

(一)矿井开采深度增加,突出危险性增加

每一个矿井、煤层都有一个发生突出的最小深度(称为始突深度)。不同地方的始突深度差异很大,多数突出矿井的始突深度大于 100 m。一般矿井发生突出的最浅深度约为瓦斯风化带深度的 2 倍。随着深度的增加,突出的危险性增高,表现为突出次数增多、强度增大、突出煤层数增加、突出危险区域扩大,见表 1-12。

表 1-12　　　　　　　　　部分矿区突出强度与深度的变化　　　　　　　　　单位:t

开采深度/m	焦作	平顶山	安阳	开滦	北票	丰城	重庆	白沙	英岗岭	六枝
<100							48.4	53.4		8.0
100~200	28.6		81.8		12.4		59.2	105.0	53.9	130.0
200~300	108.9		50.5		22.7		115.2	148.9	97.1	115.0
300~400	102.2	53.3	168.3		40.2	43.8	418.0	29.7	112.6	1 700
400~500		35.0		18.0	28.6	60.5			40.0	
500~600		31.4		19.0	54.5				1 210	
600~700		21.7		35.8	65.2					
700~800		113.7		22.5	59.5					
800~900					63.2					
≥900					17.0					

(二)突出危险性随煤层厚度(尤其是软分层)增加而增大

突出的次数和强度随着煤层厚度特别是软分层厚度的增加而增多。突出最严重的煤层一般是最厚的主采煤层,而且突出的危险性随煤层倾角的增大而增加,煤层倾角增大,岩层及煤层自重应力参与突出的作用就增大,从而使突出的危险性增加,表现为始突深度变浅、突出次数增多和平均强度增大,见表 1-13。

测定表明:突出危险煤层的瓦斯压力临界值为 0.74 MPa,煤层的瓦斯含量和开采时的相对瓦斯涌出量一般大于 10 m³/t,透气性系数小于 10 m²/(MPa·d)。

表 1-13　　　　　　　　平顶山矿区煤与瓦斯突出强度与煤层厚度关系

煤层厚度/m	五矿		八矿		十矿		十二矿	
	次数/次	强度/t	次数/次	强度/t	次数/次	强度/t	次数/次	强度/t
<2					7	12.9		
2~3			1	180	19	8.5		
3~4	1	11	10	107.9			6	78.5
4~5	1	10	11	20.6	8	26.9	1	25
5~6	4	11.5	4	61.58			12	60
≥6	1	20					2	68.5

（三）突出大多发生在地质构造带与煤层变化区

突出危险区集中在地质构造带,呈带状分布。向斜轴部地区、背斜构造中部隆起地区、地层扭转、断层和褶曲附近、火成岩侵入形成的变质煤与非变质煤的交界附近等地区都是突出点密集地区,也是大型甚至特大型突出发生的地区。一般突出危险带的面积,小于突出煤层面积的10%。表1-14所列为平顶山矿区煤与瓦斯突出强度与地质构造及煤层变化关系。

表 1-14　　　　　　　　　平顶山矿区煤与瓦斯突出强度与地质构造的关系

地质构造	五矿		八矿		十矿		十二矿	
	次数/次	强度/t	次数/次	强度/t	次数/次	强度/t	次数/次	强度/t
断层	2	13.5	8	100.0	7	26.0	10	71.4
褶曲	4	12.5	1	4.6	1	32	2	55.5
煤厚变化	6	12.5	5	97.7			3	124.0
软分层变厚			4	122.8				
煤层倾角变化			1	138.0			1	33.0
无构造			8	28.0	25	10.1	6	34.2

（四）突出多发生在采掘工作面的震动作业时和应力集中区

资料统计表明,突出次数和强度与采掘巷道类型及作业方式有关,产生强烈震动的采掘作业可能诱发突出,这种作业不仅可引起应力状态的改变,而且可使动载荷作用在新暴露的煤体上,造成煤体的突然破碎。

另外,采掘工作形成的集中应力区是突出点的密集区。如邻近层煤柱上下、相向的采掘接近处、两巷贯通之前的煤柱内、采掘工作面附近的应力集中区等。在这些地区不仅发生突出次数多,强度也较大。

一般掘进工作面突出次数多于采煤工作面（掘进工作面突出占矿井总突出次数的70%以上）,掘进巷道突出强度大于采煤工作面突出强度,见表1-15、表1-16。

表 1-15　　　　　　　　　平顶山矿区煤与瓦斯突出强度与巷道类型的关系

巷道类型	五矿		八矿		十矿		十二矿	
	次数/次	强度/t	次数/次	强度/t	次数/次	强度/t	次数/次	强度/t
平巷	6	12.8	14	103.7	7	31.9	16	44.4
上山	1	10.0	2	13.15	1	32.0	3	96.0
下山			5	25.5			1	293.0
石门							1	53.0
采煤工作面			7	84.0	25	10.1		

表 1-16　　　　　　　　　　平顶山矿区煤与瓦斯突出强度与作业方式的关系

作业方式	五矿		八矿		十矿		十二矿	
	次数/次	强度/t	次数/次	强度/t	次数/次	强度/t	次数/次	强度/t
爆破	5	12.0	19	85.3	4	32.5	13	53.65
采煤机割煤			6	87.67	25	10.1		
掘进机割煤			1	6.0	3	27.0	4	83.75
打钻孔			2	12.3			2	7.46
无作业	1	7.0						
手镐落煤	1	20.0						

五、煤与瓦斯突出预兆

煤与瓦斯突出预兆主要表现在三个方面：

（1）地压显现方面的预兆：煤炮声、支架声响、岩煤开裂、掉渣、底鼓、岩煤自行剥落、煤壁颤动、钻孔变形、垮孔顶钻、夹钻杆、钻机过负荷等。

（2）瓦斯涌出方面的预兆：瓦斯涌出异常，瓦斯浓度忽大忽小，煤尘增大，气温、气味异常，打钻喷瓦斯、喷煤，有哨声、风声、蜂鸣声等。

（3）煤层结构与构造方面的预兆：层理紊乱，煤强度松软或不均匀，煤暗淡无光泽，煤厚增大，倾角变陡，挤压褶曲，波状隆起，煤体干燥，顶底板阶梯凸起、断层等。

 思考与练习

1. 煤与瓦斯突出按强度如何分类？
2. 简述我国煤与瓦斯突出的分布特点。
3. 简述煤与瓦斯突出机理的理论要点。
4. 试述煤与瓦斯突出发生的过程。
5. 简述煤与瓦斯突出的基本规律。
6. 简述煤与瓦斯突出的预兆。

任务八　突出煤层鉴定和矿井防突管理

煤矿企业在生产建设过程中，必须消除危险，预防事故，确保职工人身不受伤害，国家财产免遭损失，保证生产的正常进行，这是煤矿安全生产的一项基本任务。煤与瓦斯突出是煤矿严重自然灾害之一。在煤矿事故中，瓦斯事故无论在事故总次数上还是死亡人数上，仅次于顶板事故。而且一旦发生突出事故，往往都是重大、特大或特别重大事故。突出是煤矿一种极其复杂的动力现象，其影响因素多，随机性大。迄今为止，突出机理仍处于假说阶段。在当前条件下要完全控制这种灾害还有一定的难度。因此，在生产前后必须对煤层和矿井进行突出鉴定，从技术、管理、装备和人员素质方面全面加强，以达到减少或消除突出的目的。

一、突出煤层和突出矿井鉴定

（一）突出煤层和突出矿井的定义

1. 突出煤层

突出煤层，是指在矿井井田范围内发生过突出以及经鉴定或认定有突出危险的煤层。这里的"在矿井井田范围内"是指经国土资源部门批准的矿井范围。在此范围内的煤层只要有一处且只要实际发生了一次突出或只要有一处经鉴定有突出危险，则整个矿井井田范围的该煤层均为突出煤层。

2. 突出矿井

突出矿井，是指在矿井的开拓、生产范围内有突出煤层的矿井。

如果在矿井的生产乃至开拓范围内存在或出现了突出煤层，则矿井为突出矿井，应按突出矿井管理。另外，突出煤层必须是经过一定的程序确认的煤层，这和某些煤层仅仅"按突出煤层管理"是有重要区别的。

有突出矿井的煤矿企业主要负责人及突出矿井的矿长是本单位防突工作的第一责任人。有突出矿井的煤矿企业、突出矿井应当设置防突机构，建立健全防突管理制度和各级岗位责任制。例如，有的煤矿企业可以设置防突办事机构——防突办公室，也可以在煤矿企业主管通风安全的职能部门内设置防突科，等等。在实际生产中，也有的煤矿成立防突办公室或在通风科内设置防突组，以负责防突的业务管理。在施工队伍上，有防突区、防突队等。

（二）新建矿井煤层突出危险性评估

煤层的突出危险性评估是煤矿建设立项和可行性研究（以下简称可研）的必要步骤，新建矿井在可研阶段，应当对矿井内采掘工程可能揭露的所有平均厚度在 0.3 m 以上的煤层进行突出危险性评估。评估结果作为矿井立项、初步设计和指导建井期间揭煤作业的依据。

受条件和技术的限制，目前利用地质勘探钻孔测定煤层瓦斯参数的效果还不很理想，煤样从数百米的地下提到地面需要很长的时间，煤样散失的瓦斯占有很大的比重，测定数据的准确性不够高。因此，评估结果与实际情况存在出入的可能性增大。所以，在矿井可研阶段进行的突出危险性评估结果，仅仅作为矿井立项、初步设计和建井期间揭煤作业的依据，而不作为矿井是否按突出矿井管理的鉴定结论。

当评估结果为有突出危险的煤层时，即按突出矿井进行设计，建井期间的揭煤作业也应按突出煤层管理，并在井下现场实测煤层瓦斯参数，进行突出煤层的鉴定。如果出现了评估结果为有危险且按突出矿井进行了设计和建井，而鉴定结果却是非突出煤层，则今后的生产中可以不按突出矿井管理。

（三）新建矿井煤层突出危险性鉴定

1. 鉴定的条件

矿井有下列情况之一的，应当立即进行突出煤层鉴定；鉴定未完成前，应当按照突出煤层管理：

（1）煤层有瓦斯动力现象的。

（2）相邻矿井开采的同一煤层发生突出的。

（3）煤层瓦斯压力达到或者超过 0.74 MPa 的。

如果在矿井可研阶段所做的煤层突出危险性评估，发现矿井井田范围内有煤层具有突出危险性,则应在矿井建井期间由具有煤与瓦斯突出危险性鉴定资质的单位,利用矿井的开拓工程(如井筒、主石门、大巷、采区上山及其他巷道等)测定开拓范围内各煤层的瓦斯参数,并进行突出煤层鉴定,以决定生产中是否按突出煤层管理。若评估结果为各煤层均无突出危险,在建井期间可不进行突出煤层鉴定,但若出现以上三种情况之一时则必须进行鉴定。

2. 鉴定和审批程序

(1) 突出煤层和突出矿井的鉴定由煤矿企业委托具有突出危险性鉴定资质的单位进行。

(2) 鉴定单位应当在接受委托之日起 120 天内完成鉴定工作。鉴定单位对鉴定结果负责。

(3) 煤矿企业应当将鉴定结果报省级煤炭行业管理部门、煤矿安全监管部门、煤矿安全监察机构备案。

(4) 煤矿发生瓦斯动力现象造成生产安全事故,经事故调查认定为突出事故的,该煤层即为突出煤层,该矿井即为突出矿井。

突出煤层、突出矿井鉴定基本流程如图 1-28 所示。

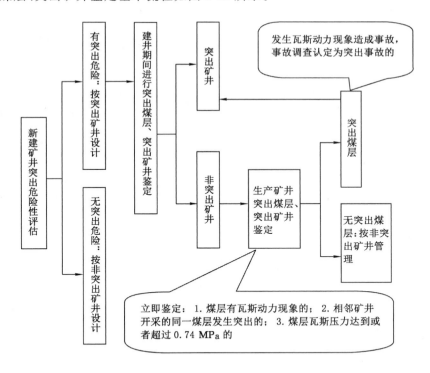

图 1-28 突出煤层、突出矿井鉴定基本流程参考示意图

3. 鉴定方法

(1) 突出煤层鉴定应当首先根据实际发生的瓦斯动力现象进行。

(2) 当动力现象特征不明显或者没有动力现象时,应当根据实际测定的煤层最大瓦斯压力 p、软分层煤的破坏类型、煤的瓦斯放散初速度 Δp 和煤的坚固性系数 f 等指标进行鉴定。全部指标均达到或者超过表 1-17 所列的临界值的,确定为突出煤层。

表 1-17 突出煤层鉴定的单项指标临界值

煤层	破坏类型	瓦斯放散初速度 Δp	坚固性系数 f	瓦斯压力(相对压力) p/MPa
临界值	Ⅲ、Ⅳ、Ⅴ	≥10	≤0.5	≥0.74

4. 说明

(1) 煤的破坏类型

我国煤的破坏类型见表 1-18。由于煤的破坏类型容易鉴别,所以这种分类法一直沿用到现在,后来仅在每一类型的特征方面做一些补充。

表 1-18 煤的破坏类型分类表

破坏类型	光泽	构造及构造特征	节理性质	节理面性质	断口性质	强度
Ⅰ类(非破坏煤)	亮与半亮	层状构造,块状构造,条带清晰明显	一组或二到三组节理,节理系统发育,有次序	有充填物(方解石),次生面少,节理、劈理面平整	参差阶状,贝状,波浪状	坚硬,用手难以掰开
Ⅱ类(破坏煤)	亮与半亮	1.尚未失去层状;2.条带明显,有时扭曲,有错动;3.不规则块状,多棱角,有挤压特征	次生节理面多,且不规则,与原生节理呈网状节理	节理面有擦纹、滑皮,节理平整,易掰开	参差多角	用手极易剥成小块,中等硬度
Ⅲ类煤(强烈破坏煤)	半亮与半暗	1.弯曲成透镜状构造;2.小片状构造;3.细小碎块,层理较紊乱无次序	节理不清,系统不发达,次生节理密度大	有大量擦痕	参差及粒状	用手可捻成粉末,硬度低
Ⅳ类(粉碎煤)	暗淡	粒状或小颗粒胶结而成,形似天然煤团	节理失去意义,成黏块状		粒状	可捻成粉末,偶尔较硬
Ⅴ类煤(全粉煤)	暗淡	土状构造,似土质煤,如断层泥状			土状	可捻成粉末,疏松

(2) 瓦斯放散初速度 Δp

煤的瓦斯放散初速度值 Δp,是指煤样从吸附平衡压力状态下突然解除压力后(简称卸压),在最初一段时间内放出瓦斯量的大小(即从吸附状态转化为游离状态)。它主要与煤结构破坏程度及瓦斯含量的大小有关,因而在一定程度上能够反映煤层突出危险性的大小,在瓦斯含量相同的条件下,煤的瓦斯放散初速度越大,煤的破坏程度越严重,越易于形成具有携带破碎煤体能力的瓦斯流,即越有利于突出的发生和发展。

煤的瓦斯放散初速度指标 Δp 是从现场采取煤样后,在实验室内进行测定的。测定的基本方法和原理是通过煤样在实验仪器内解吸放散的瓦斯压力,来观测规定时间内的煤样瓦斯压力的变化值 Δp,作为指标来表示煤的瓦斯放散初速度大小。

目前使用的国产煤的瓦斯放散初速度指标 Δp 值测定仪器有 WT-1 型、WFC-2 型等。图 1-29 所示为 WFC-2 型瓦斯放散初速度自动测定仪。

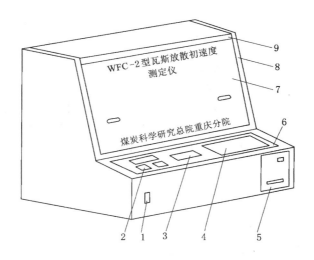

图 1-29　WFC-2 型瓦斯放散初速度测定仪

1——电源开关;2——指示灯;3——显示窗;4——按键;5——打印机;6——面板;
7——前盖板;8——仪器外壳;9——上盖板

（3）煤的坚固性系数 f

煤的坚固性系数 f 是表示煤的抵抗外力破坏能力大小的综合性指标。其主要由煤的物理力学性质(即强度、硬度、脆性)所决定。

煤的坚固性系数 f 值的测定是从现场采取煤样在实验室内进行。在重锤的冲击下,测定一定质量煤样破碎后的粉煤量的大小,粉煤量大,表明煤的抵抗外力破坏的能力小,则 f 值就小;反之,粉煤量小,表明煤不容易被破坏,则 f 值就大。

（4）煤层瓦斯压力 p

煤层瓦斯压力 p 是指未暴露煤层煤体内的瓦斯原始气体压力。它是煤层孔隙内气体分子自由热运动撞击所产生的作用力,在某一点上各方向大小相等,力的方向垂直于煤层孔隙壁,其单位是 MPa(兆帕)。

煤层瓦斯压力标志着煤体内含瓦斯压缩能的大小,是煤与瓦斯突出的动力源。我国多数开采突出矿井实践表明,煤层瓦斯压力 p 值大于 0.74 MPa 时,煤层具有突出危险。

煤层瓦斯压力 p 的测定方法请参考本项目任务二。

二、突出矿井建设和开采基本要求

（一）新水平、新采区防突设计和验收

1. 设计对象

下列矿井和采区必须编制防突专项设计:

（1）被确定为有突出危险的新建矿井。

（2）突出矿井新水平、新采区。

2. 设计内容

开拓方式、煤层开采顺序、采区巷道布置、采煤方法、通风系统、防突设施（设备）、区域综合防突措施和局部综合防突措施等内容。

3. 投产前验收

（1）验收单位：当地人民政府煤矿安全监管部门按管理权限组织防突专项验收。

（2）验收要求：未通过验收的不得移交生产。

此外，突出矿井必须建立满足防突工作要求的地面永久瓦斯抽采系统。

（二）突出矿井采掘部署相关要求

突出矿井应当做好防突工程的计划和实施，将防突的预抽煤层瓦斯、保护层开采等工程与矿井采掘部署、工程接替等统一安排，使矿井的开拓区、抽采区、保护层开采区和突出煤层（或被保护层）开采区按比例协调配置，确保在突出煤层采掘前实施区域防突措施。

1. 巷道布置要求

（1）运输和轨道大巷、主要风巷、采区上山和下山（盘区大巷）等主要巷道必须布置在岩层或非突出煤层中。

（2）减少井巷揭穿突出煤层的次数。

（3）井巷揭穿突出煤层的地点应合理避开地质构造破坏带。

（4）突出煤层的巷道应优先布置在被保护区域或其他卸压区域。

2. 突出煤层的采掘作业要求

（1）严禁采用水力采煤法、倒台阶采煤法及其他非正规采煤法。

（2）急倾斜煤层适合采用伪倾斜正台阶、掩护支架采煤法。

（3）急倾斜煤层掘进上山时，采用双上山或伪倾斜上山等掘进方式，并加强支护。

（4）掘进工作面与煤层巷道交叉贯通前，被贯通的煤层巷道必须超过贯通位置，其超前距不得小于 5 m，并且贯通点周围 10 m 内的巷道应加强支护。在掘进工作面与被贯通巷道距离小于 60 m 的作业期间，被贯通巷道内不得安排作业，并保持正常通风，且在爆破时不得有人，如图 1-30 所示。

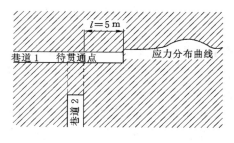

图 1-30　贯通位置示意图

（5）采煤工作面应尽可能采用刨煤机或浅截深采煤机采煤。

（6）煤、半煤岩炮掘和炮采工作面，必须使用安全等级不低于三级的煤矿许用含水炸药（二氧化碳突出煤层除外）。

3. 突出矿井的通风系统要求

（1）井巷揭穿突出煤层前，必须具有独立的、可靠的通风系统。

（2）突出矿井、有突出煤层的采区、突出煤层工作面都有独立的回风系统，采区回风巷是专用回风巷。

（3）在突出煤层中，严禁任何两个采掘工作面之间串联通风。

（4）煤（岩）与瓦斯突出煤层采区回风巷及总回风巷必须安设高低浓度甲烷传感器。

（5）突出煤层采掘工作面回风侧不得设置调节风量的设施。易自燃煤层的回采工作面确需设置调节设施的，必须经煤矿企业技术负责人批准。

（6）严禁在井下安设辅助通风机。

（7）突出煤层掘进工作面的通风方式必须采用压入式。

4. 安全防护要求

（1）任何揭煤和采掘作业，必须采取安全防护措施。

（2）突出矿井的入井人员必须随身携带隔离式自救器。

（3）突出矿井严禁使用架线式电机车。

三、防突管理和培训

（一）职责划分

（1）煤矿企业主要负责人、矿长应当分别每季度、每月进行防突专题研究，检查、部署防突工作。

（2）煤矿企业、矿井的技术负责人对防突工作负技术责任。

（3）煤矿企业、矿井的分管负责人负责落实所分管的防突工作。

（4）煤矿企业、矿井各职能部门负责人对本职范围内的防突工作负责。

（5）区（队）、班组长对管辖内防突工作负直接责任。

（6）防突人员对所在岗位的防突工作负责。

（7）煤矿企业、矿井安全监察部门负责对防突工作的监督检查。

（二）建立专业防突队伍，编制突出事故应急预案

1. 防突专业队伍

就通常来讲，防突专业队伍包括防突职能部门（通风防突科）、防突预测预报专业队伍、打钻和抽采专业队伍、通风专业队伍、瓦斯监测监控专业队伍、爆破专业队伍，每个专业队伍都应配备专业技术人员，具备条件的还可成立突出煤层施工（含揭煤）专业队伍。

突出煤层采掘工作面每班必须设专职瓦斯检查工并随时检查瓦斯；发现有突出预兆时，瓦斯检查工有权停止作业，协助班组长立即组织人员按避灾路线撤出，并报告矿调度室。在突出煤层中，专职爆破工必须固定在同一工作面工作。

2. 防突应急预案

煤与瓦斯突出灾害具有与其他事故明显不同的特点，救灾步骤、要求、注意事项等也有很大的差别。因此，突出矿井应该编制专门的突出事故应急预案。

突出事故应急预案主要内容为：

（1）突出事故应急预案概述。

（2）突出事故类型及危害分析。

（3）应急救援及原则。

（4）组织机构及职责。

（5）预防和预警。

（6）突出事故报告程序。

（7）现场保护和应急处置。

（8）应急物资和装备保障。

（三）防突措施贯彻实施

由于防突工作具有特殊性,因此要求各项防突措施的编制必须严谨并要在现场严格落实到位。这就要求防突措施编制后,必须组织向施工区队认真贯彻,通过学习使每个工人对施工环节的情况事先有一个形象全面的了解,使人人做到心中有数,各责任人在防突工作中,心往一处想,劲往一处使。参与防突工作的各级领导干部、职能部门和各类人员随时对照检查防突措施的执行,确保防突措施落到实处。

防突措施贯彻实施示意图如图 1-31 所示。

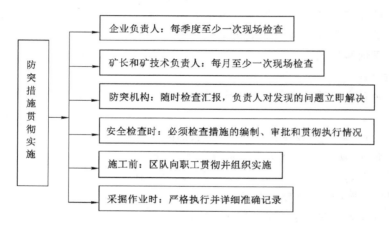

图 1-31　防突措施贯彻实施示意图

（四）防突技术资料的管理

（1）发生突出后,矿井防突机构指定专人进行现场调查,提交专题调查报告。

（2）每年第一季度将上年度煤与瓦斯突出矿井基本情况调查表、煤与瓦斯突出记录卡片、矿井煤与瓦斯突出汇总表连同总结资料报省级煤矿安全监管部门、驻地煤矿安全监察机构。

（3）所有防突工作的资料均存档。

（4）煤矿企业每年对全年的防突技术资料进行系统分析总结,提出整改措施。

（五）突出矿井工作人员防突知识培训

突出矿井的管理人员和井下工作人员必须接受防突知识的培训,经考试合格后方准上岗作业。

各类人员及培训应达到下列要求:

（1）突出矿井的井下工作人员的培训包括防突基本知识和规章制度等内容。

（2）突出矿井的区（队）长、班组长和有关职能部门的工作人员的培训包括突出的危害及发生的规律、区域和局部综合防突措施、防突的规章制度等内容。

（3）突出矿井应至少配置1名采矿或煤矿通风安全专业大专及以上学历的专职防突技术人员。

突出矿井的防突员属于特种作业人员，每年必须接受一次防突知识、操作技能的专项培训。专项培训包括防突的理论知识、突出发生的规律、区域和局部综合防突措施以及有关防突的规章制度等内容。

（4）突出矿井的矿长、技术负责人应具有大专以上学历，并具有5年以上本矿井工作经历或3年以上突出矿井工作经历。

有突出矿井的煤矿企业和突出矿井的主要负责人、技术负责人应当接受防突专项培训。专项培训包括防突的理论知识和实践知识、突出发生的规律、区域和局部综合防突措施以及防突的规章制度等内容。

思考与练习

1. 什么是突出煤层？

2. 什么是突出矿井？

3. 矿井有哪些情况需进行突出煤层鉴定？

4. 突出煤层应当根据什么现象和瓦斯参数进行鉴定？

5. 突出矿井的新水平、新采区，必须编制防突专项设计，设计应当包括哪些内容？

6. 突出矿井的巷道布置应当符合哪些要求和原则？

7. 突出煤层的采掘作业应当符合哪些规定？

8. 突出矿井的通风系统应当符合哪些要求？

9. 各项防突措施如何贯彻实施？

10. 防突应急预案主要内容是什么？

11. 突出矿井对各类人员的培训有什么要求？

任务九　区域综合防突措施

一、两个"四位一体"综合防突体系

2009年，国家安全监督管理总局在原《防治煤与瓦斯突出细则》基础上，颁布了新的《防治煤与瓦斯突出规定》。全面分析突出问题，总结吸纳先进经验，提出了"突出煤层必须采取区域综合防突措施，严禁在区域防突措施无效的区域进行采掘作业"的防突理念，要求采掘部署合理、突出危险预测准确、防治突出措施可靠、防突效果检验达标、安全防护措施到位。首次提出了两个"四位一体"综合防突措施，引入了瓦斯含量和瓦斯压力作为区域预测指标，开展了瓦斯突出预测敏感指标及临界值研究。

两个"四位一体"综合防突措施为区域综合防突措施和局部综合防突措施。其防治煤与瓦斯突出基本流程参考示意图如图1-32所示。

1. 区域综合防突措施

区域综合防突措施包括了四项内容：区域突出危险性预测、区域防突措施、区域措施效果检验、区域验证。而没有"综合"两个字的区域防突措施则具体指开采保护层、区域预抽煤层瓦斯等措施。

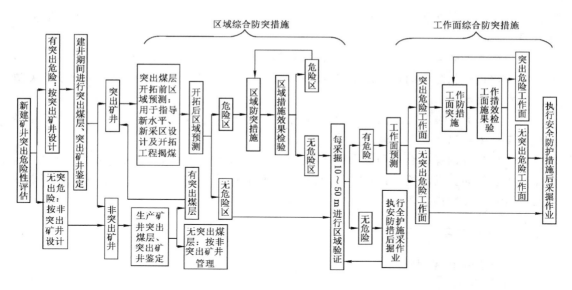

图 1-32　防治煤与瓦斯突出基本流程参考示意图

2. 局部综合防突措施

局部综合防突措施中的"局部"与区域综合防突措施中的"区域"相对应,内容则是工作面突出危险的预测、防突措施、效果检验、安全防护等四项内容。同样,去掉了"综合"字眼的工作面防突措施则具体指超前排放钻孔、水力冲孔等措施。

两个"四位一体"综合防突措施纵向关系如图 1-33 所示。

《防治煤与瓦斯突出规定》为了强调区域综合防突措施,确立了区域综合防突措施和局部综合防突措施,并且各自包括四项内容,也可以通俗地称作区域"四位一体"的综合防突措施和局部"四位一体"综合防突措施。但在实施过程中,这两个"四位一体"的综合防突措施所包括的四项内容并非一定都要实施。例如,区域预测或工作面预测也可以不做,但应按突出危险区或突出危险工作面处理;而经过预测没有危险的,就可以不采取防突措施。同样,如果没有实施防突措施,就不存在措施效果检验的问题。其中唯一一项必须实施的内容就是两个"四位一体"中的最后一项——区域验证和工作面安全防护措施。

3. 两个"四位一体"综合防突措施的原则

《防治煤与瓦斯突出规定》规定:突出煤层必须采取区域综合防突措施,严禁在区域防突措施无效的区域进行采掘作业。有突出危险的区域且具备保护层开采条件的,必须开采保护层。也就是说,对突出危险煤层应首先实施区域防突措施,依靠区域防突措施来大范围、大幅度降低或消除突出危险。这就像战争中在发动地面攻势之前首先采用密集的远程炮火覆盖将要进攻的区域一样,用战略手段大规模地消灭和肃清敌人的有生力量,然后再派出优势部队进入作战区域,针对少数残存的敌人发动不对称的攻势,在我方人员零伤亡或极少伤亡的条件下全部消灭敌人。而局部防突措施相当于后派出的优势部队,对于实施区域措施后的个别仍未完全消除突出危险的局部煤层实施局部综合防突措施。由于实施区域防突措施后,即使个别区域没有完全消除突出危险,其突出危险性也得到大幅度降低,将可避免在实施局部防突措施的作业期间诱发突出伤人事故,能够

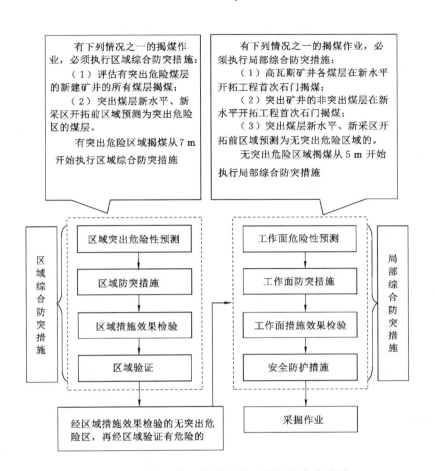

图 1-33　两个"四位一体"综合防突措施纵向关系图

更好地保证生产人员的安全。

突出矿井采掘工作要做到坚持区域防突措施先行、局部防突措施补充,不掘突出头,不采突出面,就是要树立一种信念和意识,无论在任何情况下,都不能以任何理由在掘进工作面还存在有突出危险的情况下进行掘进,也不能以任何理由在采煤工作面还存在有突出危险的情况下进行采煤作业。因此,"突出煤层必须采取区域综合防突措施,严禁在区域防突措施无效的区域进行采掘作业",是《防治煤与瓦斯突出规定》的基本原则,是在总结了几十年来我国防突工作的经验教训、考虑了我国经济社会发展水平后,对防突工作指导方针做出的重大转变。

二、区域综合防突措施基本程序和处理原则

1. 基本程序

(1)条件:突出矿井应当对突出煤层进行区域突出危险性预测(以下简称区域预测)。

(2)分类:区域预测分为新水平、新采区的开拓前预测和开拓后区域预测。

(3)结果:突出煤层区域预测后划分为突出危险区和无突出危险区。未进行区域预测的区域视为突出危险区。

① 区域预测无危险→区域验证→安全防护下采掘作业。

② 区域预测有危险→区域防突措施→效果检验→区域验证→安全防护下采掘作业。

2.开拓前预测方法、作用和处理原则

（1）方法：新水平、新采区开拓前，当预测区域的煤层缺少或者没有井下实测瓦斯参数时，可以主要依据地质勘探资料、上下水平及邻近区域的实测和生产资料等进行开拓前区域预测。

（2）作用：开拓前区域预测结果仅用于指导新水平、新采区的设计和新水平、新采区开拓工程的揭煤作业。

（3）处理原则：

① 采取区域综合防突措施的情形：a.经评估为有突出危险煤层的新建矿井建井期间的揭煤作业；b.突出煤层经开拓前区域预测为突出危险区的新水平、新采区开拓过程中的所有揭煤作业。以上情形经采取防突措施后，其效果必须达到措施设计要求的指标。

② 采取局部综合防突措施的情形：经开拓前区域预测为无突出危险区的煤层在新水平、新采区开拓过程中的所有揭煤作业。

3.开拓后预测方法、作用和处理原则

（1）方法：开拓后区域预测应当主要依据预测区域煤层瓦斯的井下实测资料，并结合地质勘探资料、上下水平及邻近区域的实测和生产资料等进行。

（2）作用：开拓后区域预测的作用，用于指导工作面的设计和采掘生产作业。

（3）处理原则：经开拓后区域预测为突出危险区的煤层，必须采取区域防突措施并进行区域措施效果检验。经效果检验仍为突出危险区的，必须继续进行或者补充实施区域防突措施。

经开拓后区域预测或者经区域措施效果检验后为无突出危险区的煤层进行揭煤和采掘作业时，必须采用工作面预测方法进行区域验证。

区域综合防突措施由煤矿企业技术负责人批准。

三、区域突出危险性预测

（一）注意事项

（1）煤层瓦斯参数（见表 1-19）结合瓦斯地质分析。

（2）其他经验证有效的方法。

（3）预测临界值考察（含预测新方法研究试验）应由具有突出危险性鉴定资质的单位进行。

（4）临界值考察方案和结果批准权限为煤矿企业技术负责人。

（二）预测的区域划分

（1）瓦斯风化带为无突出区。

（2）突出地质特征、突出规律明显，采用瓦斯地质方法预测时：

① 根据上部突出点结合下部构造关系确定下部突出危险区。

② 同一地质单元内，突出点或明显有突出征兆位置垂高以上 20 m 及以下全部区域为突出危险区，如图 1-34 所示。

（3）在上述方法划分的无突出区、突出危险区以外的区域应采用煤层瓦斯压力（优先）或煤层瓦斯含量进行预测（临界值见表 1-19）。

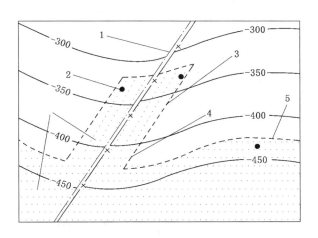

图 1-34 根据瓦斯地质分析划分突出危险区域示意图

1——断层;2——突出点;3——上部区域突出点在断层两侧的最远距离线;

4——推测下部区域断层两侧的突出危险区边界线;5——推测的下部区域突出危险区上边界线;

6——突出危险区(阴影部分)

表 1-19 根据煤层瓦斯压力或瓦斯含量进行区域预测的临界值

瓦斯压力 p/MPa	瓦斯含量 W/(m³/t)	区域类别
$p<0.74$	$W<8$	无突出危险区
除上述情况以外的其他情况		突出危险区

(4) 以上三种情况以外的区域为突出危险区。

（三）预测要求

(1) 煤层瓦斯压力或瓦斯含量应为井下实测数据。

(2) 同一地质单元沿煤层走向、倾向测点分别不小于 2 个和 3 个,且有测点位于本单元垂深最大的开拓工程部位。

(3) 煤层瓦斯压力或瓦斯含量测点应根据不同地质单元情况布置。

（四）说明

(1)《防治煤与瓦斯突出规定》目前仅采用煤层瓦斯压力和含量作为区域预测指标,更突出了作为突出主导作用的瓦斯因素,更有利于推广和应用。

(2) 在进行区域预测时优先选择瓦斯压力,而只有在没有或者缺少瓦斯压力资料时方采用瓦斯含量指标。

(3) 对于表中残余瓦斯含量临界值 8 m³/t 的确定,主要考虑了以下情况:根据我国突出矿井的统计资料分析,按最小突出压力 0.74 MPa 计算,煤层的平均瓦斯含量为 8 m³/t 左右。

(4) 用瓦斯地质统计法预测区域突出危险性时,要把煤层瓦斯参数和瓦斯地质分析结合起来。就是把原来的瓦斯地质统计法和综合指标法综合起来,从而形成一套能够对一个区域进行完整区域预测的方法。

（5）所谓地质单元,就是地质特征相近的、未受到大的地质构造阻隔的一片区域。

四、区域防突措施

区域防突措施是指在突出煤层进行采掘前,对突出煤层较大范围采取的防突措施。区域防突措施包括开采保护层和预抽煤层瓦斯两类。

（一）开采保护层

1. 开采保护层及其分类

在开采煤层群的条件下,首先开采无突出危险或突出危险较小的煤层,由于它受采动影响,而使距离它一定范围内的突出危险煤层失去突出危险性,这个先采煤层称为保护层(也称解放层),后开采的煤层称为被保护层(也称被解放层)。保护层如果位于突出危险层(被保护层)的上方,称为上保护层,位于下方的叫下保护层。如图 1-35 所示。

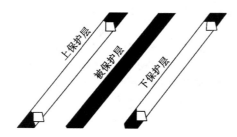

图 1-35　开采保护层示意图

2. 开采保护层的防突作用原理

大量现场观测表明,保护层开采后,由于采空区的岩石冒落和移动,而引起开采煤层周围应力重新分布,采空区的上、下形成应力降低(卸压)区,在这个区域内的未开采煤层(即被保护层)将发生下述变化:

（1）地压减少,弹性潜能得以缓慢释放。

（2）煤层膨胀变形,形成裂隙与孔道,透气系数增加。所以被保护层内的瓦斯能大量排放到保护层的采空区内,瓦斯含量和瓦斯压力都将明显下降。

（3）煤层瓦斯涌出后,煤的强度增加。据测定,开采保护层后,被保护层的煤硬度系数由 0.3～0.5 增加到 1.0～1.5。

所以保护层开采后,不但消除或减少了引起突出的两个重要因素:地压和瓦斯,而且增加了抵御突出的能力因素,即煤的机械强度。这就使得在卸压区范围内开采被保护层时,不再会发生煤与瓦斯突出。开采保护层防止煤与瓦斯突出原理框图如图 1-36 所示。

3. 保护范围

保护范围是指保护层开采后,在空间上使危险层丧失突出危险的有效范围。在这个范围内进行采掘工作,按无突出危险对待,不需要再采取其他预防措施;在未受到保护的区域,必须采取防治突出的措施。

（1）垂直保护距离

保护层与被保护层之间的有效垂距应根据各矿实际观察结果确定。如无实测资料,可参考表 1-20 数据。

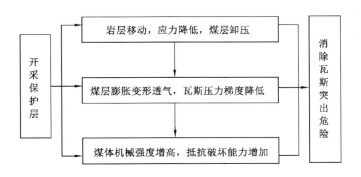

图 1-36 开采保护层的防突作用原理图

表 1-20 保护层与被保护层之间的有效垂距

煤层类别	最大有效垂距/m			
	未抽采瓦斯		综合抽采瓦斯	
	上保护层	下保护层	上保护层	下保护层
急倾斜煤层	40	50	60	80
缓倾斜和倾斜煤层	30	80	50	100

（2）保护层开采沿倾斜的保护范围

保护层沿煤层倾斜的保护范围,可按卸压角划定,卸压角划线以内的煤层倾斜区域可作为卸压区。如图 1-37 所示,卸压角的大小与煤层倾角、煤系地层的岩性等因素有关,但主要取决于煤层倾角。卸压角应根据矿井实测数据确定,如果无实测数据,可参考表 1-21 中的数据确定。

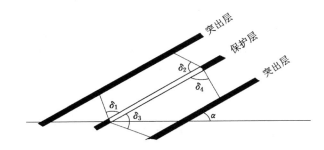

图 1-37 保护层沿倾斜的保护范围

δ_1、δ_2、δ_3、δ_4——沿倾斜的卸压角;α——煤层倾角

表 1-21 保护层沿倾斜的卸压角

煤层倾角 α/(°)	卸压角/(°)			
	δ_1	δ_2	δ_3	δ_4
0	80	80	75	75
10	77	83	75	75

煤层倾角 α/(°)	卸压角/(°)			
	δ_1	δ_2	δ_3	δ_4
20	73	87	75	75
30	69	90	77	70
40	65	90	80	70
50	70	90	80	70
60	72	90	80	70
70	72	90	80	72
80	73	90	78	75
90	75	80	75	80

（3）保护层开采沿走向的保护范围

①《防治煤与瓦斯突出规定》第四十七条规定:正在开采的保护层采煤工作面超前于被保护层的掘进工作面,其超前距离不得小于保护层与被保护层之间层间垂距的 3 倍,并不得小于 100 m。如图 1-38 所示。

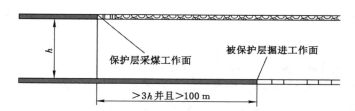

图 1-38　保护层采煤工作面必须超前于被保护层的掘进工作

②已停采的保护层采煤工作面,停采至少 3 个月,并卸压比较充分后,该采煤工作面的始采线、采止线及煤柱的两侧处,沿走向的保护范围可暂按卸压角(δ_5)56°～62°划定,如图 1-39 所示。

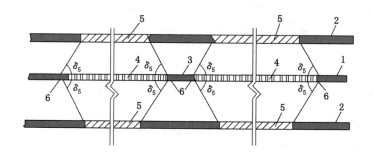

图 1-39　保护层工作面始采线、采止线和煤柱两侧的保护范围

1——保护层;2——被保护层;3——煤柱;4——采空区;5——被保护范围;
6——始采线、采止线;δ_5——卸压角

（二）预抽煤层瓦斯措施

1. 预抽煤层瓦斯作用原理

预抽煤层瓦斯,实质就是利用钻孔预抽采开采保护层瓦斯或被保护煤层瓦斯,并通过预先抽采瓦斯以消除或减小被保护煤层的突出危险,还可以减少采掘过程中的瓦斯涌出。其作用原理如图 1-40 所示。

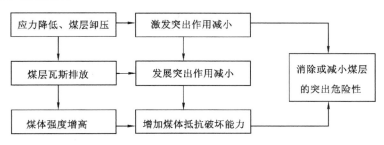

图 1-40　预抽采煤层瓦斯作用原理框图

2. 预抽煤层瓦斯措施的方式

《防治煤与瓦斯突出规定》规定了六种方式的预抽煤层瓦斯区域防突措施。这六种方式还可以细分为八种,具体如图 1-41 所示。

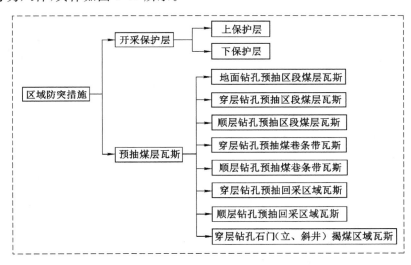

图 1-41　区域防突措施预抽煤层瓦斯分类图

如果按抽采需求,预抽煤层瓦斯分类如图 1-42 所示。关于瓦斯抽采,见任务十一。

五、区域措施效果检验

煤与瓦斯突出防治措施效果检验的目的在于保证防突措施的有效性。如果措施效果检验无效,则必须采取补充措施,再进行措施效果检验和区域验证,直到措施效果有效为止。

（一）开采保护层防突效果检验

1. 检验指标

检验指标有:

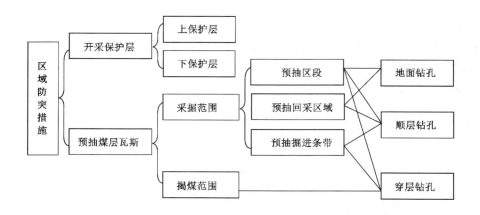

图 1-42　区域防突措施预抽煤层瓦斯抽采按需求分类图

(1)残余瓦斯压力。

(2)残余瓦斯含量。

(3)顶底板位移量。

临界值参考表 1-19。

2.说明

(1)突出矿井首次开采某个保护层时,应当对被保护层进行区域措施效果检验及保护范围的实际考察。如果被保护层的最大膨胀变形量大于 3‰,则检验和考察结果可适用于其他区域的同一保护层和被保护层。否则,应当对每个预计的被保护区域进行区域措施效果检验。

(2)若保护层与被保护层的层间距离、岩性及保护层开采厚度等发生了较大变化,应当再次进行效果检验和保护范围考察。

例如,如图 1-43 中保护层工作面 A 是 7 号煤层保护 8 号煤层的首个工作面,则应测定被保护层工作面 A 的瓦斯压力或含量,同时也可以测定 8 号煤层的顶底板位移量 ε。如果被保护层的瓦斯压力或含量小于临界值,则说明被保护层工作面 A 为无危险区。但若同时顶底板的最大膨胀量 ε 大于煤层厚度 h 的千分之三,则当保护层工作面 B 开采时,可不用再次测定被保护层工作面 B 的瓦斯参数,而直接认定为有效保护区域。否则,仍应测定被保护层工作面 B 的瓦斯参数,进行开采保护层的措施效果检验。

(二)预抽煤层瓦斯防突效果检验

1.检验指标

(1)预抽区域的煤层残余瓦斯压力。

(2)残余瓦斯含量。

(3)钻屑瓦斯解吸指标。

2.检验临界值

(1)煤层残余瓦斯压力小于 0.74 MPa 或残余瓦斯含量小于 8 m^3/t 的预抽区域为无突出危险区,否则,即为突出危险区,预抽防突效果无效。

(2)采用钻屑瓦斯解吸指标对穿层钻孔预抽石门(含立、斜井等)揭煤区域煤层瓦斯区

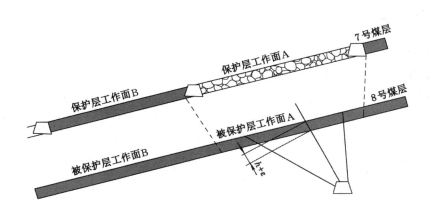

图 1-43 保护层区域防突措施效果检验示意图

域防突措施进行检验,如果所有实测的指标值均小于表 1-22 所列的临界值则为无突出危险区,否则,即为突出危险区,预抽防突效果无效。

表 1-22 钻屑瓦斯解吸指标法预测石门揭煤工作面突出危险性的参考临界值

煤样	$\Delta h_2/\mathrm{Pa}$	$K_1/[\mathrm{mL}/(\mathrm{g} \cdot \mathrm{min}^{1/2})]$
干煤样	200	0.5
湿煤样	160	0.4

(3)用直接测定的残余瓦斯压力、瓦斯含量等指标进行检验时,先以每个测定值达到或超过了临界值或有明显突出预兆的点为圆心画半径 100 m 的圆(图 1-44 所示),则所有落在圆内的被检验区域全部判定为预抽防突效果无效,而只有那些没有落在任何一个圆内的区域方可判定为预抽防突效果有效。

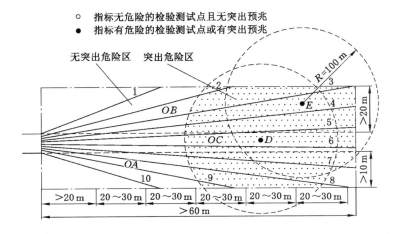

图 1-44 用直接测定参数或明显突出预兆检验预抽煤层瓦斯区域防突措施示意图

六、区域验证

（一）区域验证的概念

区域验证是《防治煤与瓦斯突出规定》新增的内容。经过开拓后区域预测划分出的无突出危险区，以及经采取区域防突措施和措施效果检验后转变成的无突出危险区，即可开启工作面，开始进入石门揭煤、煤巷掘进和采面回采的作业。但由于进行这些区域预测和效果检验时，是用少数点的数据来预测整个区域的危险性，所以在进行揭煤和采掘作业时还应采用工作面预测的方法对区域预测或检验结果进行验证，这就是区域验证。

那么，在什么情况下执行区域验证呢，以下三种情况均要进行区域验证：

（1）区域预测划分的无突出危险区。

（2）经区域措施效果检验为无突出危险的区域。

（3）采掘作业或揭煤。

两个综合防突措施中执行区域验证的三种情况如图 1-45 所示。

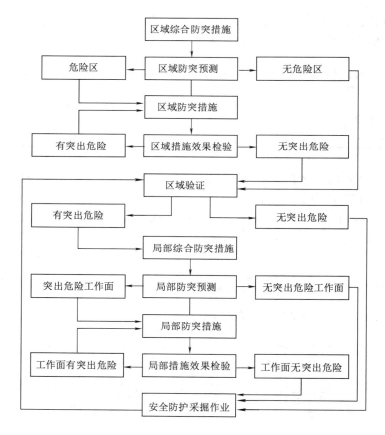

图 1-45　执行区域验证的三种情况

（二）区域验证的过程步骤

经开拓后区域预测或者经区域措施效果检验后为无突出危险区的煤层进行揭煤和采掘作业时，必须采用工作面预测方法进行区域验证。

（1）在工作面首次进入该区域时，立即连续进行至少两次区域验证。

（2）工作面每推进 10～50 m（在地质构造复杂区域或采取了预抽煤层瓦斯区域防突措施以及其他必要情况时宜取小值）至少进行两次区域验证。

（3）在构造破坏带连续进行区域验证。

（4）应监测、分析煤巷掘进工作面瓦斯涌出量的动态变化，在瓦斯涌出异常的区域应连续进行区域验证。

（5）在煤巷掘进工作面还应采用物探技术超前探测前方地质构造，或者至少施工 1 个超前距不小于 10 m 的钻孔探测前方地质构造和观察突出预兆。

（三）区域验证的方法

（1）在石门等揭煤工作面，应在距离煤层最小法向距离 5 m 前采用石门揭煤工作面预测方法进行区域验证。

（2）在煤巷掘进工作面和回采工作面，分别采用相应的工作面预测方法进行验证。

（3）当经区域验证无危险时方可进行揭煤、掘进和回采，否则还应该执行局部综合防突措施。

关于石门揭煤工作面预测方法、煤巷掘进工作面和回采工作面预测方法参见局部综合防突措施部分。

（四）区域验证结果的处理

（1）当区域验证为无突出危险时，应当采取安全防护措施后进行采掘作业。但若为采掘工作面在该区域进行的首次区域验证，采掘前还应保留足够的突出预测超前距。

（2）只要有一次区域验证为有突出危险或超前钻孔等发现了突出预兆，则该区域以后的采掘作业均应当执行局部综合防突措施。

七、突出矿井新水平、新采区防突专项设计内容

（一）防突专项设计内容

（1）地质报告和煤层突出危险性基础资料。

（2）区域预测结果。

（3）煤层开采顺序。

（4）开拓方式和采区巷道布置。

（5）防突有关的主要系统。

（6）采掘作业方法。

（7）区域与局部综合防突措施内容和方法。

（8）防突工程计划、设备、器材及明细。

（二）防突专项验收内容

1. 验收程序

（1）在首采工作面回采前，矿井先自行组织验收。

（2）省属国有煤矿的突出矿井，必须经煤矿企业组织验收。

（3）煤矿企业按监管权限向煤矿安全监管部门提出投产验收申请。

（4）煤矿安全监管部门接到验收申请后，对申请资料进行审查。

（5）组织现场验收。

（6）书面进行批复。

注意：未通过防突专项验收的，不得移交生产。

2．验收资料

（1）防突专项验收申请报告及申请表。

（2）防突专项设计及其批复。

（3）煤矿企业对突出矿井新水平、新采区投产验收材料。

（4）经国家授权单位鉴定的新水平内可采煤层自燃倾向性、煤尘爆炸危险性报告，煤层的突出危险性鉴定报告及区域预测结果。

（5）开拓准备期间发生的瓦斯事故情况。

（6）其他需要提交的材料。

 思考与练习

1．两个"四位一体"综合防突措施的内容是什么？

2．矿井开拓前、开拓后区域预测有什么作用？

3．矿井开拓前、开拓后区域预测结果的处理原则是什么？

4．区域防突措施主要有哪两种？

5．开采保护层的防突作用原理是什么？

6．正在开采的保护层采煤工作面，必须超前于被保护层的掘进工作面多少距离？

7．预抽煤层瓦斯可采用的方式有哪些？

8．开采保护层防突效果检验指标有哪些？

9．预抽煤层瓦斯防突效果检验指标和临界值是什么？

10．什么是区域验证？在什么情况下执行区域验证？用什么方法进行区域验证？

11．区域验证结果的处理有哪些？

12．突出矿井新水平、新采区防突专项设计内容有哪些？

任务十　局部综合防突措施

当在区域预测划分的无突出危险区或经区域措施效果检验的无突出危险的区域，经区域验证有突出危险或钻孔异常时，就要执行局部综合防突措施。局部综合防突措施包括工作面突出危险性预测、工作面防突措施、工作面措施效果检验、安全防护措施。

一、局部综合防突措施基本程序

（一）基本程序（图 1-46）

（1）首先进行工作面突出危险性预测（以下简称工作面预测），包括石门和立井、斜井揭煤工作面、煤巷掘进工作面和采煤工作面的突出危险性预测等。工作面预测应当在工作面推进过程中进行。

采掘工作面经工作面预测后划分为突出危险工作面和无突出危险工作面。未进行工作面预测的采掘工作面，应当视为突出危险工作面。

（2）突出危险工作面必须采取工作面防突措施，并进行措施效果检验。经检验证实措施有效后，即判定为无突出危险工作面；当措施无效时，仍为突出危险工作面，必须采取补充防突措施，并再次进行措施效果检验，直到措施有效。

（3）无突出危险工作面必须在采取安全防护措施并保留足够的突出预测超前距或防突

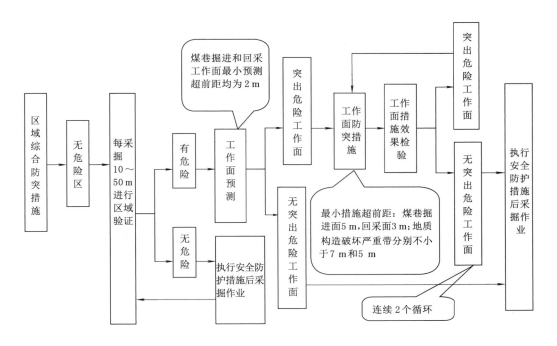

图 1-46　局部综合防突措施基本程序和要求示意图

措施超前距的条件下进行采掘作业。

（二）揭煤作业施工程序

石门揭穿煤层的全过程施工程序（包括部分区域防突措施）为：

（1）自石门距煤层最小法向距离 10 m（可用地质资料计算或用其他探测方式确定）之前探明煤层的位置、产状。

（2）编制石门揭煤的专项防突措施并报批。

（3）在距煤层的最小法向距离 7 m 之前实施预抽煤层瓦斯区域防突措施，并进行效果检验，直到有效。

（4）在揭煤工作面距煤层最小法向距离 5 m 前用工作面预测的方法进行区域验证。

（5）如果区域验证有突出危险，则实施工作面防突措施，并进行工作面措施效果检验，直到措施有效。

（6）采用前探孔或物探法边探边掘，直至进到远距离爆破揭穿煤层前的工作面位置（最小法向距离 2 m 或 1.5 m）。

（7）采用工作面预测的方法进行最后验证，若经验证仍为突出危险工作面则再次实施工作面防突措施，直到验证为无突出危险工作面。

（8）在采取安全防护措施的条件下采用远距离爆破揭穿煤层。

如果首次揭煤的远距离爆破未能一次揭穿煤层，则继续按照揭煤的安全技术措施"过煤门"，直到进入煤层顶板或底板 2 m 以上（巷道全部成型、支护完好）。在完成以上工作后，石门揭煤作业才算完成。如图 1-47 所示。

二、工作面突出危险性预测

工作面预测的任务是确定工作面附近煤体有无突出危险性，以便决定是否采取防突措

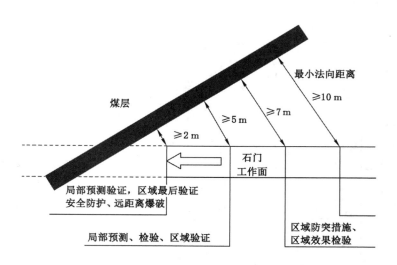

图 1-47　石门揭煤程序示意图

施,是关系到工作面人员安全的大事。而矿井采掘工作面预测方法的确定是关系到该矿井工作面预测的准确性及预测方法适用性的关键技术。

（一）石门揭煤工作面的突出危险性预测

石门揭煤工作面的突出危险性预测方法有钻屑瓦斯解吸指标法和综合指标法,由于篇幅限制,这里仅介绍钻屑瓦斯解吸指标法。

钻屑瓦斯解吸指标法是通过测定瓦斯解吸指标 Δh_2 和 K_1 来预测突出危险性的。其中,瓦斯解吸指标 Δh_2 是煤钻屑在解吸仪内 2 min 解吸瓦斯压力值（单位为 Pa）,一般使用 MD-2 型瓦斯解吸仪测得;瓦斯解吸指标 K_1 值,是煤钻屑脱落暴露大气时,第一分钟内每克钻屑的瓦斯解吸量［单位为 $mL/(g \cdot min^{1/2})$］,一般使用 ATY 型瓦斯突出预测仪器或 WTC 型瓦斯突出参数仪器测定。

1. 测定方法

（1）由工作面向煤层的适当位置至少打 3 个钻孔,在钻孔钻进到煤层时每钻进 1 m 采集一次孔口排出的粒径 1～3 mm 的煤钻屑（图 1-48）。

（2）测定其瓦斯解吸指标 K_1 或 Δh_2 值。测定时,应考虑不同钻进工艺条件下的排渣速度。

2. 参考临界值

参考临界值见表 1-23。

表 1-23　　　　预测石门揭煤工作面突出危险性的参考临界值

煤样	指标临界值	
	Δh_2/Pa	K_1/［mL/(g · min$^{1/2}$)］
干煤样	200	0.5
湿煤样	160	0.4

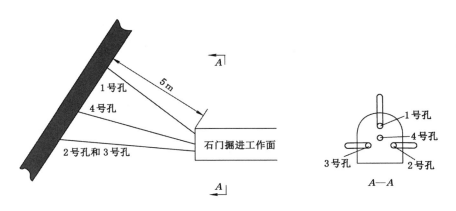

图 1-48　石门揭煤工作面钻屑瓦斯解吸指标法预测钻孔布置示意图

3. 说明

实践证明,煤的破坏类型越高,则煤的解吸速度越大;煤的瓦斯压力越大,煤的解吸速度也越大,钻屑瓦斯解吸指标法综合考虑了煤质指标和瓦斯指标这两个与突出危险性密切相关的因素,是我国预测石门揭煤工作面突出危险性应用较多的一种方法。

由于湿煤和干煤受水的因素影响,其煤的解吸速度也不一样,在同等条件下,干煤的解吸速度要大于湿煤的解吸速度,所以它们的钻屑瓦斯解吸指标的临界值也不相同。

预测钻孔在石门中央、石门上部应至少布置一个钻孔,在石门两侧应布置一个或两个钻孔(图 1-48),如石门布置有其他钻孔,则预测孔应尽量远离这些钻孔。在钻孔钻进到煤层时,每钻进 1 m 采集一次孔口排出的粒径 1~3 mm 的煤钻屑,测定其瓦斯解吸指标 K_1 或 Δh_2 值。

(二)煤巷掘进工作面的突出危险性预测

煤巷掘进工作面的突出危险性预测方法有复合指标法、钻屑指标法、R 值指标法等。由于篇幅限制,这里仅介绍复合指标法。

复合指标法利用测定钻孔瓦斯涌出初速度和钻屑量指标来预测煤巷掘进工作面突出危险性。

1. 测定方法

在近水平、缓倾斜煤层工作面应当向前方煤体至少施工 3 个、在倾斜或急倾斜煤层至少施工 2 个直径 42 mm、孔深 8~10 m 的钻孔,测定钻孔瓦斯涌出初速度和钻屑量指标。

钻孔应当尽量布置在软分层中,一个钻孔位于掘进巷道断面中部,并平行于掘进方向,其他钻孔开孔口靠近巷道两帮 0.5 m 处,终孔点应位于巷道断面两侧轮廓线外 2~4 m 处。如图 1-49 所示。

钻孔每钻进 1 m 测定该 1 m 段的全部钻屑量 S,并在暂停钻进后 2 min 内测定钻孔瓦斯涌出初速度 q。测定钻孔瓦斯涌出初速度时,测量室的长度为 1.0 m。

2. 指标临界值

各煤层采用复合指标法预测煤巷掘进工作面突出危险性的指标临界值应根据试验考察确定,在确定前可暂按表 1-24 的临界值进行预测。

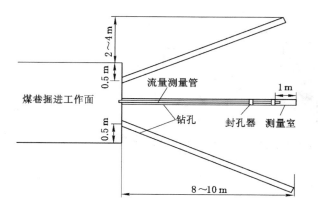

图 1-49 煤巷掘进工作面复合指标法预测钻孔布置图

表 1-24 复合指标法预测煤巷掘进工作面突出危险性的参考临界值

钻孔瓦斯涌出初速度 q/(L/min)	钻屑量 S	
	kg/m	L/m
5	6	5.4

如果实测得到的指标 q、S 的所有测定值均小于临界值，并且未发现其他异常情况，则该工作面预测为无突出危险工作面；否则，为突出危险工作面。

（三）采煤工作面的突出危险性预测

对采煤工作面的突出危险性预测，可参照煤巷掘进工作面预测方法进行。但应沿采煤工作面每隔 10～15 m 布置一个预测钻孔，深度 5～10 m。除此之外的各项操作等均与煤巷掘进工作面突出危险性预测相同。

判定采煤工作面突出危险性的各指标临界值应根据试验考察确定，在确定前可参照煤巷掘进工作面突出危险性预测的临界值。

（四）工作面预测与区域验证的区别

1. 区别两者关系必须把握的内容

（1）工作面预测与区域验证都是采用工作面预测方法。

（2）工作面预测是连续的，必须保持 2 m 预测超前距；区域验证一般情况下不连续（每推进 10～50 m 至少进行两次），只有刚进入无突出危险区采掘作业及地质构造破坏带的采掘作业，才必须进行连续区域验证。

2. 采掘工作面区域验证与工作面预测关系

（1）进入无突出危险区域采掘作业，区域验证后，如果没有突出危险或突出预兆，采掘作业可以一直在区域验证下进行。

（2）只要有一次区域验证有突出危险或发现了突出预兆，该区域（区域措施效果检验的区域，不是该工作面）以后的采掘作业均应当执行工作面预测（即局部综合防突措施）。

3. 石门揭煤区域验证与工作面预测的关系

（1）执行区域综合防突措施揭煤，工作面距煤层法向距离 5 m 时执行区域验证，远距离爆破前（工作面距煤层法向距离 2 m）执行最后验证。

（2）执行局部综合防突措施揭煤,工作面距煤层法向距离 5 m 时执行区域验证,远距离爆破前(工作面距煤层法向距离 2 m)执行最后验证(实际是工作面预测)。

（3）石门揭煤两个综合防突措的区域验证(或是最后验证)是两个程序,也是不同时期的要求,不存在合并和交叉问题。

编制采掘工作面防突设计时,必须明确区域验证的要求,执行局部综合防突措施前,必须明确区域验证的有效范围和执行区域验证等情况,确保区域与局部综合防突措施在最大化安全前提下进行和转换。

三、工作面防突措施

工作面防突措施不同于区域防突措施,它的作用在于使工作面前方小范围的煤体丧失突出危险,其有效作用范围一般仅限于当前工作面周围的较小区域。

（一）石门揭煤工作面防突措施

石门揭煤工作面的防突措施包括预抽瓦斯、排放钻孔、水力冲孔、金属骨架、煤体固化或其他经试验证明有效的措施。

立井揭煤工作面可以选用上述措施中除水力冲孔以外的各项措施。

金属骨架、煤体固化措施,应当在采用了其他防突措施并检验有效后方可在揭开煤层前实施。斜井揭煤工作面的防突措施应当参考石门揭煤工作面防突措施进行。

对所实施的防突措施都必须进行实际考察,得出符合本矿井实际条件的有关参数。

根据工作面岩层情况,实施工作面防突措施时要求揭煤工作面与突出煤层间的最小法向距离为:预抽瓦斯、排放钻孔及水力冲孔均为 5 m,金属骨架、煤体固化措施为 2 m。当井巷断面较大、岩石破碎程度较高时,还应适当加大距离。

1．预抽瓦斯（排放钻孔）

（1）作用原理

预抽瓦斯与排放钻孔的区别在于:前者借助于机械生产的小于大气压力的负压,加速突出危险煤层中的瓦斯排放,而后者是靠突出煤层中的瓦斯压力,使瓦斯从钻孔周围深部煤层中不断地流向钻孔,并通过钻孔向矿井空气中扩散。当钻孔周围煤层中瓦斯含量降低后,煤层发生收缩变形,改善了石门工作面应力集中状态,并增加了煤层的稳定性,从而破坏或减弱了发生突出所必需的条件,可有效地控制煤与瓦斯突出的发生。

（2）施工要求

石门揭煤预抽或排放钻孔防突措施中,钻孔直径和措施孔控制范围分别为:

① 措施孔直径:75～120 mm。

② 钻孔控制范围:两侧和上帮不小于 5 m;下部不小于 3 m,如图 1-50 所示。

2．水力冲孔

（1）作用原理

水力冲孔用于石门揭煤是以留一定厚度的岩柱(穿行冲孔岩柱一般不小于 5 m)作为安全屏障,向突出煤层打钻(在安全屏障内不允许冲孔),在穿过岩柱见煤后,通过钻头切削和高压水激发喷孔,使煤层突出能量在可控的条件下缓慢释放。水力冲孔可从钻孔中排出大量的煤和瓦斯,同时起到卸压作用,从而使突出潜能降低。如图 1-51 所示。

（2）施工要求

① 钻孔应至少控制自揭煤巷道至轮廓线外 3～5 m 的煤层,冲孔顺序为先冲对角孔后

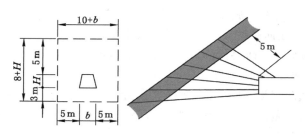

控制面积 $S = (8+H)(10+b)$ m²

图 1-50 石门揭煤预抽或排放钻孔控制范围示意图

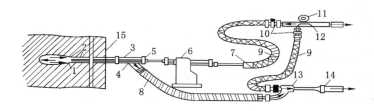

图 1-51 水力冲孔工艺流程示意图

1——逆止钻头;2——套管;3——钻杆;4——三通;5——安全密封卡头;6——钻机;7——尾水管接头;
8——排水胶管;9——连接胶管;10——阀门;11——压力表;12——供水管;13——射流管;
14——排煤管;15——煤壁

冲边上孔,最后冲中间孔。

② 水压视煤层的软硬程度而定。石门全断面冲出的总煤量(t)数值不得小于煤层厚度(m)乘以 20。若有钻孔冲出的煤量较少时,应在该孔周围补孔。

石门穿层水力冲孔钻孔布置如图 1-52 所示。

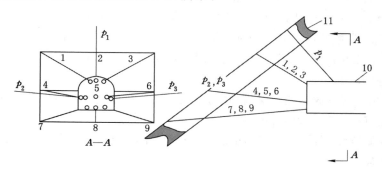

图 1-52 水力冲孔钻孔布置图

1～9——水力冲孔;p_1,p_2,p_3——瓦斯压力孔;10——巷道;11——突出危险煤层

3. 金属骨架

(1)作用原理

金属骨架是在石门(井巷)工作面揭开突出危险煤层前,将钢管或钢轨插入预先在工作面断面周边布置的钻孔内,其前端伸入煤层的顶(底)板岩石中,后端支撑在靠近工作面的支

架上,形成超前支护。

该防突措施的主要作用是依靠金属骨架加强工作面前方煤体的稳定性,并通过安装金属骨架的钻孔,排放钻孔附近煤体中的瓦斯,且缓和煤体的应力状态。

（2）施工要求

① 在石门上部和两侧或立井周边外 0.5~1.0 m 范围内布置骨架孔。

② 骨架钻孔应穿过煤层并进入煤层顶（底）板至少 0.5 m,钻孔间距一般不大于 0.3 m。对于松软煤层要架两排金属骨架,钻孔间距应小于 0.2 m。如图 1-53 所示。

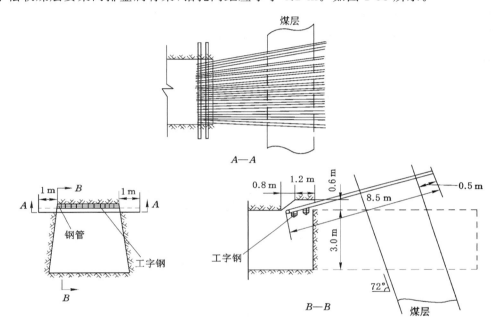

图 1-53　石门揭煤金属骨架布孔图

③ 骨架材料可选用 8 kg/m 的钢轨、型钢或直径不小于 50 mm 钢管,其伸出孔外端用金属框架支撑或砌入碹内。插入骨架材料后,应向孔内灌注水泥砂浆等不燃性固化材料。

金属骨架安装后至少经过一昼夜才能开始揭煤。揭开煤层后,严禁拆除金属骨架。

4. 煤体固化

（1）作用原理

煤体固化是石门（井巷）工作面揭开突出危险煤层前,将固化材料注入预先在工作面断面周边布置的钻孔内,以增加工作面周围煤体的强度,起到防治煤与瓦斯突出的作用。

该防突措施的主要作用是依靠固化材料加强工作面前方煤体的稳定性,并通过注入固化材料的钻孔,排放钻孔附近煤体中的瓦斯,并缓和煤体的应力状态。

（2）施工要求

① 向煤体注入固化材料的钻孔应施工至煤层顶板 0.5 m 以上,一般钻孔间距不大于0.5 m,钻孔位于巷道轮廓线外 0.5~2.0 m 的范围内。

② 各钻孔应当在孔口封堵牢固后方可向孔内注入固化材料。可以根据注入压力升高的情况或注入量决定是否停止注入。

③ 固化操作时,所有人员不得正对孔口。

（二）煤巷掘进工作面防突措施

1. 超前钻孔

（1）作用原理

超前钻孔措施是在工作面前方煤体打一定数量的钻孔,并始终保持钻孔有一定的超前距,使工作面前方煤体卸压、抽采或排放瓦斯,并增加煤层的稳定性,达到减弱和防止突出。

（2）施工要求

① 巷道两侧轮廓线外钻孔的最小控制范围:近水平、缓倾斜煤层 5 m,倾斜、急倾斜煤层上帮 7 m、下帮 3 m。当煤层厚度大于巷道高度时,在垂直煤层方向上的巷道上部煤层控制范围不小于 7 m,巷道下部煤层控制范围不小于 3 m,如图 1-54 所示。

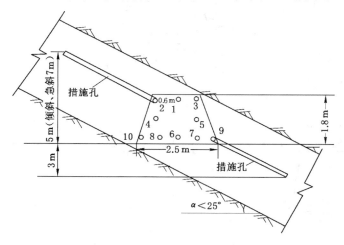

图 1-54 煤巷掘进超前钻孔控制范围示意图

② 钻孔直径一般为 75～120 mm,地质条件变化剧烈地带也可采用直径 42～75 mm 的钻孔。若钻孔直径超过 120 mm,必须采用专门的钻进设备和制定专门的施工安全措施。

③ 当煤层为一般突出危险煤层时,应采取短钻孔布孔方式,其最佳钻孔施工长度(水平投影)为 10 m。根据有效影响半径确定钻孔间距,其钻孔布置如图 1-55 所示。

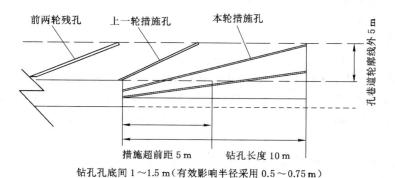

钻孔孔底间 1～1.5 m(有效影响半径采用 0.5～0.75 m)

图 1-55 超前钻孔布孔示意图

下山掘进时,不得选用水力冲孔、水力疏松措施。倾角 8°以上的上山掘进工作面不得选用松动爆破、水力冲孔、水力疏松措施。

2. 松动爆破

（1）作用原理

深孔松动爆破是在较长的钻孔中采用药壶装药的方法进行爆破,以松动工作面前方爆破钻孔附近的煤体,改变煤体力学性质,使这部分煤体在松动爆破的作用下产生裂隙、卸压,为煤体中瓦斯的顺利排放创造条件,以降低煤层的突出危险性,如图 1-56 所示。

（2）施工要求

① 松动爆破钻孔的孔径一般为 42 mm,孔深不得小于 8 m。松动爆破应至少控制到巷道轮廓线外 3 m 的范围。

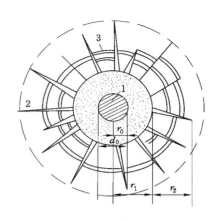

图 1-56　松动爆破作用原理图
1——炸药；2——径向裂隙；3——环向裂隙；
r_1——破碎区；r_2——裂隙区；d_0——炮孔直径

② 松动爆破孔的装药长度为孔长减去 5.5～6 m。

③ 爆破应在反向风门之外,采取串并联方式远距离爆破,以确保人身安全。钻孔布置如图 1-57 所示。

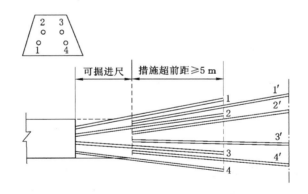

图 1-57　松动爆破钻孔布置图
1,2,3,4——上次循环爆破孔；1′,2′,3′,4′——本次循环爆破孔（措施钻孔的超前距,不小于 5 m）

④ 采用正向装药,多雷管大串联一次起爆。装药后应装入长度不小于 0.4 m 的水炮泥,水泡泥外应充填长度不小于 2 m 的炮泥。装药和封孔如图 1-58 所示。

3. 水力疏松（煤层注水）

（1）作用原理

煤层注水可使煤中裂隙和孔隙的容积及煤的结构发生变化,甚至造成煤的破裂和松动,起到水力疏松煤体的作用,使煤层近工作面的煤体卸压和排放瓦斯。

煤层注水不仅用于掘进工作面,也可用于采煤工作面。煤层注水作为工作面的防突措施时,应根据煤层的条件来选择注水方式,对于薄煤层和中厚煤层,一般按水力疏松的方式注水。

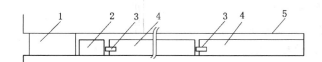

图 1-58　深孔松动爆破装药结构与封孔结构图
1——封孔炮泥；2——封孔水炮泥；3——雷管；4——炸药；5——钻孔

（2）施工要求

① 沿工作面间隔一定距离打浅孔，钻孔与工作面推进方向一致，然后利用封孔器封孔，向钻孔内注入高压水。注水参数应根据煤层性质合理选择。如未实测确定，可参考如下参数：钻孔间距 4.0 m，孔径 42～50 mm，孔长 6.0～10 m，封孔 2～4 m，注水压力 13～15 MPa，注水时间——以煤壁已出水或注水压力下降 30% 后方可停止注水。

② 水力疏松后的允许推进度，一般不宜超过封孔深度，其孔间距不超过注水有效半径的 2 倍。

③ 单孔注水时间不低于 9 min。若提前漏水，则在邻近钻孔 2.0 m 左右处补打注水钻孔，如图 1-59 所示。

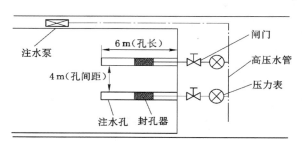

图 1-59　注水布孔示意图

（三）采煤工作面防突措施

采煤工作面防突措施可参考煤巷掘进工作面防突措施。回采工作面的防突措施一般是在回采工作面的平巷中沿煤层采用防突措施，如排放瓦斯钻孔、预抽瓦斯、长钻孔控制卸压爆破等，其特点是在平巷中沿煤层倾斜方向布置钻孔，可以预先在工作面前方使煤层卸压和排放瓦斯，对回采工作的影响小，防突范围大，措施效果较好，但在突出煤层中打长钻孔较为困难。

（1）采煤工作面采用超前排放钻孔和预抽瓦斯作为工作面防突措施时，钻孔直径一般为 75～120 mm，钻孔在控制范围内应当均匀布置，在煤层的软分层中可适当增加钻孔数；超前排放钻孔和预抽钻孔的孔数、孔底间距等应当根据钻孔的有效排放或抽采半径确定。

（2）采煤工作面的松动爆破防突措施适用于煤质较硬、围岩稳定性较好的煤层。松动爆破孔间距根据实际情况确定，一般 2～3 m，孔深不小于 5 m，炮泥封孔长度不得小于 1 m。应当适当控制装药量，以免孔口煤壁垮塌。

（3）采煤工作面浅孔注水湿润煤体措施可用于煤质较硬的突出煤层。注水孔间距根据实际情况确定，孔深不小于 4 m，向煤体注水压力不得低于 8 MPa。当发现水由煤壁或相邻注水钻孔中流出时，即可停止注水。如图 1-59 所示。

四、工作面措施效果检验

实践证明,任何一种防突措施只在一定的矿山地质条件下有效,当条件发生变化时,如突出危险煤层采掘中常遇见构造破坏,就可能失效。而在大多数情况下,地质构造破坏带又不能事先预测出来,这就决定了必须对所运用的防突措施在实际条件下的防突效果进行检验。

(一)石门揭煤工作面措施效果检验

1. 方法

选择石门钻屑瓦斯解吸指标法或其他经试验证实有效的方法。

2. 布孔

分别位于石门的上部、中部、下部和两侧。检验孔个数不得少于 5 个,效果检验孔布置如图 1-60 所示。

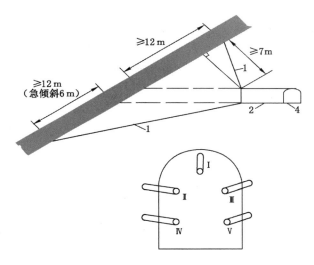

图 1-60　石门揭煤、煤巷掘进工作面效果检验孔布置示意图

1——控制范围最外处钻孔;2——石门;3——运输大巷;Ⅰ,Ⅱ,Ⅲ,Ⅳ,Ⅴ——检验孔

3. 指标

检验的各项指标值都在该煤层突出危险临界值以下,且未发现其他异常情况,则措施有效;反之,判定为措施无效。

(二)煤巷掘进工作面措施效果检验

1. 方法

(1) 钻屑指标法。

(2) 复合指标法。

(3) R 值指标法。

(4) 其他经试验证实有效的方法。

2. 布孔

检验孔不小于 3 个,孔深不大于措施钻孔深度,如图 1-61 所示。

3. 指标

效果检验指标值小于临界值,且无异常情况,则措施有效;否则,措施无效。

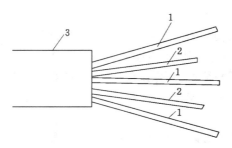

图 1-61　煤巷掘进工作面效果检验孔布置
1——措施孔;2——措施效果检验孔;3——掘进工作面

4. 说明

当检验结果措施有效时:① 若检验孔与措施孔投影孔深相等,则可在留足防突措施超前距并采取安全防护措施的条件下掘进;② 当检验孔的投影孔深小于措施孔时,则在留足所需的措施超前距,同时保留至少 2 m 检验孔投影孔深超前距的条件下,采取安全防护措施后实施掘进作业。

（三）采煤工作面措施效果检验

1. 方法

参照采煤工作面预测方法进行。

2. 布孔

沿采煤工作面每隔 10～15 m 布置一个检验钻孔,深度不大于措施孔深度。

3. 指标

检验指标值小于指标临界值,且无异常,则措施有效;否则,判定措施无效。

4. 说明

措施有效时,若检验孔与防突措施孔深度相等,则留措施超前距,采取安全防护措施回采;当检验孔深度小于措施孔长时,则留措施孔超前距再加 2 m 检验孔超前距,采取安全防护措施回采作业。防突措施效果检验报告单见表1-25。

表 1-25　　　　　　　　　　　　防突措施效果检验报告单

企业名称　　　　　　　　　矿　　　　　　井(坑)

煤层		地点		检验日期	年　月　日
采用的防突技术措施					
措施名称及方案设计			措施施工情况		
措施效果检验					
检验方法			实测数据		
检验意见					
总工程师			防突专业队队长		
通风科(区)长			检验人员		

五、安全防护措施

在执行了突出危险性预测、防治突出措施和措施效果检验后,正常情况下,工作面是安全可靠的,但由于形成突出的因素随机性很大,还有可能由于施工水平、仪器误差、工作人员的知识水平、责任心等一系列因素,而发生误判。为此,必须有安全防护措施,以避免意外突出发生,造成人员伤亡。

(一)采区避难所

避难所是供现场工作人员在井下遇到事故无法撤退躲避待救的设施,分永久避难所和临时避难所两种。永久避难所事先构筑在井底车场附近、采掘工作面附近或发爆地点。临时避难所是利用可利用的独头巷道、硐室临时修建的。临时避难所的设置应机动灵活,修筑方便。如果正确使用,临时避难所往往能发挥很好的救护作用。

为保障采区内工作人员的安全,有突出煤层的采区必须设置采区避难所。采区避难所为预先设置的永久避难所,设于采区进风侧安全出口路线上,具体位置根据实际情况决定。

采区避难所应当符合下列要求:

(1)设向外开启的隔离门,隔离门按反向风门标准建造。

(2)室内净高不小于 2 m,至少能满足 15 人避难。

(3)使用面积不小于 0.5 m²/人。

(4)有直通矿井调度室电话。

(5)有供水、供给空气设施,供气量每人不小于 0.3 m³/min。

(6)避难所内配备足够数量的隔离式自救器。

采区避难所布置如图 1-62 所示。

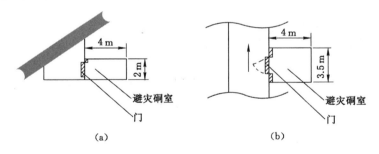

图 1-62　井下避难所布置示意图

(二)反向风门

反向风门是防止突出时瓦斯逆流进入风道而设置的通风设施。具体规定为:

(1)突出煤层掘进工作面进风侧,必须设置至少两道牢固的反向风门。

(2)风门间距离不小于 4 m。

(3)反向风门距工作面回风巷不小于 10 m;与工作面的最近距离不小于 70 m,小于 70 m 时应设置至少三道反向风门。

(4)反向风门墙垛用砖、料石或混凝土砌筑,嵌入巷道周边岩石的深度不小于 0.2 m;墙垛厚度不小于 0.8 m。

(5)在煤巷构筑反向风门时,风门墙体四周掏槽深度见硬帮硬底后再进入实体煤不小于 0.5 m。

（6）通过反向风门墙垛的风筒、水沟、刮板输送机道等，必须设有逆向隔断装置。

（7）人员进入工作面时必须把反向风门打开、顶牢。工作面爆破和无人时，反向风门必须关闭。

防逆流装置布置如图 1-63 所示。

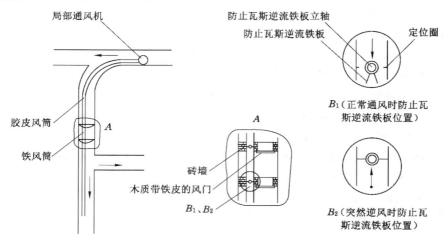

图 1-63　防逆流装置布置示意图

（三）防护挡栏

防护挡栏是为降低爆破诱发突出的强度，减少对生产的危害，而在炮掘工作面设立的栅栏。具体规定为：

（1）挡栏可以用金属、矸石或木垛等构成。

（2）金属挡栏一般用槽钢排列成的方格框架，框架中槽钢的间隔为 0.4 m，槽钢彼此用卡环固定，使用时在迎工作面的框架上再铺上金属网，然后用木支柱将框架撑成 45° 的斜面。

（3）一组挡栏通常由两架组成，间距为 6～8 m。

（4）据预计的突出强度在设计中确定挡栏距工作面的距离。

防突挡栏布置分别如图 1-64、图 1-65 所示。

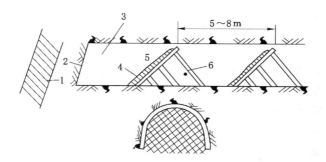

图 1-64　金属挡栏示意图

1——突出煤层；2——掘进工作面；3——石门；4——框架；5——金属网；6——斜撑木支柱

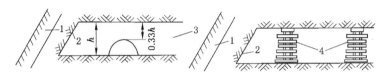

图 1-65 矸石堆和木垛挡栏示意图
1——突出危险煤层;2——掘进工作面;3——石门;4——木垛

(四)远距离爆破

远距离爆破安全防护措施是在爆破作业时,工作人员远离爆破作业地点,突出物和突出时发生的瓦斯逆流波及不到发爆地点,以保证工作人员的安全。

1.石门揭煤远距离爆破

(1)石门揭煤远距离爆破,必须制定包括爆破地点,避灾路线及停电、撤人和警戒范围等的专项措施。

(2)未构成全风压通风的建井初期,石门揭煤的全部作业过程中,与此石门有关的其他工作面必须停止工作;在实施揭煤的远距离爆破时,井下全部人员必须撤至地面,井下必须全部断电,立井口附近地面 20 m 范围内或斜井口前方 50 m、两侧 20 m 范围内严禁有任何火源。

2.煤巷掘进工作面远距离爆破

(1)煤巷掘进工作面远距离爆破时,爆破地点必须设在进风侧反向风门之外的全风压通风的新鲜风流中或避难所内,爆破地点到工作面的距离由矿技术负责人确定,但不小于300 m。

(2)采煤工作面爆破地点到工作面的距离由矿技术负责人确定,但不得小于 100 m。

(3)远距离爆破时,回风系统必须停电、撤人。爆破后进入工作面检查的时间由矿技术负责人确定,但不小于 30 min。

(五)压风自救系统

《防治煤与瓦斯突出规定》第一百零六条规定:突出煤层的采掘工作面应设置工作面避难所或压风自救系统。工作面避难所是供采掘工作面现场工作人员在井下遇到事故无法撤退躲避待救的设施;压风自救装置是一种固定在生产场所附近的固定自救装置,它的气源来自于生产动力系统——压缩空气管路系统,主要保障现场工作人员遇到事故时供给空气,防止出现窒息事故。

压风自救装置如图 1-66 所示。机采工作面压风自救系统安装布置图如图 1-67 所示。

 思考与练习

1.局部综合防突措施基本程序和要求是什么?

2.揭煤作业施工程序是什么?

3.石门揭煤工作面的突出危险性预测应当选用哪几种方法?

4.怎样采用钻屑瓦斯解吸指标法预测石门揭煤工作面突出危险性?

5.如何采用复合指标法预测煤巷掘进工作面突出危险性?

6.煤巷掘进工作面采用超前钻孔作为工作面防突措施时,应当符合哪些要求?

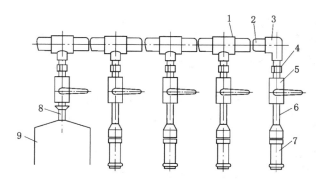

图 1-66 压风自救系统安装图

1——三通;2,6——气管;3——弯头;4——接头;5——球阀;7——自救器;

8——卡子;9——防护袋

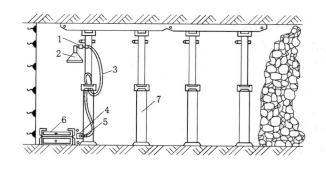

图 1-67 机采工作面压风自救系统安装布置图

1——挂钩;2——送风器;3——支胶管;4——三通;5——快速接头;6——刮板输送机;7——单体液压支柱

7. 煤巷掘进工作面采用松动爆破防突措施时,应当符合哪些要求?

8. 煤巷掘进工作面水力疏松措施应当符合哪些要求?

9. 对石门揭煤工作面进行防突措施效果检验时,应当采用什么方法?

10. 煤巷掘进工作面采用远距离爆破时,爆破地点有什么要求?

11. 区域验证与工作面预测有什么区别?

任务十一 矿井瓦斯抽采技术

矿井瓦斯抽采就是利用瓦斯泵或其他抽采设备,抽取煤层中的高浓度瓦斯,然后通过与巷道隔离的管网,将抽采出的高浓度瓦斯抽至地面并当作能源利用。

一般来说,抽至地面的瓦斯被当作能源利用,称为抽采;不被利用或没有利用价值被放掉时,称为抽采。其目的是从本质上消除煤与瓦斯突出的危险性,确保采掘工作面的安全作业。2005 年 4 月和 2011 年 11 月,国家两次在淮南矿业集团召开全国瓦斯治理现场会,树立"瓦斯事故是可以预防和避免"的意识,实施"可保尽保、应抽尽抽"的瓦斯综合治理战略,变"抽采"为"抽采"。

矿井瓦斯抽采是防止瓦斯灾害的治本措施,通过抽采不仅可以降低矿井瓦斯的涌出量,有效防止瓦斯超限或爆炸事故,又能从根源消除煤与瓦斯突出的危险性。因此,从本质上实施矿井瓦斯抽采措施,对确保采掘工作面安全生产作业有着重要的实际意义。

随着矿井开采深度和强度的增加,矿井瓦斯涌出量也日益增大,仅用增大风量的办法稀释瓦斯,不仅在经济上不合算,在技术也不合理。例如,综采工作面单产可达 3 000 t/d,以相对瓦斯涌出量 10 m^3/t 计算,工作面的绝对瓦斯涌出量为 20.8 m^3/min。如果不进行抽采,稀释这些瓦斯到安全浓度所需的风量是难以供给的,至少用一般的通风方法是难以达到的。所以抽采瓦斯可以改善矿井的安全状况和降低通风费用。

瓦斯虽是矿井五大自然灾害之一,但对含瓦斯煤田进行综合开发时,即把含瓦斯煤田既作为煤田开采,又作为瓦斯田开采时,瓦斯便成为宝贵的矿产资源。试验证明 1 m^3 甲烷的发热量相当于 1~2 kg 煤的发热量,所以,瓦斯又是一种重要的能源。此外,抽采瓦斯还是防治煤与瓦斯突出的有效措施之一。

1949 年我国在抚顺龙凤煤矿进行抽采瓦斯试验,1952 年取得成功。至今瓦斯抽采技术已经在我国多数矿区推广和应用。

一、矿井瓦斯抽采的条件

(一)矿井瓦斯抽采的必要性衡量

抽采瓦斯是解决矿井瓦斯问题的手段,但并不是所有瓦斯矿井都需要抽采瓦斯,衡量一个矿井是否有必要抽采瓦斯,可以根据下列条件确定。

1. 矿井瓦斯涌出量超过通风所能稀释的瓦斯量

矿井瓦斯涌出量超过通风所能稀释瓦斯量时,可以考虑抽采瓦斯。

通风所能稀释的瓦斯量,是指工作面用通风方法所能排出的极限瓦斯涌出量,可用绝对瓦斯涌出量临界值指标($q_{0绝}$)和相对瓦斯涌出量临界值指标($q_{0相}$)来衡量。

(1)绝对瓦斯涌出量临界值指标($q_{0绝}$)

回采工作面绝对瓦斯涌出量临界值指标根据回采面过风断面的大小及回采工作面风速的取值来确定,即:

$$q_{0绝} = \frac{60vS_{min}C}{K} = 0.46vS_{min} \qquad (1\text{-}8)$$

式中 $q_{0绝}$——通风所能稀释的绝对瓦斯涌出量临界值,m^3/min;

C——回风流最大瓦斯浓度,取 1%;

K——瓦斯涌出不均衡系数,取 1.3;

S_{min}——回采工作面最小过风断面面积,m^2;

v——回采工作面风速,m/s。

设采煤工作面绝对瓦斯涌出量为 $q_{绝}$(m^3/min),则当 $q_{绝} > q_{0绝}$ 时,需要考虑抽采瓦斯。

例如,根据式(1-8),若取工作面适宜风速 $v = 2.0$ m/s,在回采工作面过风断面面积 $S = 5.0$ m^2 的情况下,计算出绝对瓦斯涌出量的临界值约为 5.0 m^3/min。即当采煤工作面绝对瓦斯涌出量大于 5.0 m^3/min 时,需要考虑抽采瓦斯。

(2)相对瓦斯涌出量临界值指标($q_{0相}$)

回采工作面相对瓦斯涌出量临界值指标表达式为:

$$q_{0相} = \frac{1\,440 \times 60v \cdot S_{min}C}{TK} = \frac{655 \times vS_{min}}{T} \qquad (1\text{-}9)$$

式中　$q_{0相}$——通风所能稀释的相对瓦斯涌出量临界值，m^3/t；

　　　T——工作面日产量，t/d；

　　　其余符号同前式。

设采煤工作面相对瓦斯涌出量为 $q_相(m^3/t)$，则当 $q_相 > q_{0相}$ 时，需要考虑抽采瓦斯。

例如，某矿一个回采工作面的日产量为 1 000 t/d，采场最小过风断面面积为 $S_{min} = 5.0$ m^2。当根据回采工作面适宜风速 $v = 2.0$ m/s 配风时，可得相对瓦斯涌出量临界值 $q_{0相} = 6.65$ m^3/t，即当 $q_相 > 6.65$ m^3/t 时就应考虑抽采；若按风速 $v' = 3.5$ m/s 配风，则 $q_{0相} = 11.64$ m^3/t，说明加大风量后，相对瓦斯涌出量临界值可达到 11.64 m^3/t。这样，加大工作面风速后，采面的相对瓦斯涌出量达到 11.64 m^3/t 以上时可考虑抽采。

同理，如考虑是否有必要实行邻近层瓦斯抽采，那么就要预测邻近层与开采层的瓦斯涌出量之和是否超过了开采煤层通风所能稀释的最大瓦斯量的临界值。以绝对瓦斯涌出量为例，即当

$$q_邻 > q_{0邻} = q_{0本} - q_本 \tag{1-10}$$

时，需要对邻近层瓦斯进行抽采。

式中　$q_邻$——邻近层瓦斯涌出量，m^3/min；

　　　$q_本$——开采本煤层瓦斯涌出量，m^3/min；

　　　$q_{0邻}$——邻近层瓦斯涌出量临界值，m^3/min；

　　　$q_{0本}$——开采本煤层瓦斯涌出量临界值，m/min。

例如，某开采层采煤工作面本层瓦斯涌出量为 1.5 m^3/min，采场过风断面 $S_{min} = 5.0$ m^2，风速 $v = 2.0$ m/s，计算可得邻近层向开采层允许涌入的瓦斯量临界值为 1.5 m^3/min。因此，当邻近层向开采层瓦斯涌出量超过 1.5 m^3/min，即可考虑对邻近层抽采瓦斯。

2.《煤矿安全规程》规定

《煤矿安全规程》第一百八十一条规定：有下列情况之一的矿井，必须建立地面永久抽采瓦斯系统或者井下临时抽采瓦斯系统：

（1）任一采煤工作面的瓦斯涌出量大于 5 m^3/min 或者任一掘进工作面的瓦斯涌出量大于 3 m^3/min，用通风方法解决瓦斯问题不合理的。

（2）矿井绝对瓦斯涌出量达到以下条件的：

① 大于或等于 40 m^3/min；

② 年产量 1.0～1.5 Mt 的矿井，大于 30 m^3/min；

③ 年产量 0.6～1.0 Mt 的矿井，大于 25 m^3/min；

④ 年产量 0.4～0.6 Mt 的矿井，大于 20 m^3/min；

⑤ 年产量小于或者等于 0.4 Mt 的矿井，大于 15 m^3/min。

（二）矿井瓦斯抽采的可行性衡量

抽采瓦斯的可行性是指对煤层抽采的难易程度。目前一般用煤层透气性系数 λ 和钻孔瓦斯流量衰减系数 α 来衡量。

1. 煤层透气性系数 λ

煤层透气性系数是衡量煤层瓦斯流动与抽采瓦斯难易程度的标志之一。它是指在 1 m^3 煤体的两侧，其瓦斯压力平方差为 1 MPa^2 时，通过 1 m 长度的煤体，在此 1 m^2 煤面上，每日流过的瓦斯量。测定方法是在岩石巷道中向煤层打钻孔，钻孔应尽量垂直贯穿整个

煤层,然后堵孔测出煤层的真实瓦斯压力,再打开钻孔排放瓦斯,记录流量和时间。故煤层透气性系数的单位为 $m^2/(MPa^2 \cdot d)$,用 λ 表示。

2. 钻孔瓦斯流量衰减系数 α

钻孔瓦斯流量衰减系数 α 是表示钻孔瓦斯流量随着时间延续呈衰减变化关系的系数。其测算方法是,选择具有代表性的地区打钻孔,先测其初始瓦斯流量 q_0,经过时间 t 后,再测其瓦斯流量 q_t,然后按下列公式计算 α:

$$\alpha = \frac{\ln q_0 - \ln q_t}{t} \tag{1-11}$$

式中　α——钻孔瓦斯流量衰减系数,d^{-1};

　　　q_0——钻孔初始瓦斯流量,m^3/min;

　　　q_t——经过 t 时间后,钻孔瓦斯流量,m^3/min;

　　　t——时间,d。

对未卸压的原始煤层,瓦斯抽采的难易程度可划分为三类,见表 1-26。

表 1-26　　　　　　　　　　　　瓦斯抽采难易程度分类

指标类别	钻孔流量衰减系数 α/d^{-1}	煤层透气性系数 $[m^2/(MPa^2 \cdot d)]$
容易抽采	0.015~0.03	>10
可以抽采	0.03~0.05	10~0.1
较难抽采	>0.05	<0.1

二、矿井瓦斯抽采方法

抽采瓦斯的方法,按瓦斯的来源分为开采煤层的抽采、邻近层抽采和采空区抽采三类;按抽采的机理分为未卸压抽采和卸压抽采两类;按汇集瓦斯的方法分为钻孔抽采、巷道抽采和巷道与钻孔综合法抽采三类。抽采方法的选择必须根据矿井瓦斯涌出来源的调查,考虑自然的与采矿的因素和各种抽采方法所能达到的抽采率。我们按瓦斯来源的分类方法进行讲述。

(一)本煤层瓦斯抽采

本煤层瓦斯抽采,也称开采煤层抽采,是在煤层开采之前或采掘的同时,用钻孔或巷道进行该煤层的抽采工作。煤层回采前的抽采属于未卸压抽采,在受到采掘工作面影响范围内的抽采,属于卸压抽采。决定未卸压煤层抽采效果的关键性因素,是煤层的天然透气系数。抽采之前,应按照煤层的透气系数评价未卸压煤层预抽瓦斯的难易程度。

1. 本煤层未卸压钻孔抽采瓦斯

未卸压钻孔抽采就是煤层在采掘之前,利用打入未卸压原始煤体中的钻孔进行瓦斯预抽采。未卸压预抽采煤层瓦斯,按钻孔与煤层的关系分为穿层钻孔和顺层钻孔,按钻孔角度分上向孔、下向孔和水平孔。

(1)穿层钻孔抽采

穿层钻孔抽采瓦斯是把钻场设在底板岩石巷道或邻近煤层巷道,向开采煤层打垂直或斜交层理的钻孔抽采瓦斯。如图 1-68 所示。

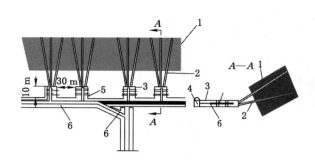

图 1-68　穿层钻孔抽采瓦斯示意图

1——煤层；2——钻孔；3——钻场；4——运输大巷；5——封闭墙；6——瓦斯管路

穿层钻孔抽采的布置方式是：在开采煤层的顶底板岩石巷道（或煤巷）或邻近煤层巷道中，每隔 30～40 m 开一长约 10 m 的钻场，从钻场向煤层施工 5～7 个穿透煤层全厚的钻孔。钻孔直径在煤层透气性条件好时一般为 75～120 mm，煤层透气性条件差时可用 200～300 mm 的钻孔。钻孔穿透煤层后，分别将钻孔或整个钻场封闭起来，安装上抽采瓦斯管路并与抽采系统连接（图 1-68），即可进行煤层瓦斯预抽采工作。

一般在预抽瓦斯时，每个钻场一般布置两排钻孔，上排 2～3 个，仰角 10°～15°；下排 3～4 个，仰角 0°～5°。确定钻孔仰角的原则是钻孔在开采段段高范围内能均匀布置，使该段煤层都处在钻孔抽采半径之内。确定钻孔水平位置的原则是使钻场内的边界钻孔与相邻钻场的边界钻孔孔底之间的距离为 7 m。其余钻孔在此范围内呈扇形均匀布置。

（2）顺层钻孔抽采

顺层钻孔抽采是在巷道进入煤层后再沿煤层层理打钻孔抽采瓦斯。可以用于石门见煤处、煤巷及采煤工作面，一般多用于采煤工作面。

顺层钻孔布置方式有顺层平行布孔和顺层交叉布孔等，如图 1-69 所示。交叉钻孔是由平行钻孔与斜向钻孔的组合。其抽采特点是利用钻孔交叉时产生的相互影响（即每个钻孔有三个交叉影响区），在不增加任何工程条件下，相当于加大抽采钻孔的直径，以提高煤层瓦斯抽采效果；同时又可避免发生因钻孔坍塌或堵孔影响抽采效果的现象，可提高抽采量 46%～102%。因此，该抽采方式简单易行、效果好，具有广泛应用前景。

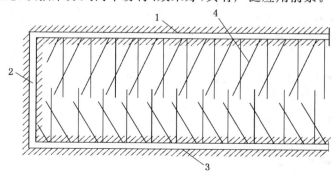

图 1-69　本煤层未卸压顺层交叉抽采钻孔布置图

1——采煤工作面回风平巷；2——采煤工作面切眼；3——采煤工作面运输平巷；4——抽采钻孔

顺层钻孔抽采多采用上向钻孔布置,孔内不易积水,抽采效果好。钻孔直径一般为70~100 mm,长度为 40~70 m,钻孔间距为 2.0~8.0 m。

2. 本煤层卸压钻孔抽采瓦斯

卸压钻孔抽采瓦斯就是在煤层掘进巷道或回采时,向受采掘影响而形成的卸压区和应力集中区内打抽采瓦斯钻孔,利用卸压区域内煤体膨胀变形和透气性增加的特性,提高煤层瓦斯的抽采量,阻截瓦斯涌出流向工作空间。其抽采方法主要有边掘边抽、先抽后掘和边采边抽。

(1) 边掘边抽

边掘边抽就是当掘进煤层巷道瓦斯涌出量大于 3 m³/min 时,在煤巷掘进巷道两帮每隔 40~50 m 交错掘出一个深度为 4~5 m 的抽采钻场,并在钻场内布置 4 个 50~60 m 深的抽采钻孔,钻孔直径为 75~100 mm,钻孔控制范围为巷道周界外 4~5 m,孔底间距为2~3 m。封孔深度为 3~5 m,封孔后与抽采系统连接,立即进行抽采,如图 1-70 所示。其抽采作用原理是利用掘进巷道周围卸压煤体瓦斯流量的增加,通过钻孔截取深处煤体涌出的瓦斯,并由安设的瓦斯抽采系统排出,从而减少涌入巷道的瓦斯量。一般煤层巷道周围的卸压区为 5~15 m,个别煤层可达 15~30 m。

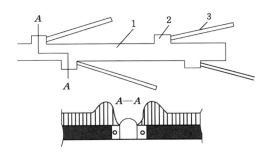

图 1-70　边掘边抽钻孔布置

1——掘进巷道;2——抽采钻场;3——钻孔

(2) 先抽后掘

先抽后掘就是在工作面布置迎头抽采钻孔,并通过钻孔将煤体卸压区内的瓦斯阻截抽出,以减少煤体内的瓦斯涌出量。抽采钻孔布置如图 1-71 所示。其主要技术要求为:

① 在掘进工作面每次施工 12~16 个钻孔,钻孔直径为 75~100 mm,钻孔深为 16~20 mm。

② 掘进工作面迎头抽采钻孔的终孔,上排施工至煤层顶板,下排钻孔施工至煤层底板,钻孔控制范围为巷道周界外 4~5 m,孔底间距为 2~3 m。

③ 封孔深度为 3~5 m,封孔后连接于抽采系统进行抽采。

(3) 边采边抽

边采边抽的作用原理是利用采煤工作面煤壁前方形成的卸压带通过钻孔抽采工作面煤壁前方和两侧卸压带的瓦斯,以阻截煤体卸压瓦斯,减小瓦斯的涌出量,确保采煤工作面安全生产作业。在时间概念上,工作面回采前的抽采为采前预抽采,而工作面回采后的抽采为边采边抽。

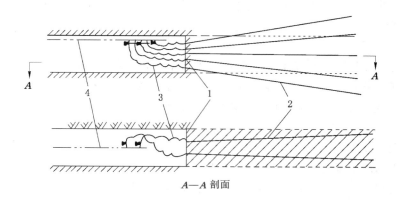

A—A 剖面

图 1-71　煤层掘进工作面抽采钻孔布置示意图
1——掘进工作面；2——抽采钻孔；3——连接软管；4——瓦斯管路

采煤工作面卸压长孔抽采如图 1-72 所示。由工作面回风巷向煤层打顺层抽采钻孔，钻孔终孔位置距工作面运输机巷 20～40 m；钻孔直径为 75～100 mm，钻孔间距一般为 4～8 m，抽采时间一般为 8 h。待工作面回采推进距抽采钻孔 1～3 m 时，停止抽采瓦斯，以免通过煤层裂隙吸入空气。

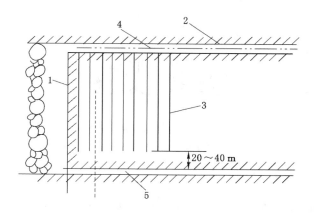

图 1-72　采煤工作面卸压长孔抽采图
1——采煤工作面煤壁；2——工作面回风巷；3——抽采钻孔；4——瓦斯抽采管路；5——工作面运输巷

3. 本煤层强化抽采技术简介

（1）穿层水力扩孔技术

未卸压钻孔抽采煤层瓦斯时，所引起的煤体松动和卸压范围是有限的，为了能提高本煤层瓦斯抽采效果，采用水力冲割煤层卸压抽采瓦斯技术。其作用原理是利用高压水射流冲割煤层，排出碎煤，造成空穴，使煤体内产生局部卸压，扩大延伸裂隙，增加煤层透气性，从而提高煤层瓦斯的抽采量。其冲割煤层工艺如图 1-73 所示。

（2）深孔控制预裂爆破强化抽采瓦斯技术

深孔控制预裂爆破强化抽采瓦斯技术实质是在采煤工作面的进、回风巷每隔一定距

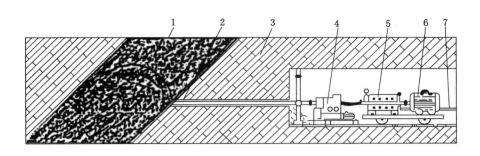

图 1-73　高压水力冲割工艺示意图

1——煤层;2——冲割水枪;3——岩层;4——钻机;5——高压水泵;6——防爆电动机;7——供水胶管

离,平行打一定深度的爆破孔和控制孔,两者交替布置,如图 1-74 所示。利用压风装药器向爆破孔进行连续耦合装药,在炸药爆炸能量、瓦斯压力及控制孔的导向和补偿作用下,使煤体产生新的裂隙和原生裂隙得以扩展,从而提高煤层透气性,达到提高抽采效果的目的。

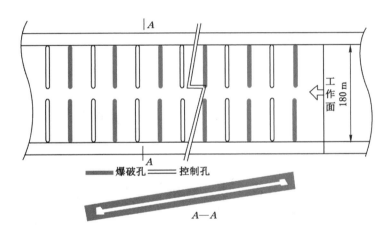

图 1-74　深孔控制预裂爆破钻孔布置图

(二)邻近煤层瓦斯抽采

开采煤层群时,回采煤层的顶、底板围岩将发生冒落、移动、龟裂和卸压,透气系数增加。回采煤层附近的煤层或夹层中的瓦斯,就能向回采煤层的采空区转移。这类能向开采煤层采空区涌出瓦斯的煤层或夹层,就叫作邻近层。位于开采煤层顶板内的邻近层叫上邻近层,底板内的叫下邻近层。为了防止和减少邻近层的瓦斯通过层间的裂隙大量涌向开采层,从开采煤层及岩石大巷内向邻近煤层打抽采瓦斯钻孔,将邻近煤层内的瓦斯预抽采,这种抽采方法通常称为邻近层瓦斯抽采。由开采煤层进、回风巷道或围岩大巷内,向邻近层打穿层钻孔抽采瓦斯,称为钻孔抽采法。国内外都广泛采用钻孔法。

1. 在开采煤层巷道内布置钻孔

该方法主要适用于缓倾斜或倾斜煤层走向长壁采煤工作面。其抽采钻孔布置方法如下:

（1）钻场设在开采煤层工作面的回风巷内，由钻场向邻近煤层布置穿层抽采钻孔，如图1-75所示。其优点是抽采瓦斯的管道设置在回风流巷道内，有利于安全，缺点是增加抽采专用巷道的维护工程量。

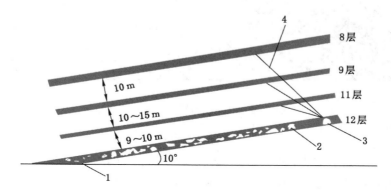

图 1-75　开采层回风副巷布置钻孔抽采上邻近层瓦斯示意图

1——运输巷；2——回风巷；3——回风副巷；4——抽采钻孔

（2）钻场设在开采层运输水平巷道内，由钻场向邻近煤层布置穿层抽采钻孔，如图1-76所示。其优点是一般运输巷内均有供电供水系统，施工抽采钻孔比较方便，但由于瓦斯管道设在进风巷内，安全性较差。

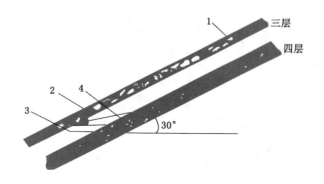

图 1-76　开采层运输机巷布置钻孔抽下邻近层瓦斯

1——回风巷；2——工作面运输巷；3——运输巷；4——钻孔

（3）开采层工作面回风巷与运输巷同时布置钻孔抽采邻近层瓦斯，如图1-77所示。一般用于工作面较长，且邻近层瓦斯涌出量较大，可以采用从回风巷和运输巷同时打钻孔，抽采上、下邻近层的瓦斯。其优点是钻孔控制范围大，抽采量多，抽采效果好。缺点是工艺复杂，管路较多，施工工程量大。

2. 在开采层层外巷道布置邻近层抽采钻孔

该方法抽采钻场一般在主要岩石巷道中布置，相对减少了巷道维修工程量，同时对于抽采设施的施工和维护也较方便。与在开采层内布孔的方式相比，抽采效果大大提高。如图1-78所示。

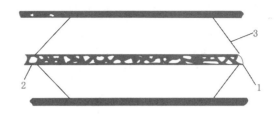

图 1-77　回风巷和运输巷同时布置抽采上、下邻近层瓦斯钻孔示意图

1——回风巷；2——运输巷；3——钻孔

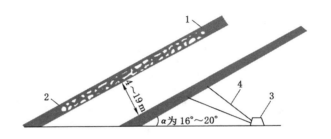

图 1-78　底板岩巷布置钻孔抽采下邻近层瓦斯

1——回风巷；2——运输巷；3——底板岩巷；4——钻孔

（三）采空区瓦斯抽采

开采厚煤层或邻近煤层处于开采层冒落带时，将会有大量的瓦斯直接涌入开采层采空区。当采煤工作面的采空区或老空区内积聚大量的瓦斯时，往往会被漏风直接带入生产巷道或工作面，造成严重的瓦斯超限或瓦斯灾害事故。因此，应对采空区瓦斯进行必要的抽采。

1. 引巷密闭插管抽采法

引巷密闭插管抽采法就是利用采煤工作面采空区后方设置的瓦斯抽采引巷，通过设置在密闭墙内的抽采管，进行采空区内的瓦斯抽采，如图 1-79 所示。

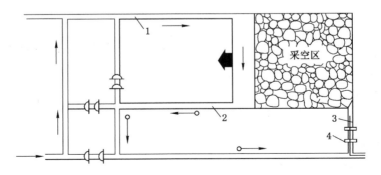

图 1-79　采空区引巷密闭插管抽采法

1——工作面进风巷；2——工作面回风巷；3——抽采管；4——引巷密闭墙

2. 全封闭插管抽采采空区瓦斯方法

全封闭插管抽采采空区瓦斯就是在已采过的回风巷道内打密闭墙，向采空区密闭墙内

插管,进行采空区的瓦斯抽采,防止采空区向外涌出瓦斯,如图 1-80 所示。

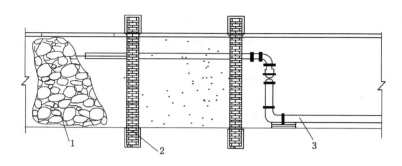

图 1-80　全封闭插管抽采采空区瓦斯
1——采空区;2——密闭墙;3——抽采管

三、矿井瓦斯抽采设备及设施

能够造成一定负压将瓦斯从煤层中抽出并安全输送到地面的专用机械设备称为瓦斯抽采设备,主要由管路系统、瓦斯抽采泵及安全装置等部分组成。

(一)抽采管路

管路系统的选择应根据矿井的开拓系统、钻场位置、钻孔流量等因素而定。应尽量做到:抽采管设于回风道内,铺设在运输道内时,应固定在巷道壁并有一定高度,水平段要求坡度一致,以防积水堵塞。

抽采瓦斯的管路由总管、分管和支管所组成,管材一般用钢管或铸铁管。

管路铺设线路选定以后,应进行管道直径和摩擦阻力的计算,以选择瓦斯泵。

1. 选择瓦斯管直径

选择瓦斯抽采管路是决定抽采投资和抽采效果的重要因素之一。瓦斯抽采管路直径 D 应根据预计的流量和经济合理流速,采用下式计算:

$$D = \sqrt{\frac{4Q}{\pi 60 v}} = 0.145\ 7 \sqrt{\frac{Q}{v}} \tag{1-12}$$

式中　D——瓦斯管内径,m;

　　　　Q——管内气体流量,m^3/min;

　　　　v——管内气体经济合理平均流速,取 $v = 5 \sim 15$ m/s。

矿井瓦斯管径,在采区一般选用 $100 \sim 150$ mm,大巷内的干管选用 $150 \sim 250$ mm,井筒和地面选用 $250 \sim 400$ mm。

2. 瓦斯管路阻力计算

管道阻力计算方法和通风设计时计算矿井总阻力一样,即选择阻力最大的一路管道,分别计算各段的摩擦阻力和局部阻力,累加起来计算整个管道系统的总阻力。

各段的摩擦阻力可用下式计算:

$$h_{摩} = \lambda L Q^2 / (K D^5) \tag{1-13}$$

式中　$h_{摩}$——瓦斯管道的摩擦阻力,Pa;

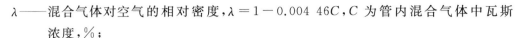

λ——混合气体对空气的相对密度,$\lambda = 1 - 0.00446C$,C 为管内混合气体中瓦斯浓度,%;

L——管道的长度,m;

D——瓦斯管内径,cm;

Q——管内混合气体的流量,m^3/h;

K——系数,见表 1-27。

表 1-27 不同管径的系数值

管径/cm	3.2	4.0	5.0	7.0	8.0	10.0	12.5	15.0	>15.0
K	0.05	0.051	0.053	0.056	0.058	0.063	0.068	0.071	0.072

局部阻力一般不进行个别计算,而是以管道总摩擦阻力的 10%~20% 作为局部阻力。管道的总阻力则为:

$$h_{阻} = (1.1 \sim 1.2) \sum h_{摩} \tag{1-14}$$

式中 $h_{阻}$——管道总阻力,Pa;

$h_{摩}$——最大阻力路线各段阻力之和,Pa。

3. 瓦斯抽采管路的连接

抽采瓦斯管路与钻孔可用高压胶皮软管通过抽采多通连接,高压胶皮软管的尺寸可根据封孔套管的直径来选择,煤层钻孔一般选用 2 英寸半(1 英寸≈2.54 厘米)的高压胶管,岩石钻孔一般选用 3 英寸或 4 英寸的高压胶管。抽采瓦斯管与瓦斯管路的连接如图 1-81 所示。

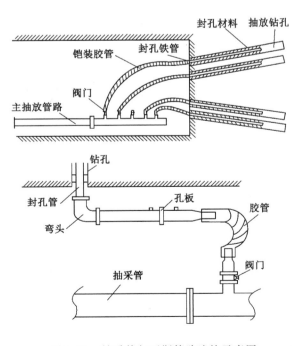

图 1-81 抽采管与瓦斯管路连接示意图

（二）瓦斯泵

1. 瓦斯泵的分类

我国煤矿常用的瓦斯泵有三种类型：水环式真空泵、离心式瓦斯泵和回转式瓦斯泵。它们的工作原理见表1-28。

表1-28 常用瓦斯泵工作原理表

瓦斯泵类型	工作原理	运转原理图
水环式瓦斯泵	工作叶轮偏心地装在泵体内，它旋转时，由于离心力的作用，泵内的水沿外壳流动形成水环，该水环也是偏心的，在水环的前半圈，水环的内表面逐渐离开叶轮轮毂，形成逐渐扩展的空腔而由抽吸口吸入瓦斯；在后半圈，水环内表面逐渐靠近轮毂，形成逐渐压缩的空腔，而把压缩的瓦斯经压出口排出	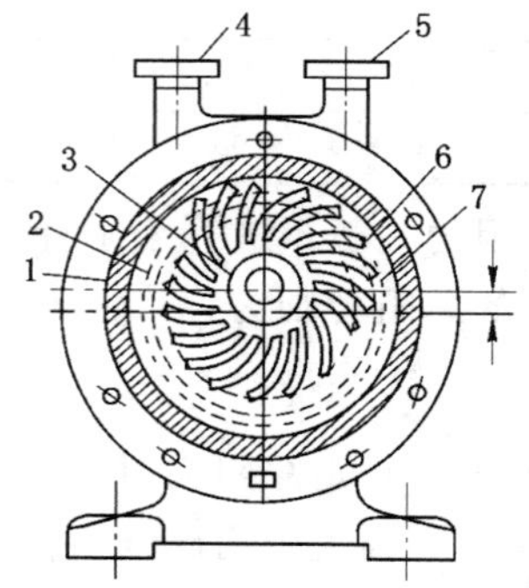 1——外壳；2——压出口；3——工作叶轮； 4——压出管；5——抽吸管；6——抽吸口；7——水环
回转式瓦斯泵	图示左侧叶轮做逆时针转动时，右侧叶轮做顺时针转动，瓦斯从上面吸入，随着旋转所形成的压缩工作容积的减小，瓦斯受到压缩，最后从下端出口排出。两个叶轮在转动中，始终保持进气与排气空间处于隔绝状态，以防压出的瓦斯被吸入进气侧	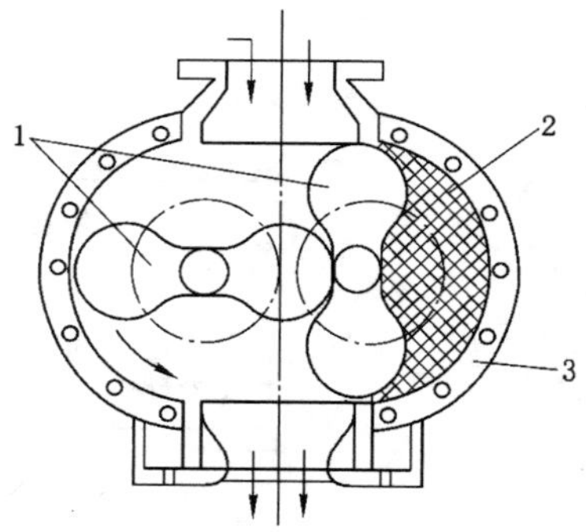 1——叶轮；2——压缩中的瓦斯；3——机壳
离心式瓦斯泵	叶轮的旋转带动瓦斯旋转而产生离心力，从而使瓦斯经入口吸入叶轮，增加了动能与势能的瓦斯经扩散器排出	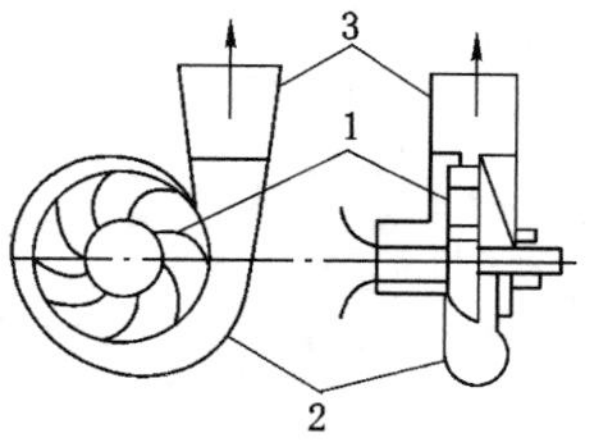 1——叶轮；2——机壳；3——扩散器

2．常用瓦斯泵的优缺点及适用条件

（1）水环式真空泵的优缺点及适用条件

水环式真空泵的优点是真空度高，结构简单，运转可靠；工作叶轮内有水环可起到防爆阻焰作用。它的缺点是流量较小，宜负压抽瓦斯，不宜长距离正压输送用。主要适用于高负压抽采瓦斯的矿井。

由于水环真空泵安全性好，抽采负压大，所以使用较为广泛。目前较常用的水环式真空泵有武汉特种水泵厂和佛山水泵厂生产的 2BE1 系列水环式真空泵，它的性能规格见表 1-29。

表 1-29 2BE1 系列水环式真空泵性能规格表

型号	转速 /(r/min)	轴功率 /kW	最低吸入绝压 /mbar	气量/(m³/h)				泵重 /kg
				吸入绝压 60 mbar	吸入绝压 100 mbar	吸入绝压 200 mbar	吸入绝压 400 mbar	
				饱和空气	饱和空气	饱和空气	饱和空气	
2BE1-203	1 170	39	33	1 230	1 270	1 320	1 290	410
2BE1-253	880	75	33	2 600	2 700	2 850	2 800	890
2BE1-303	790	115	33	3 920	4 100	4 200	4 130	1 400
2BE1-353	660	154	33	5 380	5 700	5 880	5 700	2 000
2BE1-355	660	160	160	6 200	6 260	6 600	6 680	2 200
2BE1-405	565	236	160	8 600	9 000	9 500	9 650	3 400
2BE1-505	472	310	160	11 800	12 250	12 750	13 150	5 100
2BE1-605	398	428	160	16 500	17 100	17 900	18 250	7 900
2BE1-705	330	590	160	23 500	24 400	25 600	26 000	11 500

（2）回转式瓦斯泵的优缺点及适用条件

回转式瓦斯泵的优点是抽采流量不受阻力变化的影响，运行稳定，效率较高，便于维护保养。它的缺点是运作时噪声大，转子与机壳之间的间隙调整难，检修工艺复杂。它适用于瓦斯流量大、负压要求不高的抽采瓦斯矿井。

（3）离心式瓦斯泵的优缺点及适用条件

离心式瓦斯泵的优点是运转可靠，运行稳定，供气均匀；磨损小，寿命长；噪声低，流量高（可达 1 200 m³/min）。它的缺点是价格高、效率低。它主要适用于瓦斯抽采量大（30～1 200 m³/min）、管道阻力不高（4～5 kPa）的瓦斯抽采矿井。

3．瓦斯泵选型

瓦斯泵的选择原则与选择通风机相似，一是瓦斯泵的容量必须满足矿井瓦斯抽采期间所预计的最大瓦斯抽采量；二是瓦斯泵所产生的负压能克服抽采瓦斯管道系统的最大阻力，并在钻孔口造成适当的抽采负压；三是瓦斯泵要具有良好的气密性。

瓦斯泵的选型计算包括泵的流量和压力两个主要方面：

（1）瓦斯泵的流量计算

$$Q = 100Q_z K/(X\eta) \tag{1-15}$$

式中　Q——瓦斯泵的额定流量,m³/min;

　　　Q_z——矿井抽采瓦斯总量(纯量),m³/min;

　　　X——矿井抽采瓦斯浓度,%;

　　　K——备用系数,取 $K=1.2$;

　　　η——瓦斯泵机械效率,一般取 0.8。

矿井抽采的瓦斯总量是指矿井整个服务年限中最大的瓦斯抽采量。

（2）瓦斯泵的压力计算

瓦斯泵的压力就是要克服瓦斯从井下钻孔口起,经瓦斯管路到抽采泵,再送到用户或放空所产生的全部阻力损失。

$$H=(H_r+H_c)K \tag{1-16}$$

$$H_r=h_{zk}+h_{rm}+h_{rj} \tag{1-17}$$

$$H_c=h_{cm}+h_{cj}+h_{zh} \tag{1-18}$$

式中　H——瓦斯泵的压力,Pa;

　　　H_r——井下负压管路的全部阻力损失,Pa;

　　　H_c——地面正压管路的全部阻力损失,Pa;

　　　h_{zk}——抽采钻孔所需负压,Pa;

　　　h_{rm}——井下负压管路的摩擦阻力损失,Pa;

　　　h_{rj}——井下负压管路的局部阻力损失,Pa;

　　　h_{cm}——地面正压管路的摩擦阻力损失,Pa;

　　　h_{cj}——地面正压管路的局部阻力损失,Pa;

　　　h_{zh}——用户所需正压,Pa;

　　　K——备用系数,取 1.2。

上述泵压是指泵站距用户小于 5 km、混合瓦斯流量不超过 50 m³/min 时,输气压力一般不超过 10 kPa 的条件下,由瓦斯泵直接送至用户而进行计算的。

根据计算的瓦斯泵所需流量和压力,即可按泵的特性曲线选择瓦斯泵。

（三）安全防护装置

抽采瓦斯管路中应按要求设置安全装置,其主要作用是确保瓦斯抽采管路的安全、可靠、有效地运行,便于控制、防止、消灭管路中的瓦斯爆炸或燃烧事故的发生和扩大。主要有放水装置,防爆、防回火装置,控制流量装置,放空和避雷装置等。

1. 放 水 器

抽采瓦斯管路工作时,不断有水积存在管路的低洼处,为减少阻力,保证管路安全有效地工作,应及时排放积水。因此,在瓦斯抽采管路中每 200～300 m 最长不超过 500 m 的低洼处应安设一只放水器。放水器有两大类:人工放水器与自动放水器。

（1）人工放水器

人工放水器的原理如图 1-82 所示,管路工作时,放水器的 3、4 阀门关闭,2 阀门开启,管路积水流入位置较低的放水器 5 内。当放水时,首先关闭阀门 2 切断负压,打开阀门 3、4,放水器内的积水自动流出,水放完后,关闭阀门 3、4,打开阀门 2。这种放水器结构简单,工作可靠,但需专人放水,可用于井下主、支管内。

（2）负压管路浮漂式自动放水器

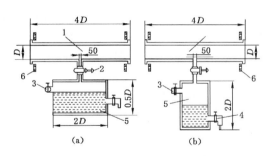

图 1-82　人工放水器安装示意图

(a) 卧式；(b) 立式

1——瓦斯管路；2——放水器阀门；3——空气入口阀门；4——放水阀门；5——放水器；6——法兰盘

负压管路浮漂式自动放水器(CWG-FY 型)如图 1-83 所示，其工作原理是初始时浮筒与托盘均处于最低位置，瓦斯管路的水可通过进水管流进放水器，随着筒内积水的增多，浮漂将随着水位上升，到一定高度时，托盘上的磁铁与放水器盖下面的磁铁吸合，通大气阀顶开筒内与大气相通，进水阀关闭。在积水的静水压力作用下，放水阀被打开，开始放水。随着水不断流出，浮漂下降，浮力减小，托盘与导向杆即被拉下，致使负压平衡管开启，放水器重新与瓦斯管路连通，通大气阀与放水阀在大气压力作用下关闭，浮漂与托盘的位置又处于初始状态。如此周而复始，实现自动放水。

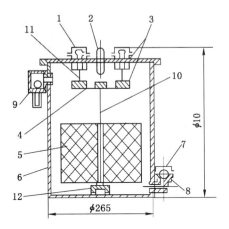

图 1-83　负压管路浮漂式自动放水器示意图

1——通大气阀；2——负压平衡管；3——磁铁；4——托盘；5——浮漂；6——外壳；7——保护罩；
8——放水阀；9——进水阀；10——中心导向杆；11——侧向导向杆；12——导向座

2. 防爆、防回火装置

抽采系统正常工作状态遭到破坏时，管内瓦斯浓度降低，遇到火源，瓦斯就有可能燃烧或爆炸。为了防止火焰沿管道传播，《煤矿安全规程》第一百八十二条规定：干式抽采瓦斯泵吸气侧管路系统中，必须装设有防回火、防回流和防爆炸作用的安全装置，并定期检查。常见的有水封式防爆箱和防回火网。

(1) 水封式防爆箱

水封式防爆箱的工作原理如图 1-84 所示。在正常抽采时,瓦斯通过水封后被抽出,当瓦斯管内发生爆炸或燃烧时,由于爆炸波和火焰被水封所隔绝,同时将上部的防爆盖胶板冲破,爆炸能量释放于大气中,从而起到保护泵站等的安全作用。

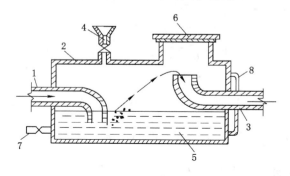

图 1-84　水封防爆箱

1——进气管;2——箱体;3——排气管;4——注水管;5——水;6——安全盖;7——放水门;8——玻璃管水位表

水封式三防装置的优点是:加工制作比较简单,成本亦低廉,容易实现。其缺点是:在使用过程中,其中的水经常被抽干,从而失去了安全保护作用。因此,使用中应加强管理,定期加水。

（2）防回火网

防回火网如图 1-85 所示,它由五层不生锈的铜丝网(网孔约 0.5 mm)构成,装在地面泵站附近管道内。它的作用是一旦泵站附近发生瓦斯燃烧或爆炸事故,火焰与铜丝网接触时,网的散热作用会使火焰不能透过铜网,从而切断火焰的蔓延。

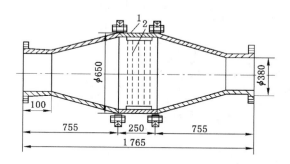

图 1-85　防回火网示意图

1——阻火盘框架;2——阻火器芯

3.放空管

瓦斯泵进、出口侧应设立放空管,当瓦斯泵因故停抽或瓦斯浓度低于规定时,抽采管路中的瓦斯可经放空管排到大气中去。具体操作为:

（1）当瓦斯泵发生故障或检修停止运转时,可以打开入口端放空管的阀门,使井下的瓦斯通过放空管排入地面大气中。

（2）当井下管路或钻场发生故障,使瓦斯浓度下降,不宜利用时,可打开阀门,将井下瓦斯经排出口放空管排入大气。

（3）当地面瓦斯供应系统发生故障或检修时，可把供应总管路阀门关闭，切断对用户的供气，由排空管排放。这样，瓦斯泵可继续运转而不致影响井下的正常抽采工作。

放空管出口至少高出地面 10 m，而且至少高出 20 m 范围内建筑物 3 m 以上；放空管必须接地；放空管周围有高压线或其他易燃瓦斯因素时，应编制专门的安全措施。放空管的安设位置如图 1-86 所示。

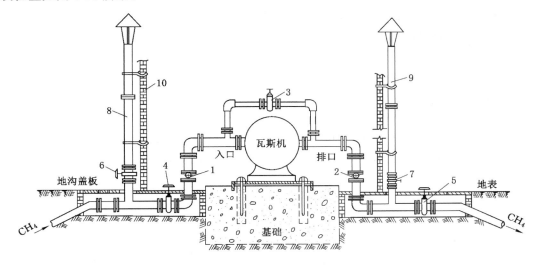

图 1-86　瓦斯泵房阀门控制及排总管路放空管示意图

1,2——瓦斯泵入、排口阀门；3——瓦斯泵循环管阀门；4——瓦斯泵入口总管路阀门；5——瓦斯泵排口总管路阀门；
6,7——瓦斯泵入、排总管路放空阀门；8,9——瓦斯泵入、排总管路放空管；10——瓦斯泵房墙壁

4. 孔板流量计

为了全面掌握与管理井下瓦斯抽采情况，需要在总管、支管和各个钻场内安设测定瓦斯流量的流量计。孔板流量计比较简单、方便，目前井下一般采用孔板流量计。孔板流量计的安装如图 1-87 所示。

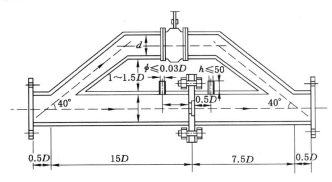

图 1-87　孔板流量计安装示意图

5. 避雷器

在瓦斯泵房和瓦斯罐附近的较高大的建筑物周围或中心地带应设置避雷器,其主要作用是防止阴雨天气由于雷电而引起电火花破坏建筑物或点燃放空管瓦斯,防止火灾等事故。

6. 抽采瓦斯参数监测仪

瓦斯抽采站参数监测仪可以连续监测瓦斯抽采管路中的甲烷浓度、流量、负压,泵房内泄露瓦斯浓度,泵机的轴温等参数,由微机完成测量、显示、打印等工作。当任一参数超限时,可发出声光报警信号,并按给定程序停止或启动泵机。它的技术参数是:管路内甲烷浓度 0～100%;管路内瓦斯流量 0～150 m³/min;负压 0～0.1 MPa;泵房内泄露瓦斯浓度 0～4%;泵机轴温最多测点数 8 点;测量精度 0.5%满量程;警报点误差满量程不大于±0.5%;轴温警报误差不大于±2 ℃。

（四）矿井瓦斯抽采系统及设置要求

1. 地面抽采瓦斯系统的构成

地面抽采瓦斯系统由地面瓦斯泵站、井上下瓦斯管路、附属装置、安全装置、监测装置以及系列设施等组成。矿井瓦斯地面抽采设施布置示意图如图 1-88 所示。

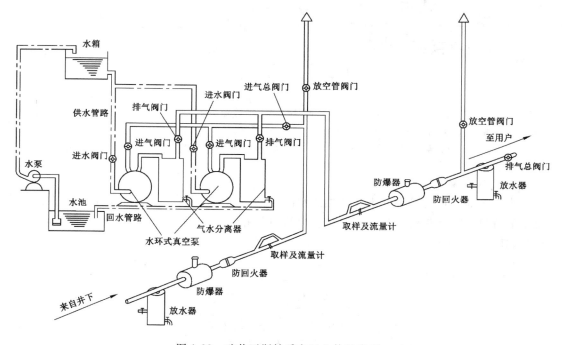

图 1-88　矿井瓦斯抽采布置立体示意图

2. 地面固定式瓦斯抽采泵房设置要求

（1）地面泵房必须用不燃性材料建筑,并必须有防雷电装置。其距进风井口和主要建筑物不得小于 50 m,并用栅栏或围墙保护。

（2）地面泵房和泵房周围 20 m 范围内,禁止堆积易燃物和有明火。

（3）抽采瓦斯泵及其附属设备,至少应有 1 套备用。

（4）地面泵房内电气设备、照明和其他电气仪表都应采用矿用防爆型,否则必须采取安全措施。

（5）泵房必须有直通矿调度室的电话和检测管道瓦斯浓度、流量、压力等参数的仪表或自动监测系统。

（6）干式抽采瓦斯泵吸气侧管路系统中，必须装设有防回火、防回气和防爆炸作用的安全装置，并定期检查，保持性能良好。抽采瓦斯泵站放空管的高度应超过泵房房顶 3 m。

（7）泵房必须有专人值班，经常检测各参数，做好记录。当抽采瓦斯泵停止运转时，必须立即向调度室报告。如果利用瓦斯，在瓦斯泵停止运转后和恢复运转前，必须通知使用瓦斯的单位，取得同意后，方可供应瓦斯。

四、煤与瓦斯共采简介

1. 我国煤与瓦斯抽采的发展历程

我国的瓦斯抽采大致经历了两个阶段，第一个阶段是瓦斯抽采阶段，第二个阶段是煤与瓦斯抽采阶段，每个阶段又可分为四个阶段。具体情况如图 1-89 所示。

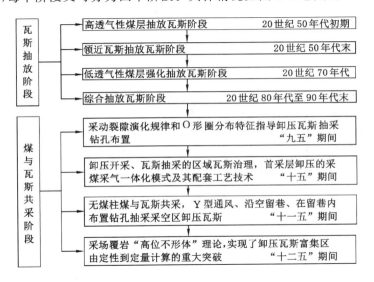

图 1-89　我国煤与瓦斯抽采的发展历程

2. 我国煤与瓦斯共采模式

抚顺、开府、阳泉、晋城、淮南等矿区的煤与瓦斯共采技术代表我国瓦斯抽采在不同时期和不同赋存条件下煤与瓦斯共采模式，如图 1-90 所示。

3. 煤与瓦斯共采发展方向

目前，煤与瓦斯共采取得了丰富成果，但是在基础理念研究和技术装备研发方面还需要新的突破。

（1）煤与瓦斯共采机理研究

研究深部采动含瓦斯煤岩体破裂机理、性质、特征及破裂程度之间的关系；定量描述不同开采方式下煤层增透效果；建立完善的煤与瓦斯共采评价指标体系等。

（2）技术装备

智能抽采系统及装备研发；大直径长深钻孔的施工工艺和智能、定向装备研发；地面钻井法煤与瓦斯共采技术研究等。

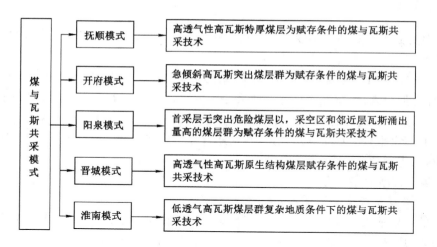

图 1-90 我国煤与瓦斯共采模式

 **思考与练习**

1. 简述矿井瓦斯抽采的条件。

2. 按瓦斯的来源分类,抽采瓦斯的方法有哪些?

3. 煤层强化抽采技术有哪些?

4. 我国煤矿常用的瓦斯泵类型有哪些? 简述其优缺点及适用条件。

5. 瓦斯抽采系统的安全防护装置有哪些?

项目二　矿尘防治

任务一　矿尘浓度测定

矿尘测定是矿井防尘工作中不可缺少的重要环节,通过经常性地进行测尘工作,能够及时了解井下各工作地点的矿尘情况,正确评价作业场所的空气污染程度和劳动卫生条件,为指导降尘工作、制定防尘措施、选择除尘设备提供依据,通过测尘工作来实现鉴定防尘措施、防尘系统和设备的使用效果。

矿尘测定项目包括矿尘浓度测定(全尘浓度、呼吸性矿尘浓度)、矿尘中游离 SiO_2 含量的测定以及矿尘分散度测定等。本书只介绍矿尘浓度的测定方法。

一、矿尘的产生

矿尘是指煤矿生产过程中所产生的各种矿物细微颗粒的总称,又叫作粉尘。在煤矿井下生产的绝大部分作业中,都会不同程度地产生粉尘。但有些作业的矿尘生成量是很大的,如采煤机割煤、装煤和掘进机掘进、爆破作业、各类钻孔作业、风镐落煤、装载、运输、转载和提升、放煤口放煤、采场和巷道支护等。随着机械化程度的提高、开采强度的加大等因素的影响,各作业点的矿尘生成量也将增大,所以防尘、除尘工作是十分必要的。

二、矿尘的分类

矿尘的分类方法有很多种,下面介绍几种常用的分类方法。

1. 按成分分

(1)煤尘:颗粒直径≤1 mm 的煤炭颗粒,一般煤尘中游离 SiO_2 的含量<1%。主要产生于采煤、煤巷掘进及运煤等作业中。

(2)岩尘:颗粒直径≤5 mm 的岩石颗粒,游离 SiO_2 的含量>10%,产生于岩巷的掘进。

2. 按矿尘粒径分

(1)粗尘:粒径>40 μm,相当于一般筛分的最小粒径,在空气中极易沉降。

(2)细尘:粒径为 10~40 μm,在明亮的光线下肉眼可以看到,在静止空气中做加速沉降运动。

(3)微尘:粒径为 0.25~10 μm,用光学显微镜可以观察到,在静止空气中做等速沉降运动。

(4)超微尘:粒径<0.25 μm,要用电子显微镜才能观察到,在空气中做布朗扩散运动。

3. 按矿尘成因分

(1)原生矿尘:在开采之前因地质作用和地质变化等原因而生成的矿尘。原生矿尘存在于煤体和岩体的节理、层理和裂隙之中。

（2）次生矿尘：在采掘、装载、转运等生产过程中，因破碎煤岩而产生的矿尘。次生矿尘是煤矿井下矿尘的主要来源。

4. 按矿尘的存在状态分

（1）浮游矿尘：浮游在空气中的粉尘，简称浮尘。

（2）沉积矿尘：较粗的尘粒在其自重的作用下，从矿井空气中沉降下来，简称落尘。

浮尘和落尘在不同风流环境下可以相互转化，矿井防尘的主要对象是浮尘。

5. 按矿尘的粒径组成范围分

（1）全尘（总粉尘）：粉尘采样时获得的包括各种粒径在内的粉尘的总和。对于煤尘，常指粒径在 1 mm 以下的所有尘粒。

（2）呼吸性粉尘：能吸入并能滞留于肺泡内的微细粉尘，是人体危害最严重的粉尘。

6. 按矿尘中游离 SiO_2 含量分

（1）硅尘：含游离 SiO_2 在 10% 以上的矿尘。它是引起矿工矽肺病的主要因素。煤矿中的岩尘一般多为矽尘。

（2）非硅尘：含游离 SiO_2 在 10% 以下的粉尘。煤矿中的煤尘一般多为非矽尘。

7. 按矿尘有无爆炸性分

（1）爆炸性煤尘：经过煤尘爆炸性鉴定，确定悬浮在空气中的煤尘云在一定浓度和有引爆热源的条件下，本身能发生爆炸或传播爆炸的煤尘。

（2）非爆炸性煤尘：经过爆炸性鉴定，不能发生爆炸或传播爆炸的煤尘。

（3）惰性粉尘：能够减弱和阻止有爆炸性粉尘爆炸的粉尘，如岩粉等。

三、矿尘的危害

矿尘具有很大的危害性，主要表现为：

1. 引发煤尘爆炸

随着经济的持续发展，煤炭开采力度的不断加大，煤矿事故频繁发生。其中有很多重特大事故都是由井下的煤尘参与爆炸或直接爆炸造成的。煤尘爆炸是煤矿生产中的主要灾害之一，其后果往往极为严重，危害极大。例如，2005 年 11 月 27 日黑龙江省龙煤集团七台河公司某煤矿发生煤尘爆炸事故，171 名矿工遇难；2006 年 7 月 15 日，山西省晋中市灵石县某煤矿发生煤尘爆炸，共有 53 名矿工遇难。

2. 对煤矿工人的伤害

工人长期吸入矿尘后，轻者会患呼吸道炎症、皮肤病，重者会患尘肺病，而尘肺病引发矿工致残和死亡人数在国内外都十分惊人。2013 年共报告职业病 26 393 例，其中尘肺病 23 152 例。尘肺病病例数占 2013 年职业病报告总例数的 87.72%。其中，煤工尘肺病 13 955 例，占全国职业病的比重高达 52.87%。

此外，煤矿粉尘还能加速机械磨损，缩短精密仪器、仪表的使用寿命，以及降低井下工作面的能见度等。

四、矿尘的分散度及浓度

1. 矿尘的分散度

（1）分散度：是指物质破碎的程度。通常所说的矿尘分散度是指某粒级的矿尘量与矿尘总量的百分比。

（2）分散度划分为四个计测范围（粒级）：Ⅰ 为 <2 μm；Ⅱ 为 2～5 μm；Ⅲ 为 5～10 μm；

Ⅳ为>10 μm。矿井生产过程中产生的矿尘,<5 μm 的往往占 80% 左右。

（3）高分散度的矿尘和低分散度的矿尘:高分散度的矿尘是指矿尘总量中微细尘粒多、所占比例大的矿尘;低分散度的矿尘是指矿尘总量中粗大的尘粒多、所占比例大的矿尘。矿尘的分散度越高,危害性越大,而且越难捕获。

（4）计量分类:计数分散度和质量分散度。计数分散度,指某粒级的矿尘颗粒数占矿尘总量颗粒数的百分比;质量分散度,指某粒级矿尘的质量占矿尘总质量的百分比。

2. 矿尘浓度

矿尘浓度是指单位体积矿井空气中所含浮游矿尘量。其表示方法有质量法和计数法两种。

（1）质量法,是指每立方米空气中所含浮尘的毫克数,单位为 mg/m³。

（2）计数法,是指每立方厘米空气中所含浮尘颗粒数,单位为 粒/cm³。

我国规定的粉尘浓度标准为质量法。

矿尘浓度的大小直接影响着矿尘危害的严重程度,是衡量作业环境劳动卫生状况好坏和评价防尘技术效果的重要指标。

五、粉尘浓度的测定

目前,粉尘浓度的测定方法以质量法为基础,主要有滤膜采样测尘法和直读式测尘仪测尘法,用于测定全尘浓度或呼吸性粉尘浓度。

（一）滤膜采样测尘法

1. 测定器材

（1）矿用粉尘采样器:采用经过产品检验合格的粉尘采样器。在煤矿井下采样时,必须用防爆型粉尘采样器。

（2）滤膜:煤矿井下一般采用过氯乙烯纤维滤膜。滤膜有 75 mm 和 40 mm 直径的两种规格,分别用于矿尘浓度大于 200 mg/m³ 和低浓度的场合。常用的为直径 40 mm 的小号滤膜。

（3）天平:用感量不低于 0.000 1 g 的分析天平。按计量部门规定,每年检定 1 次。

（4）秒表或相当于秒表的计时器。

（5）干燥器:内盛变色硅胶。硅胶为红色时应及时更换或烘干后再用。

2. 测定程序（CCZ20 型矿用粉尘采样器）

（1）工作原理

滤膜采样测尘法测矿尘浓度的过程可分为井下采尘和地面测定两步进行。采尘通常使用专门的矿尘采样仪器,利用仪器中的抽气装置（抽气泵）,使一定体积的含尘空气通过已知质量的滤膜,矿尘被阻留在滤膜上;然后,根据采样后滤膜上矿尘的质量（即滤膜增重）和采气量,计算出单位体积空气中矿尘的质量,即:

$$C = [(m_2 - m_1)/Qt] \times 1\ 000 \tag{2-1}$$

式中　C——矿尘的质量浓度,mg/m³;

　　　m_2——采样后含尘滤膜的总质量,mg;

　　　m_1——采样前滤膜的质量,mg;

　　　Q——抽气流量,L/min;

　　　t——采样时间,min。

（2）采样器主要结构

以 CCZ20 型呼吸性粉尘采样器为例，其主要结构如图 2-1 所示。

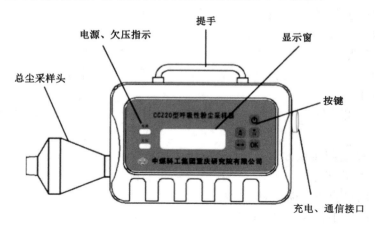

图 2-1　CCZ20 型呼吸性粉尘采样器结构示意图

（3）测尘工作步骤

① 滤膜准备：先将待用滤膜放在干燥皿内干燥；然后用镊子将滤膜两面的衬纸取下，用精度为万分之一克的分析天平称重，做好编号并记录初重；将滤膜装入滤膜夹上，将直径 40 mm 的滤膜平铺、直径 75 mm 的折成漏斗形。检查夹装牢靠和无漏缝现象后，装入样品盒备用。

② 矿尘采样：采样位置在作业点下风侧风流较稳定区域选取；采样点位于工人呼吸带高度，距底板约 1.5 m 左右；采样头方向应迎向风流；采样开始时间，连续产尘点应在作业开始后 20 min 采样，阵发性产尘，与工人操作同时进行；采样流量和时间，应使所采矿尘量不小于 1 mg，对于小号滤膜不大于 20 mg，一般采样流量为 10~30 L/min，采样时间应不少于 20 min，但要视被测空间的矿尘浓度而定。

③ 称重：采样后的滤膜连同夹具一起放在干燥器中，称重时取出，使受尘面朝上，用镊子取下滤膜，向内对折 2~3 次，用原先称重的天平称重。如测点水雾大，滤膜表面有小水珠，必须先干燥 30 min 后再称重，称重后再干燥 30 min，直到前后两次重量差不大于 0.2 mg 为止，取其值为末重。

④ 计算矿尘浓度：经过以上采样、干燥、称取质量后，可按式（2-1）计算矿尘浓度。为了保证测尘的准确性，要求同一测点在相同流量下，同时测定两个试样（平行样品），两个平行样品按式（2-1）计算矿尘浓度，然后按式（2-2）计算平行样品矿尘浓度的差值 Δ：

$$\Delta = 2\Delta C/(C_1 + C_2) \qquad (2-2)$$

式中　ΔC——平行样品计算结果之差，mg/m³；

　　　C_1、C_2——分别为两个平行样品的计算结果，mg/m³。

当 Δ 值小于 20% 时，方可确认两次测定（两个平行样品）有效，或称两个平行样品合格，这时以两次测定结果的平均值作为测点的矿尘浓度；否则必须重测。

⑤ 现场条件记录：统计分析采样时，应记录现场生产条件、作业装备、通风防尘、降尘措施等情况，逐月将测定结果统计分析，上报有关单位。

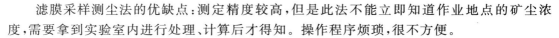

滤膜采样测尘法的优缺点:测定精度较高,但是此法不能立即知道作业地点的矿尘浓度,需要拿到实验室内进行处理、计算后才得知。操作程序烦琐,很不方便。

3.粉尘监测采样点布置

粉尘监测应当采用定点监测、个体监测的方法。煤矿必须对生产性粉尘进行监测,并遵守下列原则:

(1)总粉尘浓度,井工煤矿每月测定 2 次;露天煤矿每月测定 1 次。粉尘分散度每 6 个月测定 1 次。

(2)呼吸性粉尘浓度每月测定 1 次。

(3)粉尘中游离 SiO_2 含量每 6 个月测定 1 次,在变更工作面时也必须测定 1 次。

(4)开采深度大于 200 m 的露天煤矿,在气压较低的季节应当适当增加测定次数。

粉尘监测采样点布置应当符合表 2-1 的要求。

表 2-1   粉尘监测采样点布置

类别	生产工艺	测尘点布置
采煤工作面	司机操作采煤机、打眼、人工落煤及攉煤	工人作业地点
	多工序同时作业	回风巷距工作面 10～15 m 处
掘进工作面	司机操作掘进机、打眼、装岩(煤)、锚喷支护	工人作业地点
	多工序同时作业(爆破作业除外)	距掘进头 10～15 m 回风侧
其他场所	翻罐笼作业、巷道维修、转载点	工人作业地点
露天煤矿	穿孔机作业、挖掘机作业	下风侧 3～5 m 处
	司机操作穿孔机、司机操作挖掘机、汽车运输	操作室内
地面作业场所	地面煤仓、储煤场、输送机运输等处进行生产作业	作业人员活动范围内

(二)直读式测尘仪测尘

直读式测尘仪是目前比较先进且自动化程度很高的测尘仪器,它省去了滤膜采样测尘法测尘时的采样、称重及计算等烦琐的操作程序,并具有操作简单、携带方便、直接读数等优点。但是存在测定精度低、误差大的缺点,部分测定仪器尚未解决防爆的问题。

 思考与练习

1.什么叫矿尘?如何分类?

2.矿尘的计量指标有哪些?各指标含义如何?

3.《煤矿安全规程》关于作业场所空气中矿尘浓度的规定是什么?

4.矿尘有哪些危害?

5.简述滤膜采样测尘法测矿尘浓度的方法和步骤。

任务二 煤尘爆炸及防治措施

煤尘爆炸对矿井及作业人员危害是极大的,如果能够掌握煤尘爆炸的原因、形成条件及特征,并采取有效的预防及控制措施,煤尘爆炸事故是可以避免的。

一、煤尘爆炸的原因

煤尘爆炸与下列因素有关：

1. 破碎程度

煤被破碎成粉尘状态时，它与空气的接触面积大大增加，吸附氧气分子的能力加强，从而加快了氧化过程。特别是在高温条件下受热面积增大，氧化过程就更激烈。

2. 释放可燃气体

煤尘遇到火源后，温度在 300～400 ℃ 能放出大量可燃气体。比如 1 kg 挥发分为 20%～26% 的焦煤受热后能放出 290～350 L 可燃气体（甲烷、乙烷等可燃气体）。

3. 可燃气体与空气混合而形成燃烧

煤尘中放出的可燃气体与空气混合，在高温的作用下吸收能量，形成一定数量的活化中心（即游离基或基团），如果这时放热反应的散热速度提高到超过系统的排热速度，则氧化反应自动加速引起混合气体的燃烧。

4. 通过剧烈的燃烧形成煤尘爆炸

混合气体的燃烧将引起煤尘的燃烧，燃烧放出的热量，以分子热传导和火焰辐射的方式传给附近悬浮着的煤尘。这些煤尘受热气化后，使燃烧循环持续下去，随着每个环节的逐次进行，其反应速度也越来越快，温度越来越高，在瞬间不但活化中心增加，而且还存在着系统的高温分解。当系统的反应到达一定程度时，便能由剧烈的燃烧发展成爆炸。

二、煤尘爆炸的条件

煤尘爆炸必须同时具备四个条件：

（1）煤尘具有爆炸危害性。可燃挥发性指数 < 10% 基本属于无爆炸危害性的煤尘，可燃挥发性指数 > 10% 基本属于爆炸危害性煤尘；挥发分含量越高，煤尘的爆炸危害性越强。除少数无烟煤外，其余各类煤均属于爆炸性煤尘。

（2）有一定浓度的浮游煤尘。能够使煤尘发生爆炸的最低煤尘含量叫作煤尘爆炸下限浓度。能够使煤尘发生爆炸的最高煤尘含量叫作煤尘爆炸上限浓度。我国煤尘爆炸的下限浓度为 45 g/m³，而对上限浓度研究较少。国外试验大致为 1 000～2 000 g/m³，但在正常矿井生产环境中煤尘浓度不可能达到这种状况，只有矿井发生爆炸事故时，爆炸冲击波将落尘扬起时，方可达到。爆炸威力最强时的浓度范围为 300～400 g/m³。

（3）有足够能量的引火热源。我国煤尘爆炸的引燃温度在 650～1 050 ℃ 之间，一般火源温度为 700～800 ℃，主要有爆破火焰、电气设备电火花、架空线及电缆产生的电弧、井下火灾、瓦斯爆炸或燃烧及机械强烈摩擦等。

（4）有一定浓度的氧。当氧气浓度低于 17% 时煤尘不再爆炸，一般情况下超过 18% 可满足爆炸要求。

三、煤尘爆炸的特征

煤尘爆炸是一种复杂的、异常迅速的物理和化学的转化过程，其主要特征如下：

（1）高温。由于煤尘被急剧氧化并燃烧，在很短时间内产生大量的热，使空气温度迅速升高，瞬间温度可达 2 300～2 500 ℃。

（2）高压。煤尘爆炸时，气温骤升，压力增大。一般爆炸压力可达 0.7～0.8 MPa。试验证明：煤尘爆炸时反应热和传播速度越大，爆炸压力也越大，因而其破坏性也越大。试验和事故案例均表明，爆炸压力随着离开爆源的距离的增大而呈跳跃式增大。如遇障碍物或巷道断面的突然变化,爆炸压力则更加增强。这是造成距爆源较远的巷道破坏较大的重要原因。

(3)强烈的冲击波和火焰。煤尘爆炸时由于高温、高压,可产生强烈的冲击波和火焰。据试验测定,火焰的传播速度可达610~1 800 m/s,而冲击波的传递速度可达2 400 m/s。当爆尘刚刚被引爆时,冲击波和火焰的速度几乎一样,但是随着时间的延长,冲击波的速度将超过火焰速度。

(4)产生大量的有害气体。煤尘爆炸时,可生成大量的一氧化碳和二氧化碳。一氧化碳含量可达2%~3%,甚至高达8%,而二氧化碳可达10%以上,这是造成人员大量伤亡的重要原因。因此,《煤矿安全规程》规定了每一入井人员必须随身携带自救器。

(5)爆炸产生"皮渣"和"黏块"。煤尘爆炸时,一部分煤尘被局部焦化,黏结在一起,沉积在支架和巷道壁上,形成煤尘爆炸的特有产物——"皮渣"和"黏块"。这是煤尘爆炸区别于瓦斯爆炸的特有标志。

四、预防煤尘爆炸的技术措施

预防煤尘爆炸的技术措施主要包括减、降尘措施,防止煤尘引燃措施及隔绝煤尘爆炸措施等三个方面。

(一)减、降尘措施

减、降尘措施是指在煤矿井下生产过程中,通过减少煤尘产生量或降低空气中悬浮煤尘含量以达到从根本上杜绝煤尘爆炸的可能性。为达到这一目的,可采取以煤层注水为主的多种防尘手段。

煤层注水是采煤工作面最重要的防尘措施之一,在回采之前预先在煤层中打若干钻孔,通过钻孔注入压力水,使其渗入煤体内部,增加煤的水分,从而减少煤层开采过程中煤尘的产尘量。

1. 煤层注水方式

注水方式是指钻孔的位置、长度和方向。按国内外注水状况,有以下四种方式:

(1)短孔注水

短孔注水是在回采工作面垂直煤壁或与煤壁斜交打钻孔注水,注水孔长度一般为2~3.5 m。

(2)深孔注水

深孔注水是在回采工作面垂直煤壁打钻孔注水,孔长一般为5~25 m。

(3)长孔注水

长孔注水是从回采工作面的运输巷或回风巷,沿煤层倾斜方向平行于工作面打上向孔或下向孔注水,孔长30~100 m;当工作面长度超过120 m而单向孔达不到设计深度或煤层倾角有变化时,可采用上向、下向钻孔联合布置钻孔注水。

(4)巷道钻孔注水

巷道钻孔注水由上邻近煤层的巷道向下煤层打钻注水或由底板巷道向煤层打钻注水。在一个钻场可打多个垂直于煤层或扇形布置方式的钻孔。巷道钻孔注水采用小流量、长时间的注水方法,湿润效果良好;但打岩石钻孔不经济,而且受条件限制,所以极少采用。

2. 注水系统

注水系统分为静压注水系统和动压注水系统。

利用管网将地面或上水平的水通过自然静压差导入钻孔的注水叫静压注水。静压注水采用橡胶管将每个钻孔中的注水管与供水干管连接起来,其间安装有水表和截止阀,干管上安装压力表,然后通过供水管路与地表或上水平水源相连。

利用水泵或风包加压将水压入钻孔的注水叫动压注水,水泵可以设在地面集中加压,也可直接设在注水地点进行加压。

3. 注水设备

煤层注水所使用的设备主要包括钻机、水泵、封孔器、分流器及水表等。

(二)防止煤尘引燃的措施

防止煤层引燃的措施与防止瓦斯引燃的措施大体相同,对一切非生产必需的热源,要坚决禁绝。生产中可能发热的热源,必须严加管理和控制,防止它的发生或限制其引燃瓦斯的能力。引燃瓦斯的火源有明火、爆破、电火花及摩擦火花四种。针对这四种火源,应采取下列预防措施:

(1)严禁携带烟草和点火物品下井。井口房、通风机房附近 20 m。不得有烟火或用火炉取暖;井下和井口房内不得从事电焊、气焊喷灯焊接工作,如果必须在井下主要硐室、主要进风巷和井口房内进行电焊、气焊和喷灯焊接等工作,要制定安全措施和审批手续,并遵守《煤矿安全规程》规定;矿灯应完好,否则不得发出,应爱护矿灯,严禁拆开、敲打、撞击;严格管理井下火区。

(2)采掘工作面都必须使用取得产品许可证的煤矿许用炸药和煤矿许用雷管。使用煤矿许用毫秒延期电雷管时,最后一段的延期时间不得超过 130 ms。打眼、装药、封泥和爆破都必须符合《煤矿安全规程》的规定。

(3)井下使用的电气设备和机械、供电网络都必须符合《煤矿安全规程》的规定。井下不得带电检修、搬迁电气设备(包括电缆和电线);井下防爆电气设备的运行、维护和修理工作,必须符合防爆性能的各项技术要求。防爆性能受到破坏的电气设备,应立即处理或更换,不得继续使用;井下供电应做到:无"鸡爪子"、"羊尾巴",无明接头;有过电流和漏电保护,有螺栓和弹簧垫,有密封圈和挡板,有接地装置,电缆悬挂整齐,防护装置全,绝缘用具全,图纸资料全;坚持使用检漏断电器、煤电钻综合保护和局部通风机风电闭锁装置。

(4)防止机械摩擦火花引燃煤尘,瓦斯爆炸往往也会引起煤尘爆炸。此外,煤尘在特别干燥的条件下可产生静电,放电时产生的火花也能自身引爆。所以,要定期对井下巷道进行冲刷灭尘。

(三)隔绝煤尘爆炸的措施

防止煤尘爆炸危害,除采取防尘措施外,还应采取降低爆炸威力、隔绝爆炸范围的措施。

1. 清除落尘

防止沉积煤尘参与爆炸可有效地降低爆炸威力,使爆炸由于得不到煤尘补充而逐渐熄灭。

2. 撒布岩粉

撒布岩粉是指定期在井下某些巷道内撒布惰性岩粉,增加沉积煤尘的灰分,抑制煤尘爆炸的传播。

撒布岩粉时要求把巷道的顶、帮、底及背板后侧暴露处都用岩粉覆盖;煤尘和岩粉的混合煤尘,不燃物含量不得低于 80%;撒布岩粉巷道的长度不小于 300 m,如果巷道长度小于

300 m 时全部巷道都应撒布岩粉。对巷道中的煤尘和岩粉的混合物粉尘,每 3 个月至少化验 1 次,如果可燃物含量超过规定含量时,应重新撒布。

3. 设置水棚

水棚包括水袋棚(图 2-2)和水槽棚(图 2-3)两种,设置应符合以下基本要求:

图 2-2 水袋棚

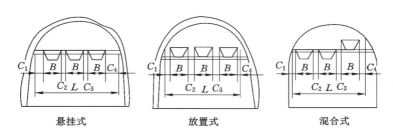

悬挂式　　　　　　　　放置式　　　　　　　　混合式

图 2-3 水槽棚设置

(1)主要隔爆棚应采用水槽棚,水袋棚只能作为辅助隔爆棚。

(2)水槽必须符合检验标准的要求。

(3)水槽的布置必须符合以下规定:

① 断面 $S < 10$ m² 时,$nB/L \times 100\% \geq 35\%$;

② 断面 $S < 12$ m² 时,$nB/L \times 100\% \geq 50\%$;

③ 断面 $S > 12$ m² 时,$nB/L \times 100\% \geq 65\%$。

式中　L——巷道断面宽度,m;

　　　B——水槽宽度,m;

　　　n——水槽棚上的水槽个数。

(4)水槽之间的间隙与水槽同支架上部内缘之间的间隙之和不得大于 1.5 m,特殊情况下不得超过 1.8 m。两个水槽之间的间隙不得大于 1.2 m。

(5)水槽边与巷壁、支架、顶板、构筑物之间的距离不得小于 0.1 m。水槽底部至顶梁(顶板)的距离不得大于 1.6 m,如果大于 1.6 m,则必须在该水槽的上方增设一个水槽。

(6)水棚底部距顶梁(无支架时为顶板)、两帮的空隙不得小于 0.1 m。水棚距巷道轨面不应小于 1.8 m。水棚应保持同一高度,需要挑顶时,水棚区内的巷道断面应与其前后 20 m 长的巷道断面一致。

(7)相邻水棚组间距应为 1.2～3.0 m,主要水棚的棚区长度不小于 30 m,辅助棚的棚区长度不小于 20 m。

(8)首列排水棚与工作面的距离必须保持 60～200 m。

（9）水棚与巷道交岔口、转弯处、变坡处之间的距离必须保持 50～75 m，与风门的距离必须大于 25 m。

（10）水棚组应设置在巷道的直线段内，其用水量按巷道断面计算，主要隔爆棚组的用水量不少于 400 L/m²，辅助水棚组不小于 200 L/m²。

（11）水内如混入煤尘量超过 5% 时，应立即换水。

4. 设置岩粉棚

岩粉棚分轻型和重型两类（图 2-4）。岩粉棚的设置应遵守以下规定：

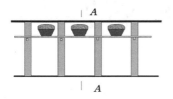 

图 2-4　岩粉棚

（1）按巷道断面计算，主要岩粉棚的岩粉量不得少于 400 kg/m²，辅助岩粉棚不得少于 200 kg/m²。

（2）轻型岩粉棚的排间距为 1.0～2.0 m，重型为 1.2～3.0 m。

（3）岩粉棚的平台与侧帮立柱的空隙不小于 50 mm，岩粉表面与顶梁的空隙不小于 100 mm，岩粉板距轨面不小于 1.8 m。

（4）岩粉棚距可能发生煤尘爆炸的地点不得小于 60 m，也不得大于 300 m。

（5）岩粉板与台板及支撑板之间，严禁用钉固定，以利于煤尘爆炸时岩粉板有效地落地。

（6）岩粉棚上的岩粉每月至少检查和分析一次，当岩粉受潮变硬或可燃物含量超过 20% 时，应立即更换，岩粉量减少时应立即补充。

五、《煤矿安全规程》对粉尘防治的规定

《煤矿安全规定》第一百八十六条规定：开采有煤尘爆炸危险煤层的矿井，必须有预防和隔绝煤尘爆炸的措施。矿井的两翼、相邻的采区、相邻的煤层、相邻的采煤工作面间，掘进煤巷同与其相连的巷道间，煤仓同与其相连的巷道间，采用独立通风并有煤尘爆炸危险的其他地点同与其相连的巷道间，必须用水棚或者岩粉棚隔开。必须及时清除巷道中的浮煤，清扫、冲洗沉积煤尘或者定期撒布岩粉；应当定期对主要大巷刷浆。

《煤矿安全规定》第一百八十七条规定：矿井应当每年制定综合防尘措施、预防和隔绝煤尘爆炸措施及管理制度，并组织实施。矿井应当每周至少检查 1 次隔爆设施的安装地点、数量、水量或者岩粉量及安装质量是否符合要求。

《煤矿安全规定》第一百八十八条规定：高瓦斯矿井、突出矿井和有煤尘爆炸危险的矿井，煤巷和半煤岩巷掘进工作面应当安设隔爆设施。

六、煤尘爆炸演示试验

1. 试验仪器

试验仪器有煤尘爆炸试验装置（图 2-5）、瓦斯气样。

图 2-5　煤尘爆炸试验装置

2. 安全操作步骤

（1）仪器设备检查：对氧气瓶压力、电源开关及线路、管路是否完好进行检查。

（2）启动设备，打开板面上总电源开关和气泵开关，气泵气压表升至 0.2 MPa，温度、氧气、瓦斯浓度达到爆炸值，一切正常方可进行操作。

（3）引爆瓦斯，按下"瞬爆"键，面板上灯亮，倒计时开始，声光显示 5、4、3、2、1 至 0 s，点燃瓦斯起爆，观测爆炸性能现象。

（4）检测生成气体，检测爆炸生成物（CO、CO_2），瓦斯爆炸后空气成分发生变化，氧气浓度下降到 6%～8%，生成大量的有毒有害气体，如二氧化碳浓度增加到 4%～8%，一氧化碳浓度增加到 2%～4%，致使人员因严重缺氧和吸入大量一氧化碳而窒息、中毒甚至死亡。

（5）分析瓦斯爆炸试验结果。

（6）试验结束，点击退出。关断电源总开关。

操作完检查：

（1）整个煤尘爆炸试验演示设备是否完好。

（2）煤尘爆炸试验演示设备的各个按钮是否通电，是否可用，所用工具都要分类归到原位。

（3）检查电脑、电源总开关是否关闭。

思考与练习

1. 影响煤尘爆炸的因素有哪些？

2. 煤尘爆炸的条件是什么？

3. 煤尘爆炸的特征有哪些？

4. 预防煤尘爆炸的技术措施有哪些？

5. 撒布惰性岩粉时有何要求？

6. 设置水棚时应符合哪些基本要求？

7. 设置岩粉棚时应遵循哪些规定？

任务三 矿井综合防尘措施

一、矿井综合防尘措施

矿山综合防尘是指采用各种技术手段减少矿山粉尘的产生量、降低空气中的粉尘浓度，以防止粉尘对人体、矿山等产生危害的措施。

大体上将综合防尘技术措施分为通风除尘、净化风流、湿式作业、个体防护等。

（一）通风除尘

通风除尘是指通过风流的流动将井下作业点的悬浮矿尘带出，降低作业场所的矿尘浓度，因此搞好矿井通风工作能有效地稀释和及时地排出矿尘。

决定通风除尘效果的主要因素是风速及矿尘密度、粒度、形状、湿润程度等。风速过低，粗粒矿尘将与空气分离下沉，不易排出；风速过高，能将落尘扬起，增大矿内空气中的粉尘浓度。因此，通风除尘效果是随风速的增加而逐渐增加的，达到最佳效果后，如果再增大风速，效果又开始下降。排除井巷中的浮尘要有一定的风速。我们把能使呼吸性粉尘保持悬浮并随风流运动而排出的最低风速称为最低排尘风速。同时，我们把能最大限度排除浮尘而又不致使落尘二次飞扬的风速称为最优排尘风速。一般来说，掘进工作面的最优风速为 $0.4\sim0.7$ m/s，机械化采煤工作面为 $1.5\sim2.5$ m/s。《煤矿安全规程》规定的采掘工作面最高容许风速为 4 m/s，不仅考虑了工作面供风量的要求，同时也充分考虑到煤、岩尘的二次飞扬问题。

（二）净化风流

净化风流是使井巷中含尘的空气通过一定的设施或设备，将矿尘捕获的技术措施。目前使用较多的是水幕和湿式除尘装置。

1. 水幕净化风流

水幕是在敷设于巷道顶部或两帮的水管上间隔地安上数个喷雾器喷雾形成的，如图2-6所示。喷雾器的布置应以水幕布满巷道断面尽可能靠近尘源为原则。

图 2-6 水幕净化风流

净化水幕应安设在支护完好、壁面平整、无断裂破碎的巷道段内。一般安设位置为：

（1）矿井总入风流净化水幕：距井口 $20\sim100$ m 巷道内。

（2）采区入风流净化水幕：风流分岔口支流里侧 20～50 m 巷道内。

（3）采煤回风流净化水幕：距工作面回风口 10～20 m 回风巷内。

（4）掘进回风流净化水幕：距工作面 30～50 m 巷道内。

（5）巷道中产尘源净化水幕：尘源下风侧 5～10 m 巷道内。

水幕的控制方式可根据巷道条件，选用光电式、触控式或各种机械传动的控制方式。选用的原则是既经济合理又安全可靠。

2. 湿式除尘装置

所谓除尘装置（或除尘器）是指把气流或空气中含有固体粒子分离并捕集起来的装置，又称集尘或捕尘器。根据是否利用水或其他液体，除尘装置可分为干式和湿式两大类。

目前常用的除尘器有 SCF 系列除尘风机、KgC 系列掘进机除尘器、TC 系列掘进机除尘器、mAD 系列风流净化器及奥地利 Am-50 型掘进机除尘设备，德国 SRm-330 掘进除尘设备等。

（三）湿式作业

湿式作业是利用水或其他液体，使之与尘粒相接触而捕集粉尘的方法，它是矿井综合防尘的主要技术措施之一，具有所需设备简单、使用方便、费用较低和除尘效果较好等优点。缺点是增加了工作场所的湿度，恶化了工作环境，能影响煤矿产品的质量，除缺水和严寒地区外，一般煤矿应用较为广泛，我国煤矿较成熟的经验是采取以湿式凿岩为主，配合喷雾洒水、水封爆破和水炮泥以及煤层注水等防尘技术措施。

1. 煤层注水

在煤层开采前利用钻孔将压力水注入即将回采的煤层湿润，增加煤体内部水分，降低煤体在开采过程中产生的浮尘。注水钻孔可分为平行于工作面的长孔注水及垂直于工作面的短孔注水，注水后用水泥浆封堵孔口。如图 2-7 所示。

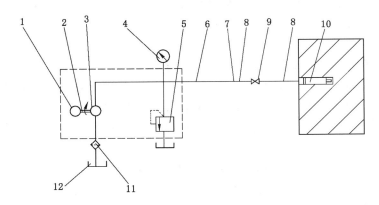

图 2-7　煤层注水示意图

1——电动机；2——联轴器；3——注水泵；4——压力表；5——安全阀；6—— KJR19 软管；7——直通 KJM19-KJM16；8—— KJRⅡ6 软管；9—— 6HQ-16 球阀；10—— FZM-20 封孔器；11——过滤器；12——水箱

2. 湿式打眼

在工作面使用风钻或煤电钻打眼时，必须连接压力水通过钻杆中心孔在整个打眼过程中源源不断注入钻孔中，降低钻眼过程中产生的煤尘、岩尘。

3. 水炮泥及水封爆破

水炮泥就是将装水的塑料袋代替一部分炮泥,填于炮眼内,如图 2-8 所示。爆破时水袋破裂,水在高温高压下汽化,与尘粒凝结,达到降尘的目的。采用水炮泥比单纯用土炮泥时的矿尘浓度低 20%～50%,尤其是呼吸性粉尘含量有较大的减少。除此之外,水炮泥还能降低爆破产生的有害气体,缩短通风时间,并能防止爆破引燃瓦斯。

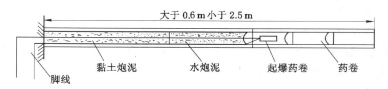

图 2-8　水炮泥封孔装药示意图

水炮泥的塑料袋应难燃、无毒,有一定的强度。水袋封口是关键,目前使用的自动封口水袋,装满水后和自行车内胎的气门芯一样,能将袋口自行封闭,如图 2-9 所示。

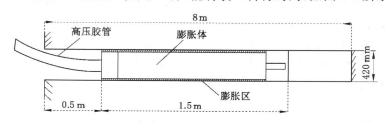

图 2-9　封孔器工作示意图

水封爆破是将炮眼的爆药先用一小段炮泥填好,然后再给炮眼口填一小段炮泥填好,两段炮泥之间的空间插入细注水管注水,注满后抽出注水管,并将炮泥上的小孔堵塞。

4. 洒水及喷雾洒水

洒水降尘是用水湿润沉积于煤堆、岩堆、巷道周壁、支架等处的矿尘。当矿尘被水湿润后,尘粒间会互相附着凝集成较大的颗粒,附着性增强,矿尘就不易飞起。在炮采炮掘工作面爆破前后洒水,不仅有降尘作用,而且还能消除炮烟、缩短通风时间。煤矿井下洒水,可采用人工洒水或喷雾器洒水。对于生产强度高、产尘量大的设备和地点,还可设自动洒水装置。

喷雾洒水是将压力水通过喷雾器(又称喷嘴),在旋转或冲击的作用下,使水流雾化成细微的水滴喷射于空气中,它的捕尘作用有:① 在雾体作用范围内,高速流动的水滴与浮尘碰撞接触后,尘粒被湿润,在重力作用下下沉;② 高速流动的雾体将其周围的含尘空气吸引到雾体内湿润下沉;③ 将已沉落的尘粒湿润黏结,使之不易飞扬。苏联的研究表明,在掘进机上采用低压洒水,降尘率为 43%～78%,而采用高压喷雾时达到 75%～95%;炮掘工作面采用低压洒水,降尘率为 51%,高压喷雾达 72%,且对微细粉尘的抑制效果明显。

（1）掘进机喷雾洒水

如图 2-10 所示,掘进机喷雾分内外两种。外喷雾多用于捕集空气中悬浮的矿尘,内喷雾则通过掘进机切割机构上的喷嘴向割落的煤岩处直接喷雾,在矿尘生成的瞬间将其抑制。

较好的内外喷雾系统可使空气中含尘量减小 85%～95%。

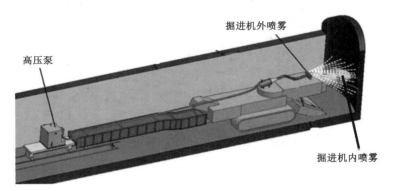

图 2-10　掘进机内外喷雾

（2）采煤机喷雾洒水

采煤机的喷雾系统分为内喷雾和外喷雾两种方式。采用内喷雾时,水由安装在截割滚筒上的喷嘴直接向截齿的切割点喷射,形成"湿式截割",如图 2-11 所示;采用外喷雾时,水由安装在截割部的固定箱上、摇臂上或挡煤板上的喷嘴喷出,形成水雾覆盖尘源,从而使粉尘湿润沉降,如图 2-12 所示。喷嘴是决定降尘效果好坏的主要部件,喷嘴的形式有锥形、伞形、扇形、束形,一般来说内喷雾多采用扇形喷嘴,也可采用其他形式;外喷雾多采用扇形和伞形喷嘴,也可采用锥形喷嘴。

图 2-11　采煤机内喷雾

（3）综放工作面喷雾洒水

① 放煤口喷雾

放顶煤支架一般在放煤口都装备有控制放煤产尘的喷雾器,但由于喷嘴布置和喷雾形式不当,降尘效果不佳。为此,可改进放煤口喷雾器结构,布置为双向多喷头喷嘴,扩大降尘范围;选用新型喷嘴,改善雾化参数;有条件时,水中添加湿润剂,或在放煤口处设置半遮蔽式软质密封罩,控制煤尘扩散飞扬,提高水雾捕尘效果。

② 支架间喷雾

图 2-12　采煤机外喷雾

　　支架在降柱、前移和升柱过程中产生大量的粉尘,同时由于通风断面小、风速大,来自采空区的矿尘量大增,因此采用喷雾降尘时,必须根据支架的架型和移架产尘的特点,合理确定喷嘴的布置方式和喷嘴型号,如图 2-13 所示。

图 2-13　支架间喷雾

　　③ 转载点喷雾

　　转载点降尘的有效方法是封闭加喷雾。通常在转载点(即回采工作面输送机与顺槽输送机连接处)加设半密封罩,罩内安装喷嘴,以消除飞扬的浮尘,降低进入回采工作面的风流含尘量。为了保证密封效果,密封罩进、出煤口安装半遮式软风帘,软风帘可用风筒布制作。如图 2-14 所示。

　　④ 其他地点喷雾

　　由于综放面放下的顶煤块度大,数量多,破碎量增大,因此,必须在破碎机的出口处进行喷雾降尘。

　　(四)个体防护

　　个体防护是指通过佩戴各种防护面具以减少吸入人体粉尘的一项补救措施。

　　个体防护的用具主要有防尘口罩、防尘风罩、防尘帽、防尘呼吸器等,其目的是使佩戴者能呼吸净化后的清洁空气而不影响正常工作。

图 2-14　皮带运输加装防尘罩

1. 防尘口罩

矿井要求所有接触粉尘作业人员必须佩戴防尘口罩,对防尘口罩的基本要求是:阻尘率高,呼吸阻力和有害空间小,佩戴舒适,不妨碍视野,普通纱布口罩阻尘率低,呼吸阻力大,潮湿后有不舒适的感觉,应避免使用。

2. 防尘安全帽(头盔)

煤科总院重庆分院研制出 AFm-1 型防尘安全帽(头盔)或称送风头盔,与 LKS-7.5 型两用矿灯匹配,在该头盔间隔中安装有微型轴流风机、主过滤器、预过滤器,面罩可自由开启,由透明有机玻璃制成,如图 2-15 所示。送风头盔进入工作状态时,环境含尘空气被微型风机吸入,预过滤器可截留 80%～90% 的粉尘,主过滤器可截留 99% 以上的粉尘。经主过滤器排出的清洁空气,一部分供呼吸,剩余气流带走使用者头部散发的部分热量,由出口排出。其优点是与安全帽一体化,减少佩戴口罩的憋气感。

图 2-15　防尘安全头盔

3. AYH 系列压风呼吸器

AYH 系列压风呼吸是一种隔绝式的新型个人和集体呼吸防扩装置。它利用的矿井压缩空气在经离心脱去油雾、活性炭吸附等净化过程中,经减压阀同时向多人均衡配气供呼吸。目前生产的有 AYH-1 型、AYH-2 型和 AYH-3 型三种型号。

二、矿井防尘洒水系统

(一)水源与供水形式的选择

1. 供水水源选择

矿井可供选择的供水水源有很多,包括地表水、矿井水和工业或生活用水等。应根据矿井具体条件,本着有效利用水资源、降低用水成本、节约用水、循环利用、保护环境等原则,合理选取供水水源。

2. 防尘供水形式的选择

防尘供水形式是开展防尘工作的基础,供水形式的确定取决于水源。现场采用的有以下几种形式:

(1)利用井下水为水源的静压供水。井下水源可以是巷道的水沟水、淋帮水或含水层水。

(2)用井下排水泵将井底水仓中的水排至地面水池,通过沉淀过滤的清水经输水管网送至各用水地点,如图 2-16 所示。

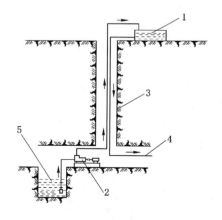

图 2-16　矿井水源的静压供水系统
1——地面净水池;2——水泵;3——井筒;4——供水管;5——井底水仓

储水池一般应设在地面,水池容量一般不得小于一班的耗水量。水池标高的选择,应满足用水点水压要求及考虑管材设备的耐压强度。有时地面水池距离井底高差太大,需要采取降压措施,北方地区冬季需要考虑防冻等问题。

这种供水形式的优点是水压稳定,便于管理。

(3)收集井下淋帮水、裂隙水,汇于集水池中,用专用水泵将水送至地面,然后经管网送至井下各用水点,如图 2-17 所示。该系统取水方式与前一种情况类似,但淋帮水、裂隙水比井下水仓水的水质要好得多,一般不需要沉淀或过滤。只是需要有淋水、裂隙水条件的矿井方可采用。这种供水形式的主要优点是水压稳定,水质较好,管理方便。

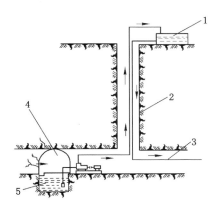

图 2-17 巷帮淋水源的静压供水系统
1——地面净水池;2——井筒;3——供水管;4——淋水巷道;5——集水仓

（4）收集上水平的巷道淋帮水或裂源水于集水池中,充分利用上水平上存在的一定高差,作为下水平使用的静压供水水源,形成供静压供水系统,如图 2-18 所示。

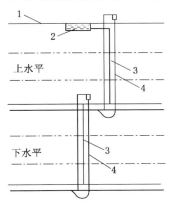

图 2-18 上水平巷帮淋水供下水平使用
1——总回风大巷;2——集水池;3——水管;4——上山(或斜井)

优点:供水网短,水压稳定,水质较好。若上水平有足够的满足生产所需的水的水源,应积极加以利用。这种供水方式在经济和技术方面都是有利的,即使在水源水量有限,不能满足全矿生产需要,也应作为局部供水的水源加以利用。

（5）利用井下水为水源的动压供水:

① 用井下排水泵或设专用水泵,将井底水仓或集水池的水（不经地面）直接送至井下各用水地点的动压供水系统,如图 2-19 所示。

该系统的优点是供水管路短。缺点是水泵效率低,水质难保证,已少有采用。

② 将井下水灌入专用水车,利用压缩空气将水压送到各洒水地点,如图 2-20 所示。

该系统的优点是灵活方便,但储水量有限,通常只供凿岩机湿式凿岩用水。

利用专用水车、专用注水泵,作为动压供水的方法,为大多数动压注水工作面所采用。也可以不设专用水车,而是注水泵直接与静压管网连接加压实现动压供水。

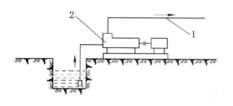

图 2-19　利用井下水为水源的动压供水(一)

1——进水管;2——水泵

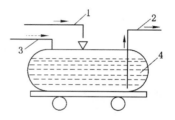

图 2-20　利用井下水为水源的动压供水(二)

1——注水管;2——供水管;3——压风管;4——专用水车

（6）利用地面给水为水源的静、动压供水。如图 2-21 所示,这是一种多渠道供水的方法,用生活用水补充矿井水的不足,适用于井下缺水的矿井。该系统供水费用较高;当地面水源的供应量不足时,往往发生地面生活用水与井下生产用水相互矛盾,应合理安排水的配给。

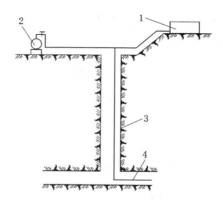

图 2-21　利用地面水为水源的静、动压供水

1——地面净水池;2——水泵;3——井筒;4——供水管

在上面介绍的几种供水系统中,根据现场实际使用经验,采用集中静压供水系统在技术经济上较为合理;煤层注水优先考虑采用静压注水方式,对需要施行煤层高压注水的矿井,使用移动专用泵连接供水管网加压要比使用专用水车注水更加方便。

（二）矿井防尘洒水管网系统

1. 管网布置形式及选择

管道与附件(法兰盘、弯头、阀门等)连接成一整体称为管路。井下若干条管路按需要相互连接就构成了矿井管网系统。

矿井防尘管网系统按其结构,可分为树状网和环状网两种类型。

所谓树状网,是指管网布置像树枝一样。从树干到树梢越来越细,树状分倒立或正立形状受供水方式制约,如图 2-22(a)、(b)所示。例如,全矿井从井底水仓集中供水,则管网系统正好是一个正立状树状网。地面水池集中供水为倒立树状网。倒立树状网是矿井防尘常见的管网形状之一,它适用于静压供水的矿井。

所谓环状网,是将主干管路连成环状如图 2-22(c)所示。由于环联管四通八达,当部分管线损坏时,一侧断水影响范围较小,全矿井或整个采区防尘工作不致中断。环状网适用于生产集中的水平煤层和作业地点所需水压基本均等的矿井或井下相同水平设有几个大小不等的静压水池同时为全矿井供水的矿井。

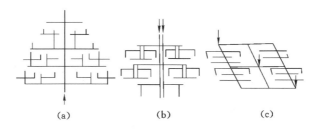

图 2-22　矿井防尘供水管网形状

树状网和环状网相比,树状网结构简单、主干管线短、投资少,但可靠性较环状网差。当某一条管路损坏时,在它以后的各分支管路都将断水。环状网则可以克服这一弊病,但主干管路长度常需要成倍增长,造价也就相应增加。在生产实践中究竟采用哪种形式,应以安全可靠、经济合理为原则,结合各矿具体条件因地制宜地选择。

2. 用水点装置

(1) 灭火装置

① 在井下的下列位置应设消火栓:

a. 重点保护区域及井下交通枢纽的 15 m 以内:主、副井筒马头门两端;采区各上、下山口;变电所等机电硐室入口;爆炸材料库硐室、检修硐室、材料库硐室入口;掘进巷道迎头;回采工作面进、回风巷口;胶带输送机机头。

b. 有火灾危险的巷道内:斜井井筒、井底车场、胶带输送机大巷每隔 50 m;采用可燃性材料支护的巷道每隔 50 m;煤层大巷,采区上山、下山、工作面运输及回风顺槽等水平或倾斜巷道每隔 100 m;岩石大巷、石门每隔 300 m。

② 在有火灾危险的巷道中,处于其他巷道已设消火栓保护半径之内的区域,可不设消火栓。在一般巷道中,消火栓的保护半径应按 50 m 计;在岩石大巷、石门中可按 150 m 计。

③ 下列位置宜设相应的固定灭火装置:

a. 胶带输送机机头处设自动喷水灭火系统。

b. 马头门内侧 20 m 处设水喷雾隔火装置。

c. 井下变压器、空气压缩机等设备设泡沫灭火系统。

其他经采矿工艺认定火灾危险较大的井下巷道或硐室。

(2) 给水栓

① 下列部位应设置相应规格的给水栓:

a. 设有供水管道的各条大巷、上下山及顺槽每隔 100 m 应设置一个规格为 DN25 的给水栓。

b. 掘进巷道中岩巷每 100 m、煤巷每 50 m 设置一个规格为 DN25 的给水栓。

c. 溜煤眼、翻车机、转载点等需要冲洗巷道的位置。

② 湿式凿岩及湿式煤电钻的引水管或分水器的引水管,注水泵、喷雾泵吸水桶的进水管,宜通过软管与供水系统的给水栓相接。给水栓的规格必须与用水点的最大流量匹配。

(3) 喷雾装置

① 在井下采掘工作面的采煤机、掘进机截割部、放顶煤工作面放煤口、液压支架产尘源、破碎机等处以及运输系统中的煤仓、溜煤眼、翻车机、装车机、胶带输送机、刮板输送机、转载机等的转载点上均应设置喷雾防尘装置。采掘工作面的外喷雾应采用由高压喷嘴构成的高压喷雾装置。

② 在下列地点应设置风流净化水幕:采煤工作面进、回风顺槽靠近上、下出口 30 m 内;掘进工作面距迎头 50 m 内;装煤点下风方向 15～25 m 处;胶带输送机巷道、刮板输送机顺槽及巷道;采区回风巷及承担运煤的进风巷;回风大巷、承担运煤的进风大巷及斜井。

（三）矿井防尘洒水系统图的绘制

1. 井下消防洒水管路系统图及内容

井下防尘洒水管与消防水管一般共用,通常将井下消防管路系统与防尘洒水系统合二为一,也称井下消防洒水管路系统,并且要求同时满足井下消防和井下防尘的需要。井下洒水(消防)管路系统图是表达煤矿井下消防和防尘供水管路系统及有关技术参数的图件,是矿井消防洒水工程设计、施工、管理中的主要图纸。《煤矿安全规程》已经将井下消防洒水系统图列为井工开采煤矿必须及时填绘的反映实际情况的图纸之一。

井下消防洒水管路系统图可分为管路系统工程平面图、示意图和立体图三种。其中,管路系统工程平面图是生产中最常用的图纸。矿井防尘系统图反映矿井综合防尘的实际状况,它对于防尘工作的科学管理是不可缺少的工具。

井下消防洒水管路系统图中的内容主要以样图形式反映,辅助以文字、图例和表格说明。主要内容包括:

（1）井下管网布置及供水方式。

（2）消防洒水水源及用量。

（3）消火栓、阀门及三通、喷雾器、过滤器等的型号,设置位置及数量,净化水幕设置位置。

（4）井下用水点分布。

（5）井下管路系统管材及直径。

（6）减压(增压)设备(设施)及装置的位置。

（7）井下巷道及硐室名称。

根据井下消防洒水管路系统图,可合理安排井下清洗巷道、清扫落尘等防尘工作。随着矿井巷道的掘进和各采掘工作面位置不断变化,利用井下消防洒水管路系统图可合理调配生产用水和防尘、消防用水,以及防尘洒水设计工作。

2. 井下防尘洒水管路系统图绘制

（1）矿井防尘洒水管路系统工程平面图的绘制方法与步骤

① 先复制矿井采掘工程平面图或矿井开拓方式平面图,删去与矿井消防洒水管路系统无关的图示内容,保留坐标网、指北方向、煤层底板等高线、断层、采区范围境界、巷道及采掘工作面等图示内容,作为底图使用。

② 根据确定的井下消防洒水管路系统布置方案,用粗单线条表示管路,在底图稿的巷道旁(巷道宽度较大时,可在巷道内)绘制出供水管的主管道、分管道和支管道。

③ 用专有符号绘制供水系统的管路的附属装置,如截止阀、三通、阀门、喷雾洒水器和减压等。管路附属装置的设置位置和技术性能均应反映设计技术要求。

④ 标注管径及长度尺寸。

⑤ 用文字说明或浮放表格反映水管路系统图中有关技术参数及绘制依据。对有些在图中反映不出的图示内容,可采用局部放大详图。

⑥ 绘制图例。

此外,应对全图内容进行合理布局,线条搭配得当,清晰明了。

(2)矿井防尘系统示意图

矿井防尘系统图填绘的内容包括防尘静压水池,全部主、支干管路,喷雾洒水管路及注水管路系统,井下所有防尘设施,除尘系统和隔爆装置,以及煤层水分、粉尘浓度等。

矿井防尘系统示意图具体填绘内容和要求:

① 防尘供水管网

防尘静压水池用统一图例标记,根据实际位置在图纸上绘出。在图例符号旁标明注水池的标高和容积。防尘洒水的主、支干管路一般用彩色线条醒目表示出。例如,$4''\sim6''$以上的主干管路可用红色 2 mm 粗线、$2''\sim3''$支干管用黄色(粗 1.5 mm)线条全长绘标,并注明管长和管径,如 $6''\times1\ 500$ m。洒水喷雾和注水管路,$4''\sim2''$洒水管路用蓝色(粗 1 mm)线条;煤层注水管路用绿色(粗 1 mm)线条表示,同时注明管长和管径。

管道和水池滤流装置,用所定图例标记接头尺寸和过滤形式及滤网筛孔目数。

② 采掘工作面防尘设施

采掘工作面防尘应注明:工作面编号、开采方式和煤岩性质、煤层水分和游离 SiO_2 含量、粉尘浓度、防尘设施。

③ 巷道防尘和隔爆设施

巷道防尘和隔爆设施包括冲洗、刷白、定点喷雾、净化风流水幕和隔爆岩粉棚及水槽棚等。

 **思考与练习**

1. 矿井综合防尘措施有哪些?

2. 在设计矿井防尘洒水系统有哪些具体流程?

3. 如何绘制防尘洒水系统图?

项目三　矿井火灾防治

任务一　煤炭自燃的早期识别与预报

一、矿井火灾的分类

（一）矿井火灾的概念

人们的生活离不开火，每天都需要燃烧燃料，制造火、利用火。火给人类提供了方便，促进了人类的发展。在人们控制之下的火，能按照人们的意愿进行燃烧。如果失去了人们的控制而肆意燃烧的火，就会对人造成损失或者伤害。通常把一切非控制性燃烧叫作火灾。

矿井火灾是指发生在矿井地面或井下，威胁矿井生产，造成损失的一切非控制性燃烧。例如矿井工业场地内的厂房、仓库、储煤场、井口房、通风机房、井巷、采掘工作面、采空区等处的火灾均属矿井火灾。

（二）矿井火灾的分类及其特点

为了正确地分析矿井火灾发生的原因、规律，并有针对性地制定防灭火措施，对其予以分类是必要的。

1. 根据矿井火灾发生的地点分类

（1）地面火灾

地面火灾是指发生在矿井工业场地内的厂房、仓库、储煤场、矸石场、坑木场等处的火灾。地面火灾具有征兆明显、易于发现、空气供给充分、燃烧安全、有毒气体产生量较少、空间宽阔、烟雾易于扩散、灭火工作回旋余地大、易扑灭的特点。

（2）井下火灾

井下火灾也叫矿内火灾，是指发生在井下或发生在地面，但能波及井下的火灾。井下火灾一般是在空气极其有限的情况下发生的，特别是采空区火灾和煤柱内火灾更是如此。即使发生在风流畅通的地点，其空间和供氧条件也是有限的，因此，发生发展过程比较缓慢。另外，井下人员视野受到限制，且大多数火灾发生在隐蔽的地方，一般情况下是不易发现的。初期阶段，其发火特征不明显，只能通过空气成分的微小变化，矿内空气温度、湿度的逐渐增加来判断，只有燃烧过程发展到明火阶段，产生大量热、烟气和气味时，才能被人们觉察到。火灾发展到此阶段，可能引起通风系统紊乱及瓦斯、煤尘爆炸等恶果，给灭火救灾工作带来预计不到的困难。

井下火灾按其发生的地点和对矿井通风的影响大小以及灭火救灾的难易程度，又分为三类，即上行风流火灾、下行风流火灾和进风流火灾。

① 上行风流火灾。发生在上行风流中的火灾称为上行风流火灾。火灾发生后，从矿井进风井流向火源，经过火源流向回风井的一条风路称作主干风路，除主干风路以外的其他风

路称作旁侧支路。上行风流中发生火灾时,由火灾产生的火风压(发生火灾时,高温烟流流经有高差的井巷所产生的附加风压)方向与风流方向一致,也就是与矿井主要通风机风压方向一致。此火风压对矿井通风影响结果为:使主干风路风流保持原方向,而与此主干风路相并联的一些旁侧支路的风流方向将不稳定,甚至发生风流逆转。为了防止旁侧风路风流逆转,造成火灾事故扩大,应采取措施,但要区别于其他的火灾。

② 下行风流火灾。发生在下行风流中的火灾叫作下行风流火灾。下行风流中发生火灾时,火风压的方向与矿井主要通风机风压作用方向相反,发生风流逆转的风路与上行风流发生火灾时正好相反,主干风路中风流方向将是不稳定的,当火风压增大到一定值时,主干风路内的风流将发生逆转。

在下行风流中发生火灾时,通风系统的风流由于火风压作用发生的再分配和流动状态的变化,要比上行风流发生火灾时复杂得多,因此,需要采用特殊的灭火救灾措施。

③ 进风流火灾。发生在进风井、进风大巷或采(盘)区等进风路内的火灾称为进风流火灾。这种火灾由于发生在新鲜风流中,氧气供给充分,发展速度较快,不易早期发现。另外,火灾产生的高温烟流和有害气体,随风流流入采掘工作面易造成人员伤亡。多数情况下,即使矿井有防火措施,如工人配备有自救器,在这种火灾中还是不时发生大量人员伤亡事故。对于这种火灾,除了根据发火风路的结构特性是上行还是下行,使用各自的控制技术措施外,更应根据进风流的特点,使用适应这种火灾防治的技术措施,如全矿井、区域性或局部反风措施。

2. 根据矿井火灾发生的原因分类

(1) 外因火灾

由外部高温热源引起可燃物燃烧而造成的火灾叫外因火灾。这类火灾特点是:发生突然、发展速度快,发生前没有预兆,发生地点广泛,常常出乎人的意料,如不能及时发现或扑灭,将会造成大量人员伤亡和重大经济损失。

在矿井火灾中,外因火灾仅占 4%~10%,但据统计,煤矿重大以上火灾事故 90% 属于外因火灾。

(2) 内因火灾

有些可燃物在一定的条件下,自身发生化学或物理化学变化,积聚热量达到燃烧,由此热源形成的火灾称作内因火灾或自然火灾。煤矿这类火灾常发生在开采有自燃倾向性煤层的矿井中,它发生之前有预兆,根据预兆能够早期发现,发生地点隐蔽(如采空区内、煤柱内等),不易发现;即使找到火源,亦难以扑灭,火灾持续时间长。据统计,内因火灾发生的次数占矿井火灾次数的 90% 以上。

3. 其他分类方法

除了上述两种常用分类以外,还有按燃烧物、引火性质及火灾发生地点分类。如按燃烧物不同而分为:机电设备火灾、炸药燃烧火灾、煤炭自燃火灾、油料火灾、坑木火灾;按引火性质不同分为:原生火灾与次生火灾;按火灾发生位置地点不同分为:井筒火灾、巷道火灾、煤柱火灾、采煤工作面火灾、掘进工作面火灾、采空区火灾、硐室火灾等。

(三) 矿井火灾的危害

1. 产生大量有害气体

矿井发生火灾后能产生 CO、CO_2、SO_2 等大量有害气体和烟尘,这些有害气体随风流扩

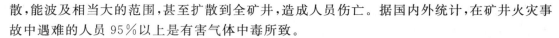

散,能波及相当大的范围,甚至扩散到全矿井,造成人员伤亡。据国内外统计,在矿井火灾事故中遇难的人员95%以上是有害气体中毒所致。

2.产生高温

矿井火灾时,火源及近邻处温度常达1 000 ℃以上,高温往往引燃近邻处的可燃物,使火灾范围扩大。

3.引起瓦斯煤尘爆炸

在有瓦斯和煤尘爆炸危险的矿井中,火灾容易引起瓦斯、煤尘爆炸,从而扩大了灾害的影响范围。

4.造成重大经济损失

矿井火灾会烧毁材料、厂房、设备、工具等,此外,自燃火灾除燃烧掉部分煤炭资源外,还会导致局部甚至全矿井长时间被封闭、不能生产而造成重大经济损失。另外,扑灭火灾需耗费大量人力、物力、财力,而且火灾扑灭后,恢复生产仍需付出很大代价。

二、煤炭自燃的条件及发展过程

煤炭自燃必须具备以下四个条件,缺一不可:

(1)煤有自燃倾向性并呈破碎堆积状态存在。

(2)适量通风供氧。

(3)良好的蓄热环境。

(4)维持煤的氧化过程不断发展的时间。

煤炭自燃的发展过程可分为潜伏期、自热期和自燃期三个阶段,如图3-1所示。

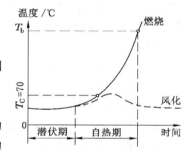

图3-1 煤炭自燃的发展过程

1.潜伏期

自煤层被开采,接触空气起至煤温开始升高所经过的时间区间称为潜伏期或自燃准备期。在潜伏期,煤与氧的作用是以物理吸附为主,放热很小,潜伏期后煤的表面分子某些结构被激活,化学性质变得活泼,燃点降低,表面颜色变暗。

潜伏期的长短取决于煤的分子结构、物理化学性质和外部条件。若改善煤的散热、通风供氧等外部条件,可以延长潜伏期。

2.自热期

随着时间增长,煤的温度开始升高达到着火点所经过的时间区间称为自热期或自热阶段。经过潜伏期,被活化了的煤炭能更快地吸附氧气,氧化速度增加,氧化放热量较大,如果来不及散热,煤温就会逐渐升高,当煤温逐渐升高到某一临界温度(一般为70 ℃)以上时,氧化急剧加快,产生大量热量,使煤温继续升高。这一阶段的特点是:① 氧化放热较大,煤温及其环境(风、水、煤壁)温度升高;② 产生 CO、CO_2 和碳氢类(C_mH_n)气体产物,并散发出煤油、汽油味和其他芳香气味;③ 有水蒸气生成,火源附近出现雾气,遇冷会在巷道壁上凝结成水珠(俗称巷道"出汗");④ 微观结构发生变化,如在达到临界温度之前,改变了供氧和散热条件,煤的增温过程就自然放慢而进入冷却阶段,煤逐渐冷却并继续缓慢氧化到惰性的风化状态,失去自燃性,如图3-1中的虚线所示。

3. 燃烧期

煤温度升高到燃点后,若供氧充分,则发生燃烧,出现明火和大量高温烟气,烟气中含有 CO、CO_2 和碳氢化合物;若煤温达到燃点后,供氧不足,只产生烟雾而无明火,煤发生干馏或阴燃。煤炭干馏或阴燃与明火燃烧稍有区别,CO 多于 CO_2,温度低于明火燃烧。

三、影响煤炭自燃的因素

（一）影响煤的自燃倾向性的因素

煤的自燃倾向性是指煤自燃的难易程度,它主要受下列因素的影响:

1. 煤的化学性质与变质程度

依据"煤-氧复合导引学说"的理论,煤的自燃与其吸氧量有关。吸氧量越大,自燃倾向性越大,反之则小。据研究,无论何种煤,虽然化学成分不相同,但都有吸氧的能力,因此,任何一种煤都存在自然发火的可能性。从科研和生产实践可知,煤的自燃倾向性随煤的变质程度增高而降低,褐煤燃点最低,其发火次数比其他煤多得多,气煤、长焰煤次于褐煤,但高于无烟煤,无烟煤发火性最低。

2. 煤岩成分

暗煤硬度大,难以自燃。镜煤和亮煤脆性大,易破碎,自燃性较大。丝煤结构松散,燃点低($190\sim270$ ℃),吸氧能力较强,可以起到"引火物"的作用,镜煤、亮煤的灰分低,易破碎,有利于煤炭的自燃发展。因此,含丝煤多的煤自燃倾向性大,含暗煤多的煤不易自燃。

3. 煤的含硫量

煤中的硫以三种形式存在,即黄铁矿、有机硫、硫酸盐。对煤的自然倾向性影响最大的是以黄铁矿形式存在的硫。黄铁矿容易与空气中的水分和氧相互作用,放出大量热,因此,黄铁矿的存在将会对煤的自燃起加速作用,其含量越高,煤的自燃倾向性越大。

4. 煤中的水分

煤中水分少时,有利于煤的自燃;水分足够大时,会抑制煤的自燃,但失去水分后,其自燃危险性将会增大。

5. 煤的空隙率和脆性

煤的空隙率越大,越易自燃。对于变质程度相同的煤,脆性越大,开采时易破碎,自燃容易。

（二）影响煤炭自燃的地质、开采因素

1. 煤层厚度

煤层厚度越大,自燃危险性越大。这是因为厚煤层的开采,煤炭回收率低,煤柱易遭到破坏,采空区不易封闭严密,漏风较大等原因所致。厚煤层的开采,目前有分层开采和一次采全高两种方法,分层开采时,下分层的回采巷道的掘进和回采作业均在假顶下进行,采煤和掘进过程都会与上分层的采空区发生漏风联系,自然发火严重。放顶煤开采时,采空区范围大,遗煤多,工作面推进速度慢,发火较严重,但小于分层开采。

2. 煤层倾角

煤层倾角越大,发火越严重。这是由于倾角大的煤层开采时,顶板管理较困难,采空区不易充实,尤其急倾斜煤层煤柱也难留住,漏风大。

3. 顶板岩石性质

坚硬难垮落型顶板,煤层和煤柱上所受的矿山压力集中,易破坏,采空区充填不实,漏风

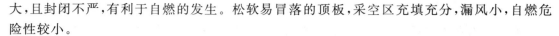

大,且封闭不严,有利于自燃的发生。松软易冒落的顶板,采空区充填充分,漏风小,自燃危险性较小。

4. 地质构造

受地质构造破坏的煤层松软、破碎、裂隙发育,氧化性增强,漏风供氧条件良好,因此,自然发火比煤层赋存正常的区域频繁得多,尤其有岩浆侵入的区域自然发火更多。

5. 开采技术因素

开采技术因素是影响煤层自燃的重要因素。不同开拓系统与采煤方法,使煤层自然发火的危险性不同。因此,选择合理的开拓系统和采煤方法对防止自然发火是十分重要的。合理的开拓系统应保证对煤层切割少,留设的煤柱少,采空区能及时封闭;合理的采煤方法应是巷道布置简单,煤炭回收率高,推进速度快,采空区漏风小。

6. 漏风强度

漏风给煤炭自燃提供必需的氧气,漏风强度的大小直接影响着煤体的散热。有的学者认为,采空区漏风强度大于 $1.2 \ \text{m}^3/(\text{min} \cdot \text{m}^2)$ 或小于 $0.06 \ \text{m}^3/(\text{min} \cdot \text{m}^2)$ 时都不会发生自燃火灾。最危险的漏风强度为 $0.4 \sim 0.8 \ \text{m}^3/(\text{min} \cdot \text{m}^2)$。在防火工作中,必须尽量减少漏风。

四、煤层自然发火期

从发火地点(即火源处)的煤层被开采暴露于空气(或与空气接触)之日起至温度上升到自燃点或出现自燃现象为止,所经历的时间叫煤层的自然发火期,以月或天为单位。煤层的自然发火期是有自燃倾向性的煤层自然发火危险性的时间度量,是评价煤层自然发火危险性的指标之一。自然发火期短,则表明其自然发火危险性大,反之则小。

煤层自然发火期受浮煤粒径分布、浮煤厚度、浮煤内漏风流中的氧浓度和漏风强度、煤层原始温度以及松散煤体内的起始温度等因素的影响,这些因素的不同组合会使自然发火期发生很大的变化。井下现场上述因素最佳组合地点的松散煤体从暴露于空气中到出现自然发火征兆所经历的时间为煤的最短自然发火期。

目前我国规定采用统计比较和类比的方法确定煤层的自然发火期。

(1)统计比较法

矿井开工建设揭煤后,若发生自然发火,就应该认真推算煤层的自然发火期,并分煤层、分翼进行统计和记录,对同一煤层发生的各次火灾逐一进行比较,以最短者作为煤层的自然发火期。此法适用于生产矿井。

(2)类比法

对于新建的、开采有自燃倾向性的煤层的矿井为了在设计时选择有利于防火的开拓方案和矿井通风系统类型,以及有关的技术参数,往往也要预测煤层的自然发火期。但是由于矿井尚未生产,当然不会有自然发火。因此,用统计的方法无法确定。在这种情况下,只好根据地质勘探时采集的煤样所做的自燃倾向性鉴定资料,并参考与之相似的煤层、地质条件、赋存条件和开采方法的采区或矿井,进行类比而估算,以供设计参考。此法适用于新建矿井。

五、煤炭自燃的早期识别与预防

煤炭自燃的早期发现,对于防止其继续发展、避免自然火灾的发生十分重要。早期识别煤炭自燃的方法可归纳为两种。

（一）人体感觉识别煤炭自燃

煤炭从自热到自燃的氧化过程中有许多征兆,这些征兆人们可以直接感觉到,有以下感觉时,应引起重视,及时汇报。

1. 视力感觉

巷道中出现雾气或巷道壁及支架上出现水珠,表明煤炭已开始进入自燃阶段。但是,当井下两股温度不同风流汇合处也能出现雾气,井下发生透水事故前的预兆也有水珠出现。因此,在井下煤壁上发现水珠时,应结合具体条件加以分析,做出正确的判断。

2. 气味感觉

如果在巷道或采煤工作面闻到煤油、汽油、松节油或焦油气味,表明此处风流上方某地点煤炭自燃已经发展到自热后期。温度已在 $100 \sim 200 ℃$ 以上。

3. 温度感觉

当人员行入某些地区,感觉空气温度高,闷热;用手触摸煤壁或巷道壁,发热或烫手,触摸从煤壁内涌出水,感觉较热,说明煤壁内已自热或自燃。

4. 身体不适的感觉

人员在井下某些地区出现头痛、闷热、恶心、精神疲乏、裸露皮肤轻微疼痛等不适的感觉,表明所处位置附近的煤炭已进入自然发火期,这些不舒服的感觉是由于自燃使空气中氧气含量减少、有害气体(如 CO)含量增加,使人轻微中毒所致。

（二）气体分析法

气体分析法是利用仪器分析和检测某些指标气体的浓度变化,来预报煤炭自燃的方法。

1. 指标气体与预报指标

目前,我国常用的指标气体有 CO、C_2H_4、C_2H_2、C_3H_8、C_2H_6 等,预报指标有 CO 和 C_2H_4 绝对量、火灾系数、链烷比。

（1）CO 绝对量

通过测定观测点空气的 CO 浓度和观测点风流的风量计算 CO 绝对量,以此绝对量值大小来预报煤炭自燃。计算方法:

$$H = CQ \tag{3-1}$$

式中　H——自然发火预报指标,m^3/min;

　　　C——观测点气样中的 CO 浓度,%;

　　　Q——观测点处的风量,m^3/min。

由于 H 受各种因素的影响,如煤种、井下正常时期气体成分和浓度、着火范围大小等,因此,难以定出统一的临界值。各矿井可在实际中统计出适合于本矿的临界值。

如平庄矿区古山矿对井下 12 个生产工作面长期系统地观测,通过分析与井下实际情况对照,确定了自然发火的两个临界值:

① 当 $H < 0.0049\ m^3/min$ 时,无自燃现象。

② 当 $H \geqslant 0.0059\ m^3/min$ 时,为自然发火预报值。

③ 当 $0.0049\ m^3/min < H < 0.0059\ m^3/min$ 时,要加强观测。

（2）火灾系数

根据气样分析的结果,先计算 CO、CO_2 的增加量 $+\Delta CO$、$+\Delta CO_2$ 与 O_2 的减少量 $-\Delta O_2$,然后计算火灾系数,按火灾系数值预报。

$-\Delta O_2$、$+\Delta CO$、$+\Delta CO_2$ 计算如下：

$$- \Delta O_2 = O_2{}' - O_2{}'' + 0.265(N_2{}'' - N_2{}') \tag{3-2}$$

$$+ \Delta CO = CO'' - \frac{N_2{}''}{N_2{}'} CO' \tag{3-3}$$

$$+ \Delta CO_2 = CO_2{}'' - \frac{N_2{}''}{N_2{}'} CO_2{}' \tag{3-4}$$

式中 $O_2{}'$,$N_2{}'$,CO',$CO_2{}'$——分别是检测阶段进风流中 O_2、N_2、CO、CO_2 的浓度；

$O_2{}''$,$N_2{}''$,CO'',$CO_2{}''$——分别为检测阶段回风流中 O_2、N_2、CO、CO_2 的浓度。

火灾系数按下列公式计算：

$$R_1 = \frac{+\Delta CO_2}{-\Delta O_2} \times 100\% \tag{3-5}$$

$$R_2 = \frac{+\Delta CO}{-\Delta O_2} \times 100\% \tag{3-6}$$

$$R_3 = \frac{+\Delta CO}{-\Delta O_2} \times 100\% \tag{3-7}$$

式中 R_1——第一火灾系数,%；

R_2——第二火灾系数,%；

R_3——第三火灾系数,%。

应用时,一般以第二火灾系数 R_2 作为主要指标,以第一火灾系数 R_1 作辅助指标,第三指标系数 R_3 作为参考指标,在有掺入新鲜风流时,R_1、R_2 的可靠性降低,R_3 则不受影响。

以上三个火灾系数都是随煤炭自燃的发展而言的。一般说来,当煤炭进入自燃阶段,R_1 约为 0.3~0.4,若连续增大就预示着自燃火灾已经发生；若 R_2 超过 0.005,则应警惕自燃火灾的发生,如果超过 0.01,则说明火灾已经发生。

在实际工作中,应通过长期观测,提出适用于本矿的预报临界值,以便对煤炭自燃做出准确的预报。

（3）链烷比

链烷比是指烷系气体之间浓度的比值,常用的有 C_2H_6/CH_4、C_3H_8/C_2H_6,链烷比受风流及自然范围的影响较小。

根据链烷比的变化,可以进行预报煤炭自燃的发展阶段,其比值应结合具体条件来定。六枝矿务局根据 C_3H_8/C_2H_6 比值预报,比值为 0.02~0.06,煤炭处于正常状态；比值为 0.1~0.12 时,煤炭进入自然发火危险阶段；比值为 0.15~0.18 时,煤炭进入自燃阶段。

2. 取样

（1）观测点的布置

观测点的布置一般应遵循下列原则：

① 巷道周围压力较小、支架完整、没有拐弯、断面没有扩大或缩小的地段。

② 根据预测指标和预测的范围来确定观测点,对有发火危险的工作面回风巷内设观测点,对潜在火源的下风侧,距火源适当的位置设观测点。

③ 每个生产工作面的进风和回风侧,都要分别设观测点,一般距工作面煤壁 10 m。

④ 已封闭的火区或采空区观测点设在出风侧密闭墙内,取样管伸入墙内 1 m 以上。

⑤ 温度观测点设置要保证在传感器的有效控制范围之内。

⑥ 观测点应随采煤工作面的推进与火性的变化而调整。

（2）取样

取气样的方法有人工采集气样和连续采集气样两种。

① 人工采集气样

人工采集气样用玻璃采样瓶取样。取样应在不生产、不爆破的检修班或在交接班时间采样，每个采样点2～3天轮流取一次。如发现可疑现象，应缩短为每天采样一次，并适当增设采样点。在每次采样时，应测定采样点风量和温度。

采样时，采样人员面向风流，手拿采样瓶，伸向身体前方，从巷道顶板缓慢移动到底板，再从底板移到顶板，这样上下移动，直至采集到观测点巷道全断面上的平均气样。

② 连续采集气样

连续采集气样可利用束管检测系统连续抽取井下各观测点的气样。

3. 气体分析

目前气体分析使用的仪器有气象色谱仪和红外线气体分析仪等仪器。

4. 束管检测系统

束管检测系统是由抽气泵将井下的气样通过多芯束管抽取至地面，用分析仪器进行连续分析，并对可能发生自燃的地点尽快地发出警报的一种装置。一般由采样系统、控制装置、气体分析、数据储存、显示与报警四部分组成。

（1）采样系统

采样系统由抽气泵、取样泵和管路组成。如图3-2所示，抽气泵采用真空泵，取样泵采用无油真空压缩复合泵。井下各取样点的气体，先由抽气泵全部抽到地面，通过各气路的三通电磁阀转入取样管，再由取样泵以正压状态送入分析仪器进行分析。

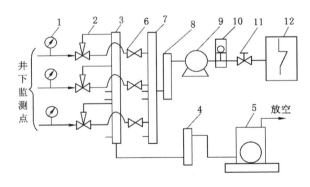

图 3-2 束管抽气取样装置示意图

1——负压表；2——三通电磁阀；3——集气支管A；4——滤尘器A；5——真空泵；6——二通电磁阀；
7——集气支管B；8——滤尘器B；9——无油真空压缩复合泵；10——限压阀；11——针形阀；12——分析仪

管路由地面分析站向井下铺设，通过井筒时用铠装束管，其外形与电缆相似（也称管缆），由直径6/9 mm的聚乙烯塑料管绞合而成，并加入2 mm软铜线3根，用绕色乳胶玻璃布扎紧，外用PVC护套，厚度3 mm左右，每根长度500 m。总管铺设到井下后，用分管箱与支管相连。支管为直径6/9 mm的聚乙烯硬塑料管，支管的末端连接支管取样箱（图3-3）。束管敷设标准：束管敷设高度一般不低于1.8 m，用吊台挂钩吊挂，敷设要平、直、稳，与动力电缆之间的距离不应小于 0.5 m,并要避免与其他管道交叉。束管入口处必须安设采样器箱,整条束管一般至少安设 3 个气水分离器。铺设弯曲管路时,其最小弯曲半径应大于管径的 8 倍,且不能拉紧,以避免管子变形。

（2）控制装置

控制装置主要有三通电磁阀,对井下多取样点进行循回取样。

（3）气体分析

气体分析可使用气象色谱仪、红外气体分析仪器。

（4）数据储存、显示和报警

分析出的结果可在分析器配套的记录仪上显示和记录,同时也可以由电子计算机将各取样点的分析结果进行储存、打印和超限报警。

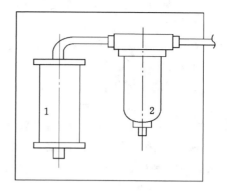

图 3-3　支管取样箱
1——过滤器;2——气水分离器

5. 矿井火灾检测

对于自然火灾除了使用束管检测系统以外,还可以采用煤矿环境检测系统进行早期预报。目前,我国生产的这类设备种类较多,在高瓦斯矿井应用广泛。可以通过 CO 传感器、温度传感器、烟雾传感器等来监测预报区的 CO 浓度、温度、烟雾,通过其变化来预报矿井火灾。传感器不能安装在密闭区内,对发现密闭区内的煤炭自燃存在滞后的缺点。

六、煤炭自燃倾向性的鉴定

煤炭自燃倾向性的鉴定方法很多,我国目前采用"双气路气相色谱吸氧法"。它是用 ZRJ-1 型煤自燃性检测仪来测定常压下每克干煤在 30 ℃时的吸氧量。根据此吸氧量来划分煤的自燃倾向性等级。

1. 鉴定的目的

鉴定煤的自燃倾向性的目的是:划分煤层自然发火等级,区分煤的自燃危险程度,从而采取相应的防火措施。

2. 自燃倾向性的划分

我国对煤的自燃倾向性的划分按见表 3-1。

表 3-1　　　　　　　　　　　　　煤的自燃倾向性分类(方案)

自燃等级	自燃倾向性	30 ℃常压煤的吸氧量/(cm³/g 干煤)			备注
		褐煤、烟煤	高硫煤、无烟煤		
Ⅰ	容易自燃	≥0.80	≥1.00	全硫(sf/%)>2.00	
Ⅱ	自燃	0.41～0.79	≤1.00	全硫(sf%)>2.00	
Ⅲ	不易自燃	≤0.40	≥0.80	全硫(sf/%)<2.00	

新建矿井的所有煤层,生产矿井新水平的所有煤层,都必须采取煤样和资料,送国家授权单位做出煤层自燃倾向性的鉴定,鉴定结果报省(自治区、直辖市)煤矿安全监察机构及煤炭管理部门备案。

煤的自燃倾向性指标,仅能说明煤层在开采时有无自燃的危险性,不能确切地指出自燃的时间。所以,生产矿井常把煤层的自然发火期作为衡量煤层自燃难易程度的指标。确定出煤层的自然发火期对开拓、开采设计和制定防火措施具有重要意义。自然发火期可采用统计法来衡量。

思考与练习

1. 何谓矿井火灾?
2. 井下火灾按发生地点不同可分为几种?
3. 何谓内因火灾? 它有什么特点?
4. 矿井火灾的危害是什么?
5. 煤炭自燃需经过哪些阶段? 各阶段有何特点?
6. 煤炭自燃的条件是什么?
7. 影响煤炭自燃的因素有哪些?
8. 煤的自燃倾向性是什么? 我国煤的自燃倾向性分几个等级?
9. 若在井下闻到煤油、汽油等气味,应怎样去寻找火源?
10. 自燃火灾的预报方法有哪些?

任务二　矿井外因火灾及其防治

一、地面外因火灾的预防

(1) 生产和在建矿井必须制定井上、下防火措施。矿井的地面及所有建筑物、煤堆、矸石山、木料厂等处的防火措施和制度,必须符合国家有关防火规定。

(2) 木料厂、矸石山、炉灰场距离进风井不得小于 80 m。木料厂距离矸石山不得小于 50 m。矸石山、炉灰场不得设在进风井的主导风向上侧,也不得设在表土 10 m 内有煤层的地面上和设在有漏风的采空区上方的塌陷区范围内。

(3) 新建矿井的永久井架和井口房,以井口为中心的联合建筑,必须用不然性材料建筑。

(4) 进风井口应设防火铁门,如果不设防火铁门,必须有防止烟火进入矿井的安全措施。

(5) 进口房和通风机房附近 20 m 内,不得有烟火或用火炉取暖,暖风道和压入式通风的风硐必须用不燃性材料砌筑,并应至少装设两道防火门。

(6) 矿井必须设地面消防水池,并经常保持 200 m³ 以上的水量。

二、井下外因火灾的预防

(1) 井下必须设消防管路系统,管路系统应每隔 100 m 设置支管和阀门;带式输送机巷道中应每隔 50 m 设置支管和阀门。

(2) 井筒、平硐、各水平的连接处及井底车场,主要绞车道与主要运输巷、回风巷的连接处,井下机电设备硐室,主要巷道内的带式输送机机头前、后两端各 20 m 范围内,都必须用不燃材料支护。

(3) 井下严禁使用灯泡取暖和使用电炉。

（4）井下不得从事电焊、气焊和喷灯焊接工作。如果必须在井下焊接时，每次必须制定安全措施，并指定专人在场检查监督；焊接地点前、后两端各 10 m 的井巷范围内应是不燃性材料支护，应有供水管，有专人喷水。焊接工作地点至少备有两个灭火器。

（5）井下严禁存放汽油、煤油和变压器油。井下使用的润滑油、棉纱、布头和纸等，必须存放在盖严的铁桶内，并有专人送到地面处理，不得乱放乱扔。严禁将剩油、残油泼洒在井巷或硐室内。井下清洗风动工具时，必须在专用室进行，并必须使用不燃性和无毒性洗涤剂。

（6）井下必须设置消防材料库，并应装置消防列车。消防材料库储存的材料、工具的品种和数量应符合有关规定，不得挪作他用，并按期检查和更换。

（7）井下爆破材料库、机电设备硐室、检修硐室，材料库、井底车场、使用带式输送机或液力偶合器的巷道以及采掘工作面附近的巷道中，应备有灭火器材，其数量、规格和存放地点，应在灾害预防和处理计划中确定。井下工作人员必须熟悉灭火器材的使用方法，并熟悉本职工作区域内灭火器材的存放地点。

（8）采用滚筒驱动带式输送机时，必须使用阻燃输送带，其托辊的非金属零部件和包胶滚筒的胶料、阻燃性和抗静电性必须符合有关规定，并应装设温度保护、烟雾保护和自动洒水装置。其使用的液力偶合器严禁使用可燃性传动介质。

（9）使用矿用防爆型柴油动力装置时，排气口的排气温度不得超过 70 ℃，其表面温度不得超过 150 ℃，各部件不得用铝合金制造，使用的非金属材料应具有阻燃和抗静电性能。油箱及管路必须用不燃性材料制造，油箱的最大容量不得超过 8 h 的用油量。燃油的闪点应高于 70 ℃，并必须配置适宜的灭火器。

（10）井下电缆必须选用经检验合格的并取得煤矿矿用产品安全标志的阻燃电缆。

（11）井下爆破不得使用过期或严重变质的爆破材料；严禁用粉煤、块状材料或其他可燃性材料作炮眼封泥；无封泥、封泥不足或不实的炮眼严禁爆破，严禁裸露爆破。

（12）箕斗提升井或装有带式输送机的井筒兼作进风井时，井筒中必须装设自动报警灭火装置和附设消防管路。

三、防灭火设施

（一）消防管路

矿井必须建立完善的消防系统，为了节省材料，井下消防管路一般和洒水防尘管路合为一趟。

1. 管路敷设的原则

（1）井底车场、井下主要运输巷道、带式输送机斜井与平巷、上山与下山、采区运输巷和回风巷、采煤工作面运输巷与回风巷、掘进巷道等，均应敷设井下消防洒水管道，并每隔 100 m 设 DN50 支管阀门，阀门后装快速管接头。在带式输送机巷道中应每隔 50 m 设 DN50 支管阀门，阀门后装快速管接头。

（2）主井和副井井底车场连接处、采区上山与下山口、带式输送机机头、机电硐室、检修硐室、材料库、爆破器材库等处必须设置消火栓箱，箱内应存放防腐水龙带与相应水枪。

（3）带式输送机巷道易发火点处，应设置有烟雾或温感控制的自动喷水灭火装置；立井或斜井井底两侧，应设置水喷雾隔火装置。

2. 管路的布置方式

管路的布置方式主要取决于所采用的水源,一般布置为枝状管网,管道中水的流向与巷道中风流方向应一致。

采用地面水源时:管路从地面储水池采用地埋式铺设到井口,沿副井井筒敷设到井下,经井底车场、主要运输大巷、采区上山、采煤工作面运输巷和回风巷至采煤工作面。

采用井下水源时:加压泵房可设在井下主水泵房或采区水泵房内,管道由泵房沿运输大巷采区上下山、工作面进回风巷敷设至采煤工作面。

采用地面、井下两种水源时:管路从地面水池以地埋式铺设到副井口,沿井筒敷设到井下,与井底车场的井下管路相连接,并在地面和井下水源管路上各安装闸阀,以便切换。

对掘进中的巷道、其他可能发生火灾的巷道、设有喷雾降尘设施的地点和巷道、需要经常冲洗的巷道等敷设支管路。

3. 井下消防洒水管路的设计

井下消防洒水管路的管径、管壁厚度应按消防洒水的流量、水压来确定。流量应按同一地点同一时间内的消防设施、洒水设施的耗水量分别计算,取最大流量选择管径。水压根据供水方式、供水距离、水源到供水点的垂高以及管路的压力损失等来确定,管壁厚度按供水压力和材料的强度来选择。

井下消防用水量包括消火栓用水量、自动喷水灭火装置用水量、水喷雾隔火装置用水量以及其他消防设施用水量。井下消火栓用水量应为 $5 \sim 10$ L/s,每个消火栓的流量为 2.5 L/s,消火栓出口压力为 $0.3 \sim 0.5$ MPa,火灾延续的时间按 6 h 计算。自动喷水灭火装置喷水强度为 8 L/(min·m²),保护巷道长度为 $14 \sim 18$ m,喷头出口压力为 $0.1 \sim 0.2$ MPa,火灾延续时间按 2 h 计算。水喷雾隔火装置设计用水量应按喷头数量、喷头的流量计算,喷头出口压力为 0.2 MPa,工作时间为 6 h。

井下其他用水设施的用水量、出口压力、日工作时间参考相关规范来确定。

静压供水时,对局部压力过高的管段应采用降压水箱、减压阀等方式减压;各用水设施进口处压力超过该设施的工作压力,应采用减压阀、节流管、减压孔板进行减压;采用动压供水应设工作泵、备用泵与消防专用泵。

(二)井下灭火器的配置

井下灭火器的设置地点、种类和数量可参考表 3-2 配置。

表 3-2 井下灭火器配备表

序号	配置地点	灭火器种类	数量	备注
1	生产水平井底车场	10 L 泡沫灭火器	4	有液压装置时另加至少 0.5 m³ 砂子或岩粉
		CO₂ 灭火器	2	
2	非提升水平井底车场	10 L 泡沫灭火器	2	
3	箕斗停放间	10 L 泡沫灭火器	2	
		8 kg 干粉灭火器	1	
4	箕斗控制间	CO₂ 灭火器	1	
5	暗井井口及井底	10 L 泡沫灭火器	2	分别配置
		8 kg 干粉灭火器	2	

续表 3-2

序号	配置地点	灭火器种类	数量	备注
6	暗井绞车房	CO_2 灭火器	1	
		8 kg 干粉灭火器	1	
7	井下水泵房	CO_2 灭火器	2	
		8 kg 干粉灭火器	1	
8	井下变电所	CO_2 灭火器	2	
		8 kg 干粉灭火器	2	
9	移动变电整流站	CO_2 灭火器	1	
10	充电室	CO_2 灭火器	1	
11	电气修配间	10 L 泡沫灭火器	1	
		8 kg 干粉灭火器	1	
12	电机车库	10 L 泡沫灭火器	1	
		8 kg 干粉灭火器	1	
13	机械维修室	CO_2 灭火器	1	
		10 L 泡沫灭火器	1	
14	液压动力装置供电室	10 L 泡沫灭火器	2	
		8 kg 干粉灭火器	2	
		50 kg 干粉灭火器	1	
15	钢丝绳牵引室	10 L 泡沫灭火器	1	
16	工具室	10 L 泡沫灭火器	1	
17	油类储存室	10 L 泡沫灭火器	2	外加至少 0.5 m³ 砂箱
		8 kg 干粉灭火器	2	
18	液压支架维修室	10 L 泡沫灭火器	1	外加至少 0.5 m³ 砂箱
		8 kg 干粉灭火器	1	
19	井下压风机房	10 L 泡沫灭火器	2	每台压风机另加至少 0.5 m³ 砂箱
		CO_2 灭火器	1	
20	小绞车房	CO_2 灭火器	1	
21	蓄电池机车充电硐室	8 kg 干粉灭火器	2	以每台电机车计
22	爆炸材料库	10 L 泡沫灭火器	3	1 台泡沫灭火器配于发放室,另 2 台配于储存室
		8 kg 干粉灭火器	1	
23	液压泵站	10 L 泡沫灭火器	4	配于泵站进风侧
		8 kg 干粉灭火器	4	
24	架线机车供电硐室	CO_2 灭火器	1	
		8 kg 干粉灭火器	1	
25	胶带输送机平巷	10 L 泡沫灭火器	2	以每 200 m 长的巷道为单位计
26	下行风流巷道	10 L 泡沫灭火器	2	以每 50 m 长的巷道为单位计

序号	配置地点	灭火器种类	数量	备注
27	下煤点和转运点	10 L 泡沫灭火器	2	放于进风侧,几个点在 25 m 内配 4 个,另加 2 个 CO_2 灭火器
28	主装车站	10 L 泡沫灭火器	4	
29	采煤面或掘进工作面	CO_2 灭火器	2	放于工作面进风或掘进工作面 10～15 m 处
		8 kg 干粉灭火器	6	
30	采煤机和装载机	1211(2 L)灭火器	1	
31	瓦斯抽采硐室	10 L 泡沫灭火器	1	
		1211(2 L)灭火器	1	
		8 kg 干粉灭火器	6	

（三）消防材料库

每一矿井必须设置井上、下消防材料库。井上消防材料库设在井口附近,并有轨道直达井口,其建筑应符合国家对地面建筑的防火要求。井下消防材料库应设在每一个生产水平的井底车场或主要运输大巷中,应有轨道通入其中,并装置消防列车;库内通风、照明良好。

井上、下消防材料库库存消防器材的种类、数量可参考表 3-3、表 3-4 配备。

表 3-3　　　　　　　　　　　　　　井上消防材料库备品表

序号	备品名称	单位	数量	备注	序号	备品名称	单位	数量	备注
1	清水泵	台	1		18	ϕ110 快速接头及帽盖垫圈	套	30	
2	泥水泵	台	2		19	ϕ75 快速接头及帽盖垫圈	套	20	
3	ϕ100 mm 消火水龙带	m	300		20	ϕ52 快速接头及帽盖垫圈	套	40	
4	ϕ75 mm 消火水龙带	m	300		21	吸液器	个	2	
5	ϕ52 mm 消火水龙带	m	300		22	管钳子	把	8	
6	ϕ52 mm 普通消火水枪	支	5		23	折叠式帆布水桶	个	1	
7	ϕ52 mm 多用消火水枪	支	2		24	轻型钩杆	个	2	
8	ϕ52 mm 喷雾消火水枪	支	2		25	重型钩杆	个	1	
9	高倍数泡沫发生装置	套	1		26	救生绳	根	4	
10	消防泡沫喷枪	套	2		27	撬棍	根	2	
11	高倍数泡沫剂	t	0.5		28	木锯	把	2	
12	消防泡沫剂	t	0.2		29	平板锹	把	4	
13	分流管	个	4		30	伸缩梯	副	1	
14	集流器	个	2		31	组装梯	副	1	
15	消火三通	个	4		32	普通梯	副	2	
16	阀门	个	4		33	小靠梯	副	2	
17	斜喷消火阀门	个	4		34	10 L 泡沫灭火器	个	25	

序号	备品名称	单位	数量	备注	序号	备品名称	单位	数量	备注
35	CO_2 灭火器	个	10		56	局部通风机(11 kW)	台	3	
36	干粉灭火器(8 kg)	个	14		57	接管工具	套	4	
37	1211 灭火器(2 L)	个	14		58	ϕ15 胶管	m	500	
38	喷雾喷嘴	个	4		59	ϕ15 胶管	m	500	
39	泡沫灭火器起爆药瓶	个	50		60	单相变压器	台	3	
40	灭火岩粉	kg	500		61	电力开关	台	3	
41	石棉毯	块	5		62	电缆	m	500	
42	20 L 汽油桶	个	1		63	轻型溜子	台	2	
43	20 L 普通油桶	个	2		64	探照灯	盏	4	
44	风筒布	m	500		65	玻璃棉	kg	1 000	
45	水泥	t	5		66	风镐	台	2	
46	水玻璃	t	1		67	安全带	条	5	
47	石灰	t	4		68	钢绳梯	m	100	
48	$\phi1/4''$速接钢管(每节 15 m)	节	50		69	ϕ12 镀锌钢丝绳	m	200	
49	$\phi1/2''$速接钢管(每节 10 m)	节	50		70	担架	副	2	
50	$\phi1''$速接钢管(每节 10 m)	节	50		71	麻袋或塑料编织袋	条	500	
51	ϕ100 mm 钢管	m	500		72	潜水泵	台	2	
52	ϕ150 mm 钢管	m	100		73	砖、料石	m^3	各 10	
53	ϕ200 mm 钢管	m	50		74	方木	m^3	3	
54	ϕ75 胶管	m	500		75	木板	m^3	5	
55	局部通风机(28 kW)	台	3		76	铁钉(2″、3″、4″)	kg	50	

(四)消防列车

消防列车是由井下常用的矿车或平板车组成,载有供井下应急用的消防火器具。消防列车可以存放于消防材料库内或专用的硐室内,消防列车至少由表 3-4 中的车辆组成。

表 3-4 井下消防材料库备品表

序号	备品名称	单位	数量	备注	序号	备品名称	单位	数量	备注
1	ϕ100 mm 消火水龙带	m	100		7	ϕ75/52 变径管节	个	10	
2	ϕ75 mm 消火水龙带	m	300		8	ϕ110 mm 喷嘴	个	6	
3	ϕ52 mm 消火水龙带	m	400		9	ϕ75 mm 喷嘴	个	8	
4	ϕ52 mm 普通消火水枪	支	2		10	ϕ52 mm 喷嘴	个	14	
5	ϕ52 mm 喷雾消火水枪	支	2		11	分流管	个	3	
6	ϕ110/75 变径管节	个	4		12	集流器	个	1	

续表 3-4

序号	备品名称	单位	数量	备注	序号	备品名称	单位	数量	备注
13	消火阀门主柱	个	4		33	水泥	t	2	
14	斜喷消火阀门	个	4		34	石灰	t	2	
15	$\phi110$ mm 垫圈	套	10		35	$\phi150$ mm 钢管	m	100	
16	$\phi75$ mm 垫圈	套	20		36	$\phi100$ mm 钢管	m	300	
17	$\phi52$ mm 垫圈	套	40		37	$\phi75$ mm 钢管	m	500	
18	管钳子	把	6		38	$\phi75$ mm 胶管	m	300	
19	救生绳	根	4		39	$\phi52$mm 胶管	m	500	
20	撬棍	根	2		40	50 mm 伸缩风筒	m	150	
21	木锯	把	2		41	接管工具	套	1	
22	平板锹	把	4		42	$\phi15$ mm 胶管	m	200	
23	伸缩梯	副	1		43	$\phi10$ mm 胶管	m	200	
24	10 L 泡沫灭火器	个	25		44	安全带	条	5	
25	CO_2 灭火器	个	10		45	绳梯	副	2	
26	干粉灭火器(8 kg)	个	10		46	$\phi12$ 镀锌钢丝绳	m	200	
27	1211 灭火器(2 L)	个	4		47	麻袋或塑料编织袋	条	500	
28	喷雾喷嘴	个	4		48	砖	m³	10	
29	泡沫灭火器起爆药瓶	个	50		49	砂子	m³	2	
30	灭火岩粉	kg	500		50	方木	m³	2	
31	石棉毯	块	4		51	木板	m³	5	
32	风筒布	m	500		52	铁钉(2″、3″、4″)	kg	20	

消防列车上的器具至少有如下种类和数量：

风筒 5 卷，每卷 20 m；水泵 2 台，带水龙带 100 m，流量大于 0.2 m³/min；手摇泵或电动泵 1 台；泡沫灭火器(10 L)10 个、CO_2 灭火器(5 kg)10 个、泡沫喷枪 2 支。

工具车：电话 1 台、锹 2 把、斧子 2 把、轻便斧 2 把、撬棍 2 把、木锯 2 把、钢锯 1 把、手锤 1 把、长锤 1 把、轻锤 1 把、桶 2 个、刷子 2 把、铁钉 5 kg(2.5″~3″)、把钩子 10 个、切管器 2 个（手动）、管钳子及扳手各 1 套、灯具至少 6 套、防火衣 2 套。

（五）防火门

防火门是构筑在井下机电硐室、开采容易自燃和自燃煤层的采区巷道中。这些门平时敞开门扇，一旦发生火灾即可将其关闭或加以封闭，起到控制火势、隔离火区的作用。

1. 机电设备硐室防火门

井下机电设备硐室出入口通道中安装向外开的防火铁门，铁门全部敞开时不得妨碍运输。防火铁门的形式有两种，一种是在铁门上装设便于关严的通风孔，用于控制硐室的通风量。平时通风孔打开通风，在意外火灾情况时，关闭通风孔隔离火区。另一种是既能防火又能防水的铁密闭门，铁门内加设一道向外开的但不影响密闭门开闭的铁栅栏门。栅栏门下部铁皮封堵,上部有便于控制风量的通风口。正常情况下防火密闭门敞开,栅栏门关闭。

变电所与水泵房联合布置时,变电所与水泵房之间应设隔墙和向泵房开的防火铁门。变电所的配电室与变压器之间也应设隔墙和向配电室开的防火铁门。

2. 采区内防火门

采区内防火门一般设在采煤工作面进、回风巷口以及可能发生自燃的巷道或硐室出入通道中。在采区或工作面形成生产和通风系统后10天内,按设计确定的位置和规格置好防火门门墙(套),并与采区同时移交和验收。防火门门墙(套)的构筑应符合以下要求:

(1)防火门门墙(套)必须用不燃性材料建筑。

(2)墙体厚度不得小于600 mm。

(3)墙体四周应与巷壁接实,掏槽的深度不得小于300 mm。

(4)墙体无重缝、无干缝,灰浆饱满不漏风。

(5)防火门门口端面符合行人、通风和运输要求。

(6)防火门采用"内插拆口"结构,其结构如图3-4所示。封闭防火门所用的木板材厚度不得小于30 mm,每块板材宽度不小于300 mm,拆口宽度不小于20 mm,并外包铁板。木板逐次编号排列,摆放整齐,指定人员负责定期检查,发现破损时更换和补充。

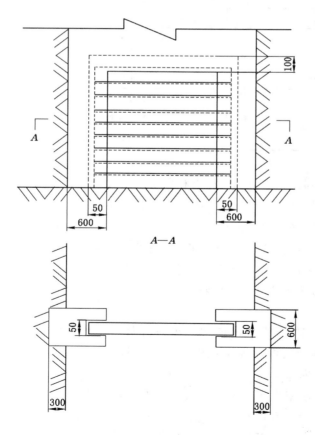

图 3-4　防火门"内插拆口"结构图

四、外因火灾的预警预报

外因火灾的前期及时发现对灭火工作十分重要。外因火灾预警最常用的方法有:温升变色涂料、感温元件、带式输送机火灾监测自动灭火装置。这些方法主要用于电动机、机械设备的易发热部位和带式输送机火灾预警。

(一)温升变色涂料

温升变色涂料有两种,一种是以黄色碘化汞(HgI)为主体的涂料,另一种是以红色碘化汞(HgI_2)为主体的涂料。将这些温生变色涂料涂敷在电动机的外壳或机械设备的易发热部位,一旦温升超出额定值时会变色给人以预警;当温度下降到正常值,又恢复原色。

黄色碘化汞(HgI)变色涂料,当涂敷物的温度由常温升到 54~82 ℃时即变为橘红色;红色碘化汞(HgI_2)变色涂料,当涂敷物的温度由常温升到 127 ℃时变为黄色。

(二)感温元件

以易熔合金、热敏电阻等制成的感温元件预警电器机械设备温升,并将这些感温元件与灭火装置联动。在发生火灾时自动启动灭火。

(三)带式输送机火灾监测自动灭火装置

我国自"七五"以来,先后研制出多种带式输送机火灾检测和自动灭火装置,如 DFH 型、DMH 型、KHJ-1 型、MPZ-1 型等。下面以 MPZ-1 型为例,来介绍其组成和功能。

MPZ-1 型矿用胶带输送机自动灭火装置由电源箱、监控系统、水冷却灭火系统和泡沫灭火系统组成。其中,监控系统由速差、温度、CO、水压和紫外火焰探测等五种传感器、声光报警、电磁阀等组成,由装在电源箱本安腔内的单片机进行数据处理和实施控制。总体布置如图 3-5 所示。该装置具有监视、显示、报警和自动灭火功能。

1. 监视功能

(1) 速差传感器监视胶带在运行中的速度变化,即输送机打滑程度。

(2) 温度传感器监视胶带因打滑摩擦引起的胶带温度变化。

(3) CO 传感器监视胶带摩擦产生的 CO 气体。

(4) 紫外火焰探测器探测燃烧物质产生的紫外线,以监视控制范围内出现的明火。

(5) 压力传感器监视灭火系统的供水压力,保证一旦发生火灾时的灭火效能。

各传感器的设定报警值可以调节,限定值可任意选择。

2. 显示功能

显示器以数码读数,输送机正常运转中循环显示各传感器的设定报警值和实测值。当出现一相超限时,则固定显示该传感器实测值,当出现两相以上超限,则轮流显示各超限传感器的实测值,唯水压传感器不参与循环显示,只在供水压力低于设定最低压力时固定显示特定字符"PPPP"以示警告,但不发出声光报警信号且无执行命令。

在有火灾预兆出现但不足以判明是火灾时,则发出预警信号。预警时不停输送机电源,不喷水、泡沫液,只警告当班人员查明原因,及时处理故障。如在预警期内故障排除,预警自动停止。

3. 报警和自动灭火功能

在确认有火情和明火出现时,发出声光报警信号,同时发出执行指令,分两种情况:

(1) 当上述三种传感器中有任意两种以上所获得的实测值达到和超过设定报警值时,则发出警报信号,显示器轮流显示各超限传感器实测值,同时输出执行命令,切断输送机电

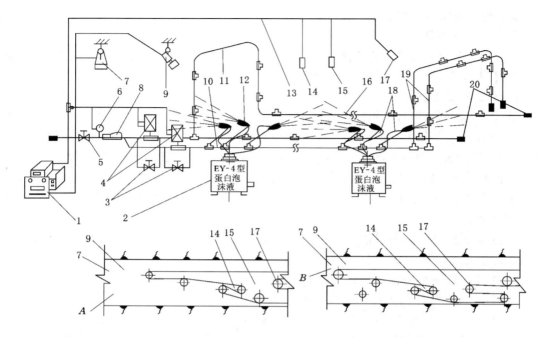

图 3-5 MPZ-1 型矿用胶带输送机自动灭火装置总体布置示意图

1——电源控制箱;2——泡沫液箱;3——闸阀;4——电磁阀;5——总截止阀;6——压力传感器;
13——传输电缆;14——温度传感器;15——一氧化碳传感器;16——水喷嘴;17——速差传感器;
18——引射器;19——水帘;20——堵头;A——单机头布置;B——机头机尾布置

源,自动喷水冷却或灭阴燃火。待各实测值恢复正常,自动停喷,报警自动解除。

(2)当在其监视范围内连续 3 s 以上出现明火火情信号,3 s 后显示窗口便固定显示火情脉冲实测值,输出报警指令,开始报警,并切断输送机电源、喷泡沫液灭明火,扑灭明火后继续喷泡沫液 3 min,自动停喷泡沫液而转喷水冷却,灭阴燃火。若在明火扑灭后再次出现明火,系统能自动重新启动并重复全过程。

思考与练习

1.外源火灾有什么特点?

2.引起外源火灾的热源有哪些?

任务三　均压防灭火技术

一、均压原理

均压防火就是降低漏风通道两端的压力差,减少漏风量,防止煤炭自燃,是利用通风方法抑制煤炭自燃的防火技术。

如图 3-6 所示的密闭区,一侧与进风巷相通,另一侧与回风巷相接,进、回风密闭外的压力分别为 P_A 和 P_B,两密闭及采空区的风阻值为 R_{AB},采空区两侧的通风压力 $H = P_A - P_B$,则漏入采空区的风量为:

$$Q = \sqrt[n]{H/R_{AB}} \qquad (3\text{-}8)$$

式中　n——流态指数，$n = 1 \sim 2$。

采空区的漏风量与 H 有关，减少 H，Q 减少，$H \to 0$，$Q \to 0$，采空区浮煤因缺氧而窒熄，不发生自燃。设法降低 P_A 或者增大 P_B，采空区、进回风侧压力差 H 降低，漏风量减少。

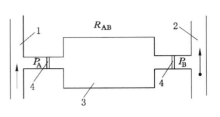

图 3-6　采空区漏风
1——进风巷；2——回风巷；
3——采空区；4——密闭墙

二、均压防火方法

均压技术，既用来防火，也用于灭火和防瓦斯漏出。根据使用的条件不同，均压技术可分为闭区均压与开区均压两大类。

（一）开区均压

开区均压除调节风门均压外，还有调节风门与风机联合均压和风筒与风机联合均压两种。

1. 调节风门与风机联合均压

如图 3-7 所示的工作面采空区，有来自后部上方 B 点或下方 A 点的漏风。采用调节风门与风机联合均压，可升高工作面 2—3 段压力，消除或减小此漏风，即在工作面进、回风巷各安装调节风门，进风巷调节风门上安装通风机向工作面压入通风。

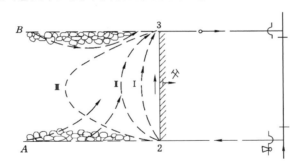

图 3-7　调节风门与风机联合均压

应当指出，当工作面 2—3 段的压力等于后部漏风源的压力时，就会阻止向采空区漏风；当 BC 段的压力高于后部漏风源的压力时，漏风反向，起不到防火作用。

2. 风筒与风机联合均压

分层开采厚煤层时，下分层向上分层采空区漏风严重，为消除此漏风，在回采的下分层进风巷安设调节风门、通风机和风筒，工作面采用通风机和风筒送风，减小进风巷道的风量和风压以降低向上分层采空区的漏风，如图 3-8 所示。

开区均压工艺简单，效果明显，实现时应根据工作面的漏风和通风方式的具体情况选取合理的均压方法，不可盲目调压。

（二）闭区均压

对已封闭有可能发生煤炭自燃的区域采取均压措施，减少封闭区漏风量，以达到防火目的，称为闭区均压或闭区均压防火。对封闭的火区采取均压措施，加速火区熄灭，称为闭区均压灭火。闭区均压方法除调节风门均压外，还有调节风门与局部通风机均压、

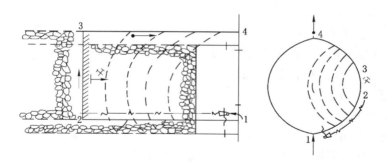

图 3-8　风筒与风机联合均压

连同管均压等。

1. 调节风门与局部通风机均压

在进风或回风密闭外建立调压室,利用调节风门与局部通风机调压使密闭内外的压力相等,以减少密闭的漏风。局部通风机调压室如图 3-9 所示。若只在进风侧建立调压室,则达不到预期的目的,可在回风侧也建立调压室,进行调压。回风侧调压时,局部通风机做压入式工作,使室内压力升高,以减小密闭墙的内、外压差,消除漏风。

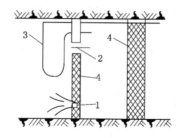

图 3-9　局部通风机调压室

1——局部通风机;2——调节风门;3——水柱计;4——调压室密闭;5——永久密闭

2. 连通管均压

在可能发生煤炭自燃的封闭区回风侧密闭墙外,再加筑一道密闭墙,然后穿过外密闭墙安设直径为 $300 \sim 500$ mm 的铁管与进风侧相通或直通地面,在管路出口安装调节阀门(图 3-10),调节调压室的压力,使密闭区进、回风侧密闭墙外的压力差相等而漏风消失。连通管的使用方式多种多样,其作用都是传递压力,使密闭区进、回风侧的压力趋于相等。连通管均压服务时间较长,很少出故障,作用可靠稳妥,但管路铺设麻烦。

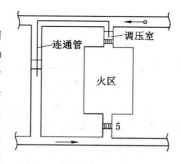

图 3-10　连通管调压室

三、开采技术方面的防火措施

(一)选择合理的矿井开拓系统

开采自燃煤层的矿井,选择有利于防火的开拓系统应从矿井设计和建井开始做起,一旦矿井开拓系统形成,改造起来是很麻烦的,既影响矿井生产,又浪费大量资金。合理的开采系统应符合：① 对煤层的切割少；② 系统简单，运输环节少，通风线路短，通风风压低，通风设施少，矿井内外部漏风小，采（盘）区或区域划分合理；③ 有利于灾害的预防，便于灾变时人员撤离。其主要体现在以下几点：

1. 开拓巷道的布置

从预防煤炭自燃的角度出发，矿井的主要开拓巷道应布置于煤层底板岩石中，对煤层的切割少，维护量小。对开采多煤层的矿井联合布置很优越。但由于岩巷的掘进费用大，工期长，从 20 世纪 90 年代以后，新建的矿井开掘煤层大巷增多。若在煤层中布置开拓巷道，必须砌碹或用不燃性材料支护，且两侧应留足够尺寸护巷煤柱。对煤层群开采，采用联合开拓时，开拓巷道尽量布置在岩石中，若开拓煤巷时，应布置在不自燃或自然发火性小的煤层中。

2. 开采顺序

采用采（盘）区后退式开采顺序比前进式开采顺序有利于防火。采用后退式开采时，运输大巷两侧为实体煤，漏风小，护巷煤柱不发火或发火少。大巷随采（盘）区的结束而报废，护巷煤柱随之被回收，采空区易封闭，且采空区漏风小，煤炭自燃的概率小。

3. 通风系统

通风系统的合理与否对煤炭自燃的影响也起相当重要的作用。中央式通风系统的线路长、阻力大，不适合开采自燃煤层的矿井；对角式通风线路短，阻力小，有利于防火。即使发生煤炭自燃，用密闭灭火时，不至于使全矿井停产。矿井安全出口多，便于人员撤退，安全性好，抗灾能力强。

（二）选择合适的采煤方法

采煤方法包括准备、回采巷道的布置与回采工艺。适合于自燃煤层的采煤方法应具备：① 巷道布置简单，对煤层的切割少，漏风小，易采取各种防火措施，采空区易于封闭；② 机械化程度高，推进速度快，采空区冒落充分；③ 煤炭回收率高。具体采用以下措施：

1. 准备巷道布置

对一些服务年限较长的准备巷道，尽量布置在岩石中，减少对煤炭的切割。若布置在煤层中，应采用锚喷支护或巷道表面喷涂不燃性堵漏材料。对于多煤层尽量采用联合或分组联合布置准备巷道。

2. 回采巷道分采分掘

留煤柱开采工作面，在掘进工作面巷道时，上一区段运输平巷与下一区段回风巷采用平行掘进的方法，每隔一定的距离开一条联络巷，往往由于此联络巷封闭不严，导致上区段采空区或联络巷煤柱发生自燃，如图 3-11（a）所示。

为了解决此问题，采用各区段巷道分采分掘，取消与上区段之间的联络巷，以减少上区段间的漏风，如图 3-11（b）所示。

3. 采用先进的采煤设备，采区煤炭生产集中化

先进的采煤设备和工艺，有利于提高工作面单产，采区煤炭生产集中，一个采煤工作面可保证全矿井的产量，工作面推进速度快，采空区浮煤在较短的时间被甩入窒熄带，有利于防止煤炭自燃。另外，集中化生产，工作面个数较少，暴露的煤层面积小，且推进速度快，采空区封闭及时，因此，集中化煤炭生产对防止自燃火灾极为有利。

4. 改进煤层采煤方法，尽量减少分层数

我国 20 世纪 80 年代以前对厚煤层的开采，主要以分层开采为主。这种采煤方法，对易

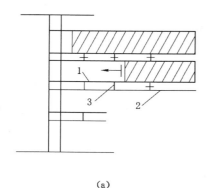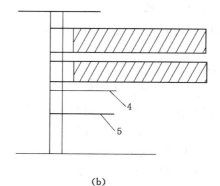

(a)   (b)

图 3-11   回采巷道分采分掘
1——工作面运输巷;2——下区段工作面回风巷;3——联络巷;
4——工作面回风巷掘进头;5——工作面运输巷掘进头

燃煤层,在开采第一分层时不易发火,但开采其他分层发火很严重,有些矿井由此而产生严重的采掘失调。如铜川矿务局北区的侏罗纪煤层为易燃厚煤层,开采此煤田的焦坪矿、陈家山矿,采用分层开采时,除第一分外的其他分层开采发火相当严重,准备的几百米长的顺槽,第一分层勉强可以采完,但第二分层巷道一开掘就发生自燃,焦坪矿由此而造成严重的采掘失调与煤炭损失。20 世纪 90 年代以后,自陈家山等矿采用了综采放顶煤一次采全高以来,自燃火灾的次数就明显减少了。

5. 提高工作面回采率,减少采空区的遗煤

采空区遗煤是煤炭自燃的内在因素,因此,减少采空区浮煤是防止自燃的根本途径。

为了防止自燃,回采过程中不得留顶煤,以减少采空区浮煤。放顶煤工作面应确定放煤步距和与割煤相配合的、合理的组织方式以及放煤的操作程序,力求避免早期混矸,减少丢失顶煤;工作面两端可设置过渡架和端头支架,把两端的顶煤全部放出;在工作面开切眼设备安装后到初次来压前要人工挑落放出顶煤,为以后利用地压破煤开出自由面,减少顶煤损失;对不易破碎、冒落和放出的煤层,采用具有辅助破煤机构的液压支架,若顶煤超过了 3 m 时,应采用超前水力压裂措施或向顶煤打眼放松动炮的方法破碎顶煤,以提高顶煤的回收率。

6. 推广无煤柱开采,减少煤柱火灾

无煤柱开采就是在开采中取消了各种维护巷道和隔离采区的煤柱。这种开采方法应用得好,不仅能取得良好的经济技术效果,而且能有效地预防煤柱的自然发火。尤其是在近水平或缓倾斜厚煤层开采中,水平大巷、采区上(下)山、区段集中运输巷和回风巷布置在煤层底板岩石里,采用跨越回采,取消水平大巷煤柱、采区上(下)山煤柱;采用沿空掘巷或留巷,取消区段煤柱、采区区间煤柱;采用倾斜长壁仰斜推进、间隔跳采等措施,对抑制煤柱自然发火起到了重要作用。

7. 工作面采用后退式开采或回采

长壁后退式回采工作面进、回风巷随采随废,采空区不留巷道,易对工作面采用均压,采空区漏风少。

四、预防性灌浆防灭火系统简介

(一) 灌浆防灭火的机理

灌浆防火就是将黏土、页岩、电厂飞灰等固体材料与水按一定比例制成浆液,通过管路输送到采空区或可能发生煤炭自燃的区域。灌入的浆液脱水后,固体材料沉淀下来,水流到邻近的巷道中排出。灌浆的作用是:包裹浮煤,隔绝它与空气的接触;堵塞煤体裂缝,减少漏风,对已经自热的煤炭起降温作用。

(二) 灌浆系统

灌浆系统由灌浆站和浆液输送系统组成。

1. 灌浆站

灌浆站是制取浆液的场所。灌浆站的形式有固定式、分区式和移动式三种。

固定式灌浆站适用于煤层赋存或开采深度较大,井田范围不大,需在地面建立永久或半永久灌浆站的条件;分区式灌浆站适用于煤层赋存或开采深度较浅,井田范围大,灌浆分散,可以从地面打钻孔灌浆的条件;移动式灌浆站适用于井下采区分散,灌浆量小,从地面输送泥浆困难的地区条件。灌浆站的设置要结合井型、风井分布、采区的布置、灌浆量的大小等综合考虑。

2. 泥浆输送

灌浆站距井筒较近,泥浆输送管路沿副井或风井铺设;若距离井筒较远,从井筒铺设管道无条件时,可从地面打输浆钻孔与大巷贯通。泥浆沿井筒铺设的输浆管或灌浆钻孔输送到大巷主干管道,再经采区支管到工作面分管道至灌浆区。干管与支管之间有闸阀控制,各分管与工作面灌浆管或注浆管之间用高压胶管连接。

(1) 输送压力

输送泥浆的压力有两种。一种是静压输送,它是利用地面与井下泥浆出口的位置高差和泥浆自重形成的静压力来输送。静压力必须大于泥浆在管道中流动的压力损失和泥浆出口压力($19.62 \sim 49.05$ kPa)。若静压力不足时应采用 PN 型泥浆泵或 PS 型砂泵加压输送。

(2) 灌浆管道

泥浆在管道中流动速度过慢时,固体材料将会沉淀堵塞管道。因此,管道中的流速必须大于固体材料不发生沉淀的最小流速,此流速称为泥浆输送的临界流速。

(三) 灌浆防火方法

我国煤矿预防性灌浆的方法大致可分为采前预灌、随采随灌和采后灌浆三种。

1. 采前预灌

有小窑破坏的矿井,在开采之前向小窑采空区打钻孔预先灌注泥浆。灌注的方法有:

(1) 从区段集中巷或灌浆巷向小窑采空区打钻孔,从钻孔预注泥浆,灌满后经过适当时间的脱水,再进行回采。

(2) 小窑采空区距地面较近(垂深小于 100 m)时从地面打钻孔,沿煤层走向布置单排钻孔,孔底沿倾向呈交错分布,孔间距一般为 $20 \sim 30$ m,在岩石风化地带中下入套管。若钻孔周围有合适土源,可采用水枪取土形成泥浆流入钻孔,否则,从灌浆站输送泥浆。

(3) 地面有小窑采空区塌陷坑时,利用此塌陷坑向采空区灌浆。

2. 随采随灌

随采随灌就是随着采煤工作面推进,向采空区内灌注泥浆,其优点是灌浆及时。特别是利用于长壁工作面发火期短的煤层,管理不善时,易向工作面跑浆,影响回采工作。

3. 采后灌浆

采煤工作面或采区开采结束后,封闭其采空区,进行灌浆。采后灌浆可以由采空区两侧石门或采区邻近煤层巷道向采空区打钻灌浆,亦可在回风道、运输道或中间平巷密闭上插管灌浆。

（四）预防性灌浆注意事项

（1）经常观测水情。采空区灌入水量和排出水量均要做详细记录。

（2）设置滤浆密闭。在灌浆区下部构筑滤浆密闭墙,以便将泥沙阻流在采空区内而使水排出。

（3）在煤层浅部用钻孔灌浆时,要及时堵塞钻孔和地表裂缝,防止地表水或空气进入采空区。

（4）在灌浆区下部开始掘进前,必须对灌浆区进行检查,如果有积水,只有在放水后才能继续采掘工作。

思考与练习

1. 闭区均压有哪些方法?

2. 开区均压有哪些方法?

3. 简述预防性灌浆防灭火的原理。

任务四　矿井火灾时期风流紊乱及其防治

一、火风压及其特性

矿井发生火灾时,高温火灾气流流经的井巷内空气成分和温度发生了变化,从而导致空气密度减小,产生附加的自然风压（即火风压）。根据自然风压的计算公式可导出火风压的计算公式:

$$H_f = Zg(\rho_0 - \rho_1) \tag{3-9}$$

式中　H_f——火灾时的火风压,Pa;

　　　Z——火灾气体流经的井巷始末两点的标高差,m;

　　　ρ_0,ρ_1——火灾前后井巷内的空气平均密度,kg/m³。

由上式可以看出:火风压的大小与高温火灾气流流经井巷的高度和发火前后其内空气密度有关。发火后空气的密度主要受火源的温度和范围、通过火源的风量影响。根据现场观察和理论研究,火风压具有以下特性:

（1）火风压出现在火灾气体流经的倾斜或垂直的井巷中。Z越大,火风压值也越大。在水平巷道内,标高差很小时,火风压极小。

（2）火风压的方向总是向上。因此,上行风路中产生的火风压方向与主要通风机风压方向相同;下行风路中产生的火风压方向与主要通风机风压方向相反。

（3）火势越大,温度越高,火风压也越大。

矿井火灾时,火源温度（1 000～2 500 ℃）和火源下风侧井巷的空气温度变化很大,要精确地计算出火风压值十分困难。但是,根据火灾发生的地点、火风压的特点和原有的

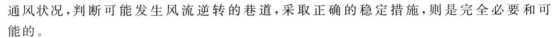

通风状况,判断可能发生风流逆转的巷道,采取正确的稳定措施,则是完全必要和可能的。

二、火灾时期控制风流的方法

矿井发生火灾时,为了保证人员的安全撤出,防止火灾烟气到处蔓延和瓦斯爆炸,控制火灾继续扩大,并给灭火创造有利条件,采取正确的控制风流措施是非常重要的。控制风流的方法有:

(1) 保证正常通风,稳定风流。

(2) 维持原风向,适当减少供风量。

(3) 停止主要通风机工作或局部风流短路。

(4) 风流反向。

一般情况下,火灾发生在总进风流中(如井口房、进风井筒、井底车场或总进风道)时,应进行全矿性反风,阻止烟气进入采区。对于中央并列式通风的矿井,在条件许可时也可使进、回风井风流短路,将烟气直接排出。

当火灾具体位置范围、火势受威胁地区等情况没有完全了解清楚时,应保持正常通风。当采用正常通风会使火势扩大,而隔断风流又会使火区瓦斯浓度上升时,应采取减少风量的方法通风。

火灾发生在总回风流中(如总回风巷、回风井底、回风井内或井口等)时,维持原方向,将烟气排到地面。

火灾发生在进风井筒或进风井底,由于条件限制不能反风,又不能让火灾气体短路进入回风时,可停止主要通风运转,并打开回风井口防爆门,使风流在火风压作用下自动反风。

采区内发生火灾时,风流调度比较复杂,首先应注意风流逆转,一般不采取减风或停风措施。若有局部反风设施时,应进行局部反风。

机电硐室发生火灾时,通常以关闭防火门或修筑临时密闭墙来隔断风流。

采取控制风流措施时,必须十分注意瓦斯的情况。如在瓦斯矿井实行反风或风流短路时,不允许将危险浓度的瓦斯送入火区;停风措施易使瓦斯积聚到爆炸危险浓度,应特别慎重。

在多数情况下,发生火灾时应保证正常通风,稳定风流。稳定风流就是保持矿井正常通风系统不为火灾所改变。经验证明,处理火灾时期,如果通风正常,风流能为人们所掌握,则为灭火提供了可靠的保证,同时对保护井下人员的安全也有重要作用。

三、矿井火灾时期风流紊乱及其防治

如图 3-12 所示,在采区一翼的上行风流中发生火灾时,进风井→Ⅰ风路→回风井为主干风路,Ⅱ风路为旁侧支路。当火风压相对于主要通风机在该风路上的风压较小时,风路Ⅰ、Ⅱ仍保持发火前的原风向,只是Ⅰ风路风量增加,Ⅱ风路内风量减少;随着火势的发展,火风压增大,当火风压达到某一临界值,Ⅱ风路风流停止流动。随后在Ⅱ风路中即可观察到火烟的退流,即新鲜风流从巷道断面的下部保持原有风向往上流动,而火烟在巷道断面上部逆着风流方向下涌造成滚动,这种现象叫烟流逆退,是Ⅱ风路风流反向的前兆。当火风压超过临界值时,Ⅱ风路中风流反向,这种现象叫作旁侧支路风流逆转。这时Ⅰ风路中的烟气就流入Ⅱ风路,造成灾区扩大,威胁Ⅱ风路中人员的安全。

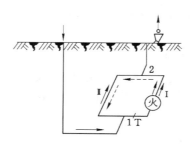

图 3-12　上行风流发生火灾

当火势迅猛,生成的烟气量大,火源下风侧排烟受阻时,在火源的上风侧风路中也能发生烟流逆退。

为了防止旁侧风路Ⅱ风流逆转,保持主要通风机的正常运转,在Ⅰ风路的火源上风侧巷道建立防火墙 T,减少Ⅰ风路的风量,以减小火风压。

防止主干风流发生烟流逆退的措施:减小主干风路排烟区段的风阻;在火源下风侧使烟流短路排至总回风;在火源的上风侧巷道的下半部构筑挡风墙,迫使风流向上流,并增加风流的速度。挡风墙距火源 5 m 左右;也可在巷道中安装带调节风窗的风障,以增加风速。

思考与练习

1. 火风压有什么特点?

2. 矿井发生火灾时控制风流的措施有哪些? 各适用什么情况?

3. 防止风流逆转的措施有哪些?

任务五　矿井直接灭火技术

一、用水灭火

1. 水的灭火作用

水有很大的吸热能力,能使燃烧物降温冷却;水与火接触后生成大量水蒸气,可稀释空气中的氧浓度,并使燃烧物与空气隔绝,阻止燃烧;强力水射流能压灭燃烧的火焰。

2. 用水灭火时的注意事项

用水灭火适用于火势不大、范围较小的非油及电火灾。但必须注意:① 要有足够水量,少量的水或微弱的水流不但火灭不了,而且在高温下能分解成 H_2 和 CO(水煤气),形成爆炸性气体;② 扑灭火势猛烈的火灾时,不要把水流直接喷射到火源中心,应先从火源外围逐渐向火源中心喷洒,以免产生大量水蒸气喷出和燃烧的煤块、炽热的煤渣突然迸出烫伤人员;③ 灭火人员必须站在火源上风侧,并要保持有畅通的排烟路线,及时将高温气体和水蒸气排出;④ 用水扑灭电器火灾时,应首先切断电源。

用水淹没采区或矿井的灭火方法,只能在万不得已时使用。

二、用砂子或岩粉灭火

把砂子或岩粉直接抛撒在燃烧物体上能隔绝空气,将火扑灭。通常用来扑灭初期的电

气设备火灾与油类火灾。

砂子或岩粉成本低廉,灭火时操作简便。因此,机电硐室、材料仓库、炸药库等地方均应设置防火砂箱。

三、用化学灭火器灭火

1. 泡沫灭火器

使用时将灭火器倒置,使内外瓶中的酸性溶液和碱性溶液互相混合,发生化学反应,形成大量充满 CO_2 的气泡喷射出来,覆盖在燃烧物体上隔绝空气。在扑灭电器火灾时,应首先切断电源。

2. 干粉灭火器

目前矿用干粉灭火器是以磷酸铵粉为主药剂的。在高温作用下磷酸铵粉末进行一系列分解吸热反应,将火灾扑灭。磷酸铵粉末的灭火作用为:切断火焰连锁反应;分解吸热使燃烧物降温冷却;分解放出 HN_3 和水蒸气冲淡空气中氧的浓度,使燃烧物缺氧熄灭;分解出浆糊状的 P_2O_5,覆盖在燃烧物表面上,使燃烧物与空气隔绝而熄灭。

煤矿井上、下使用的干粉灭火器有灭火手雷和喷粉灭火器。灭火手雷装药粉 1 kg,总质量约 1.5 kg,灭火的有效范围约 2.5 m。使用时将护盖拧开,拉出火线,立即用力投入火区,同时注意隐蔽,防止弹片伤人。喷粉灭火器在一钢制的机筒内装有一定量药粉,在筒内或筒外的小钢瓶中装有液态 CO_2,以此为动力,把药粉喷洒射出去。使用时,将灭火器提到现场,在离火源 7～8 m 的地方将灭火器直立于地上,然后一手握住喷嘴胶管,另一手打开开关,将筒内的药粉喷向火源。

四、高倍数泡沫灭火器

高倍数泡沫是高倍数空气机械泡沫的简称,是以表面活性物为主要成分的泡沫剂(脂肪醇硫酸钠和烷基黄酸钠的混合液),按一定比例混入压力水中,并均匀喷洒在发泡网上,借助风流吹动而连续产生气液两相、膨胀倍数很高(200～1 000)的泡沫集合体。其灭火原理是:泡沫覆盖火源后隔绝燃烧物与空气的接触;泡沫遇火汽化吸热,使火区冷却,并产生大量水蒸气稀释火区空间的氧浓度。此外,泡沫隔热性好,救护人员可以通过泡沫接近火源,采取积极措施直接扑灭火灾。煤矿用的高倍数泡沫发泡装置有两种类型,即防爆电动型和水力驱动型,前者以电为供风动力,后者以水为供风动力。

高倍数泡沫灭火器灭火速度快、效果好,可以给发泡机前端接上风筒,把泡沫送入较远的火区,而且火区恢复生产容易,适用于井下各类巷道、硐室等较大规模的火灾。对采煤工作面采空区和煤壁内的火灾不便采用。

 **思考与练习**

1. 直接灭火法有几种?
2. 用水灭火时应注意什么?

任务六 隔绝灭火技术

一、密闭墙

封闭火区的密闭墙叫防火密闭墙,也叫防火墙。按其存在的时间长短和作用分为临时密闭墙、永远密闭墙和防爆密闭墙三种。

1. 临时性密闭墙

为了控制火势发展,暂时切断风流而建造的密闭墙叫临时性密闭墙。其建造要求结构简单,速度快,具有一定的密闭性,尽量靠近火源。常用的临时性密闭墙一般在建造地点打几根立柱,立柱上钉上木板,木板上涂黄泥、石膏等以增加其严密性。

此外,还可用一些轻质材料快速建造密闭墙来封闭火区。如泡沫塑料密闭墙、石膏密闭墙、充气密闭墙等。

泡沫塑料密闭墙是以聚醚树脂和多异氰酸酯为基料,另加几种辅助剂,分成甲、乙两组按一定的配比组合,经强力搅拌,由喷枪喷涂在密闭地点挂的草帘、麻布等透气织物的底衬上,几秒钟后即可成型,形成气密性良好的密闭墙,能在 120 ℃ 条件下连续 2 h 不变形。

石膏密闭墙是以石膏为基料,加一些助凝剂经搅拌喷洒在密闭地点成型后形成的密闭墙。

充气密闭墙是由合成橡胶尼龙防水布制成的气囊。使用时将其置于密闭地点,充足空气或氮气后,即可密闭巷道。

2. 永久性防火墙

为了较长时间地密闭火区而建造的密闭墙叫永久性密闭墙。按其建造的材料分为:木段密闭墙、砖密闭墙、料石密闭墙、混凝土密闭墙。永久性密闭墙要具有较高的气密性、坚固性和不燃性。

木段密闭墙是用 0.5~1.0 m 长的短木和黏土堆砌而成,适用于地压较大且不稳定的巷道内。

砖或料石密闭墙,用红砖或料石及水泥砂浆砌筑而成,适用于顶板稳定、地压不大的巷道。为了增加其耐压性,可在中间加入木砖。

混凝土密闭墙是用混凝土浇筑而成。混凝土密闭墙抗压强度大,不透气,耐热性好。

建造永久性防火墙时,先要在周围巷壁上挖 0.5~1.0 m 的深槽,并在墙的外侧和深槽的四周涂抹一层黏土或砂浆,巷道壁上的裂隙也要封堵。密闭墙内外 5~6 m 的巷道应加强支护。在墙的上、中、下三个部位插入直径 35~50 mm 的铁管,作为采取气样和检查温度、灌注泥浆、放出积水之用。铁管外口用软木或闸门封堵,以防漏风。

在围岩破坏严重、地压大的地区,一道密闭墙往往起不到封闭作用,可采用充填型密闭墙,先充填 3~5 m 的黄土、砂子或电厂飞灰等材料,再砌筑永久密闭墙。不但有良好的密封性,而且有抗动压和防爆作用。

3. 防爆密闭墙

封闭有瓦斯爆炸危险的火区时,需要建筑防爆密闭墙。防爆密闭墙常用沙袋或土袋堆砌而成。其厚度一般为巷道宽度的 2 倍。堆砌后用木楔把顶部沙袋打紧,然后在其保护下砌筑永久性防火墙。

二、封闭火区的顺序

封闭火区的顺序有三种:

1. 先进后回

先在火区的进风侧建立临时封闭墙,切断风流,控制与减弱火势,然后再从回风侧封闭。在临时密闭墙的掩护下,建永久密闭墙。这种封闭顺序适用于无瓦斯爆炸危险火区。

2. 先回后进

先在火区回风侧建立密闭墙,再封闭进风侧,以便及时控制火焰蔓延,保护回风侧人员安全。

3. 进、回同时

在火区的进、回风侧同时建立临时密闭墙,以利于防止瓦斯爆炸,但施工要求比较严格。

选择封闭顺序时,应结合火区瓦斯情况,一般应优先选用进、回同时封闭顺序,其次是先进后回,先回后进的封闭顺序应慎用。

三、封闭火区时的防爆措施

封闭火区时,为了防止瓦斯爆炸,应采取以下措施:

(1) 合理选择封闭顺序。有瓦斯爆炸危险时,一般应选用进、回风侧同时封闭的方法,在统一指挥下,同时封闭进、回风侧密闭墙上的通风口。

(2) 合理选择封闭位置。密闭墙尽可能靠近火源,封闭区不得存在漏风口。

(3) 加强火区气体成分的检测,正确判断瓦斯爆炸的危险程度。

(4) 正确选用防爆密闭墙。建造防爆密闭墙时,边通风、边检测、边建筑,迅速封口,迅速撤离人员。

(5) 向火区充惰性气体。封闭火区时向火区注入大量氮气或其他惰性气体,以降低氧气浓度,使瓦斯因缺氧失去爆炸性。

四、氮气防灭火技术

氮气防灭火就是利用氮气不燃烧、不助燃的性质来惰化采空区或火区,防止自然发火或灭火。

1. 氮气防灭火的原理

氮气注入采空区或火区后,可置换出空气,氧气含量下降,使采空区或火区的浮煤缺氧而处于窒熄状态。若注入液态氮,液氮汽化吸收大量的热量,不但可降低氧气含量,而且降低了气体、浮煤和围岩的温度。

2. 氮气的制取与输送

氮气的制取方式有深冷空分法、分子筛变压吸附法和膜式空分法三种。目前煤矿用的制氮设备有:以膜分原理制成的井下移动式制氮装置和以分子筛变压吸附法原理制成的地面固定式、地面和井下移动式制氮设置。氮气的输送一般用无缝钢管。

3. 采煤工作面注氮工艺

(1) 工作面采空区埋管注氮

如图 3-13 所示,在工作面进风顺槽外侧巷道帮敷设无缝钢管,并埋入采空区内,每隔一定距离预设氮气释放口,释放口罩上金属网并用石块或木垛加以保护。为了减小氮气泄漏,在工作面上、下隅角建立隔墙。

为了节省管道,控制注氮地点,提高注氮效果,可采用拉管式注氮方式。即采用回柱绞车将埋管向外牵移,移动距离同工作面推进步距,使氮气释放口始终处在采空区自燃带内。氮气释放口距工作面大于 15 m。

(2) 采煤工作面采空区全长注氮工艺

如图 3-14 所示,从工作面进风巷或回风巷铺设一趟管道,通过固定在支架上的铠装软管,按一定间距安设一伸向采空区的毛细钢支管,毛细管拴在支架上,随工作面移架而

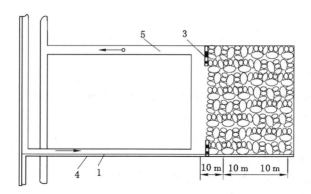

图 3-13　埋管注氮系统示意图
1——氮气释放管；2——输氮管道；3——隔墙；4——工作面进风巷；5——工作面回风巷

向前移动。这种布置，采空区注氮均匀，无管材消耗，适合不同自然发火程度的工作面注氮需要。

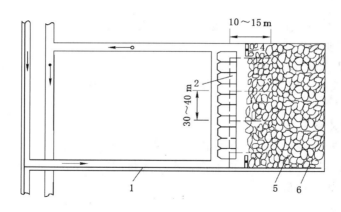

图 3-14　工作面全长注氮示意图
1——输氮管；2——铠装软管；3——毛细管；4——隔墙；5——采空区自燃带；6——预埋管

（3）钻孔注氮工艺

从采空区附近的巷道内向采空区打钻，利用钻孔注入氮气。沿工作面推进方向一般每隔 30 m 左右布置一个钻孔。

4. 氮气防灭火注意事项

氮气防灭火易发生氮气泄漏，如控制不善，不但起不到防灭火作用，反而会污染环境，对人产生危害。因此，使用时需注意以下事项：

（1）注入的氮气浓度不得小于 97%。

（2）注氮前先检查注氮区的漏风情况。用六氟化硫（SF_6）示踪气体检查漏风，找出漏风地点并进行堵漏。

（3）注氮过程中，在工作面上、下隅角每隔一定距离建立隔离墙，以防注入采空区的氮气泄入工作面影响注氮效果和危及人身安全。

（4）工作面采用均压,尽量减小进、回风顺槽之间的压力差。

（5）建立完善的束管监测系统,在注氮的采煤工作面采空区内设置束管监测探头,连续监测 CO、O_2、CH_4、CO_2 等气体浓度。

思考与练习

1. 建造永久防火密闭墙有什么要求?

2. 封闭火区时的防爆措施是什么?

3. 氮气防灭火的原理是什么?

任务七　火区的管理与启封

一、火区管理

火区封闭后,应加强管理,促使其熄灭。具体做法有:

1. 火区编号,建立档案

每一火区都要按时间顺序予以编号,建立火区管理卡片和绘制火区位置关系图,由矿井通风部门永久保存。

2. 火区管理卡片

火区管理卡片上要详细记录发火日期、原因、位置、范围、密闭墙的厚度、建筑材料、灭火处理过程、灌浆量以及空气成分、温度、气压变化等情况,并附火区位置示意图。

3. 井下所有永久防火密闭墙编号管理

所有永久防火密闭墙都必须统一编号,墙前设栅栏,悬挂警标,禁止人员入内,并悬挂记录牌,记录墙内外的空气成分和浓度以及墙内的温度。

4. 加强检查工作

密闭墙内的温度和空气成分应定期检查,封闭火区的密闭墙,必须每天检查一次,瓦斯急剧变化时,每班至少检查一次。所有检查结果都要记入防火记录簿中。密闭墙的检查与管理按《煤矿安全规程》和通风质量标准的要求进行检查管理。若发现防火密闭墙封闭不严或破坏以及火区内有异常变化时,要及时采取措施进行处理。

二、火区启封

1. 火区熄灭的条件

封闭的火区只有具备下列条件时,方可认为已经熄灭,可以启封:

（1）火区的空气温度下降到 30 ℃以下,或与火灾发生前该区的日常空气温度相同。

（2）火区的空气中的 O_2 下降到 5％以下。

（3）火区内空气中不含 CO,或在封闭期内 CO 逐渐下降,并稳定在 0.001％以下。

（4）火区的出水温度低于 25 ℃,或与火灾发生前该区的日常出水温度相同。

（5）上述四项指标持续稳定的时间不得少于 1 个月。

2. 火区启封方法

经长期的火区气体与温度的观测,确认火区已经熄灭后,方准启封。启封前先要制定措施。

启封前先由救护队员在锁风状况下进入火区侦察,测定火区内气体成分和温度状况,并

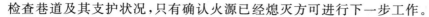

检查巷道及其支护状况,只有确认火源已经熄灭方可进行下一步工作。

火区启封的方法有两种:

(1)通风启封法

通风启封法是一种最迅速、最方便的方法。启封前撤出火区气体排放路线上的一切人员,切断回风侧电源。首先,在回风侧密闭墙上打开一个小孔,并逐渐扩大,过一段时间打开进风侧密闭墙,待有害气体排放一段时间,无异常现象时,相继打开其余密闭墙,撤离人员,强力通风,1～2 h后再进入火区对高温点进行洒水灭火工作。

(2)锁风启封法

锁风启封法,先在欲打开的永久密闭墙外5～6 m处建一道带小风门的锁风墙,把建墙材料和工具放在两墙之间,关闭小风门。救护队员在永久密闭上打开一个洞,把材料、工具运到火区内一定位置,建筑锁封墙,建好锁封墙后,拆除锁风墙和原永久密闭墙,排除有害气体,这样逐渐缩小火区,直到全部启闭。

通风启封法适应于火区范围小,着火带附近无大量冒顶,火区内可燃气体浓度低于爆炸界限的火区;锁风启封法适用于火区范围大,难以确认火源是否完全熄灭,或高瓦斯涌出的火区。

在启封过程中若出现CO浓度升高、复燃征兆时,必须立即停止向火区送风,并重新封闭。

启封火区完毕后的3天内,每班须由矿山救护队员检查通风工作,并测定水温、空气温度和成分。只有在确认火区完全熄灭、通风等情况良好后,方可进行生产工作。

思考与练习

1. 火区封闭的顺序有几种?

2. 判定火区熄灭的条件是什么?

3. 试述锁风法启封火区的步骤。

项目四　矿井水灾防治

在矿井生产过程中,煤层附近各水体均可能通过各种通道进入矿井形成矿井水灾。为防止矿井水灾事故发生,减少矿井正常涌水,降低煤炭生产成本,必须根据各矿不同的水文地质特点及矿井水灾发生的原因,采取针对性的安全技术措施与对策。

任务一　矿井水灾概述

一、矿井水灾的概念

1. 矿井水

在矿井建设和生产过程中,由地表和地下流入或渗透到井下的水统称为矿井水。

2. 矿井水灾

凡影响生产,威胁采掘工作面或矿井安全的,增加吨煤成本和使矿井局部或全部被淹没的矿井水,统称为矿井水灾。

3. 矿井突水

矿井突水,是指矿井含水层水的突然涌出。

4. 矿井透水

矿井透水,是指矿井老空水的突然涌出。

二、矿井水灾的基本条件

矿井水灾发生必须具备的两个基本条件:一是必须有充水水源,二是必须有充水通道,两者缺一不可。要避免矿井水灾的发生,只需切断上述两个条件或其中一个条件即可。

(一)充水水源

煤矿建设和生产中常见的水源有大气降水、地表水、地下水(潜水、承压水、老空积水、断层水等),如图 4-1 所示。

1. 地表水

矿井地表大气降水的积水、河流、湖泊、水库、池塘水等。

特性:

(1) 可以通过岩层孔隙、裂隙渗入地下作为地下水的补给水源。

(2) 通过岩层间接涌入矿井。

(3) 通过钻孔或井筒直接涌入矿井造成淹井事故。

2. 地下水

地下岩层的孔隙水、裂隙水、岩溶水和断层水等。

(1) 孔隙水:大气降水和地表水潜存于岩层孔隙中的水(又称潜水)。

特性:不承受压力,只能在重力作用下由高处往低处流动,易造成矿井溃水事故。

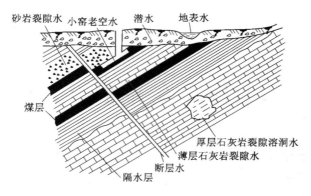

图 4-1 煤矿常见水源

（2）裂隙水：地下岩层裂隙或溶洞中的水（又称承压水）。

特性：具有较大的水压力和水量，易造成矿井突水事故。

（3）断层水：地下岩层断层带中的水。

特性：断层带是含水层的通道，水量充足、水压高；采掘工作面接近或通过断层带时，易造成突水事故。

3. 老空水

老空水，是指采空区、老窑和已经报废井巷的积水（又称死水）。

特性：积水时间长，含大量的 H_2S 有毒气体；采掘工作面接近或通过老空区时，易造成短时大量 H_2S 涌出或突水事故。

（二）涌水通道

矿井周围的充水水源，在煤矿开采时能否进入井巷，取决于是否有涌水通道。水源与煤矿井下巷道等工作场所的通道是多种多样的，主要有：

1. 煤矿的井筒

地表水直接流入井筒，造成淹井事故。地下水穿透井巷壁进入井下，也能给煤矿建设和生产造成重大灾害。

2. 构造断裂带与接触带

矿区含煤地层中存有数量不等的断裂构造，它不仅使断裂附近岩石破碎、位移，也使地层失去完整性，从而成为各种充水水源涌入矿井的通道。地层的假整合或不整合的接触带，由于空隙发育，当它与水源靠近时，也可能成为地下水进入矿井的通道。

3. 采矿造成的裂隙通道

埋藏在地下深处的煤层承受着上覆岩层的自重力，同时它自身也产生对抗力，两者处于平衡稳定状态。煤层开采后，采空区上方的岩层因下部被采空而失去平衡，相应地产生矿山压力，从而对采场产生破坏作用，必然引起顶部岩体的开裂、垮落和移动。塌落的岩块直到充满采空区为止，而上部岩层的移动常达到地表，根据采空区上方的岩层变形和破坏情况的不同，可划分为冒落带、导水裂隙带、弯曲沉降带三个带，冒落带、裂隙带都是矿井充水的良好通道。

4. 导水陷落柱

导水陷落柱基底溶洞发育，空间很大，其容量大于陷落柱岩块的充填量。柱体内充填物未被压实,垂直水力联系畅通,并且沟通煤层底板和顶板数个含水层,高压地下水充满柱体,岩溶作用强烈。采掘工作面一旦揭露或接近柱体,地下水大量涌入井巷,水量大且稳定,易造成淹井事故。

5.封闭不良的钻孔

勘探或生产建设时期,井田内施工许多钻孔,均可揭穿煤层和各含水层,构成沟通含水层的人为通道。按规程要求,钻孔施工完毕后必须用水泥封孔,其目的为:一方面保护煤层免遭氧化,另一方面为了防止地表与地下各种水体的直接渗透。钻孔封闭不良或没有封闭情况下,当开采接近或揭露时,造成涌水乃至突水。此类突水以突水点接近旧钻孔,采场地层完整无构造破坏,水压力大而无大水量等为特征,易与其他突水相区别。若与其他水源沟通时,亦可造成来水猛、压力大的突水事故。

(三)充水程度

在煤矿生产中,把地下水涌入矿井内水量的多少称为矿井充水程度,用来反映矿井水文地质条件的复杂程度。生产矿井常用矿井涌水量(Q)来表示矿井充水程度。

矿井正常涌水量,是指矿井开采期间,单位时间内流入矿井的平均水量。一般以年度作为统计区间,以"m³/h"为计量单位。

矿井最大涌水量,是指矿井开采期间,正常情况下矿井涌水量的高峰值。主要与采动影响和降水量有关,不包括矿井灾害水量。一般以年度作为统计区间,以"m³/h"为计量单位。

1.矿井水文地质类型

根据井田内受采掘破坏或者影响的含水层及水体、井田及周边老空(火烧区,下同)水分布状况、矿井涌水量、突水量、开采受水害影响程度和防治水工作难易程度,将矿井水文地质类型划分为简单、中等、复杂和极复杂等四种类型,见表4-1。

表 4-1　　　　　　　　　　　　　　矿井水文地质类型

分类依据		类别			
		简单	中等	复杂	极复杂
井田内受采掘破坏或者影响的含水层及水体	含水层(水体)性质及补给条件	为孔隙、裂隙、岩溶含水层,补给条件差,补给来源少或者极少	为孔隙、裂隙、岩溶含水层,补给条件一般,有一定的补给水源	为岩溶含水层、厚层砂砾石含水层、老空水、地表水,其补给条件好,补给水源充沛	为岩溶含水层、老空水、地表水,其补给条件很好,补给来源极其充沛,地表泄水条件差
	单位涌水量 $q/[\text{L}/(\text{s}\cdot\text{m})]$	$q\leqslant0.1$	$0.1<q\leqslant1.0$	$1.0<q\leqslant5.0$	$q>5.0$
井田及周边老空水分布状况		无老空积水	位置、范围、积水量清楚	位置、范围或者积水量不清楚	位置、范围、积水量不清楚
矿井涌水量/(m³/h)	正常 Q_1	$Q_1\leqslant180$	$180<Q_1\leqslant600$	$600<Q_1\leqslant2\,100$	$Q_1>2\,100$
	最大 Q_2	$Q_2\leqslant300$	$300<Q_2\leqslant1\,200$	$1\,200<Q_2\leqslant3\,000$	$Q_2>3\,000$
突水量 $Q_3/(\text{m}^3/\text{h})$		$Q_3\leqslant60$	$60<Q_3\leqslant600$	$600<Q_3\leqslant1\,800$	$Q_3>1\,800$

分类依据	类别			
	简单	中等	复杂	极复杂
开采受水害影响程度	采掘工程不受水害影响	矿井偶有突水,采掘工程受水害影响,但不威胁矿井安全	矿井时有突水,采掘工程、矿井安全受水害威胁	矿井突水频繁,采掘工程、矿井安全受水害严重威胁
防治水工作难易程度	防治水工作简单	防治水工作简单或者易于进行	防治水工作难度较高,工程量较大	防治水工作难度高,工程量大

注:1. 单位涌水量 q 以井田主要充水含水层中有代表性的最大值为分类依据。

2. 矿井涌水量 Q_1、Q_2 和突水量 Q_3 以近三年最大值并结合地质报告中预测涌水量作分类依据。

3. 同一井田煤层较多,且水文地质条件变化较大时,应当分煤层进行矿井水文地质类型划分。

4. 按分类依据就高不就低的原则,确定矿井水文地质类型。

2. 含水层富水性及突水点等级划分标准

(1) 按照钻孔单位涌水量 q 值大小,将含水层富水性分为以下四级:

① 弱富水性: $q \leqslant 0.1$ L/(s·m)。

② 中等富水性: 0.1 L/(s·m) $< q \leqslant 1.0$ L/(s·m)。

③ 强富水性: 1.0 L/(s·m) $< q \leqslant 5.0$ L/(s·m)。

④ 极强富水性: $q > 5.0$ L/(s·m)。

注意:评价含水层的富水性,钻孔单位涌水量以口径 91 mm、抽水水位降深 10 m 为准;若口径、降深与上述不符时,应当进行换算后再比较富水性。换算方法:先根据抽水时涌水量 Q 和降深 S 的数据,用最小二乘法或者图解法确定曲线,根据 Q-S 曲线确定降深 10 m 时抽水孔的涌水量,再用下面的公式计算孔径为 91 mm 时的涌水量,最后除以 10 m 即单位涌水量。

$$Q_{91} = Q\left(\frac{\lg R - \lg r}{\lg R_{91} - \lg r_{91}}\right) \tag{4-1}$$

式中 Q_{91}、R_{91}、r_{91}——孔径为 91 mm 的钻孔的涌水量、影响半径和钻孔半径;

Q、R、r——拟换算钻孔的涌水量、影响半径和钻孔半径。

(2) 按照突水量 Q 值大小,将突水点分为以下四级:

① 小突水点: 30 m³/h $\leqslant Q \leqslant 60$ m³/h。

② 中等突水点: 60 m³/h $< Q \leqslant 600$ m³/h。

③ 大突水点: 600 m³/h $< Q \leqslant 1\,800$ m³/h。

④ 特大突水点: $Q > 1\,800$ m³/h。

三、矿井水灾的影响因素

影响水源进入矿井井巷造成水灾的因素可分为自然因素和人为因素。

(一) 自然因素

1. 地形

盆形洼地,降水不易流走,大多渗入井下,补给地下水,容易成灾。

2. 围岩性质

围岩为松散的砂、砾层及裂隙、溶洞发育的硬质砂岩、灰岩等组成时,可赋存大量水,这种岩层属于强含水层或强透水层,对矿井威胁大;围岩为孔隙小、裂隙不发育的黏土层、页岩、致密坚硬的砂岩等,则是弱含水层或称隔水层,对矿井威胁小。当黏土厚度达 5 m 以上时,大气降水和地表水几乎不能透过。

3. 地质构造

地质构造主要是褶曲和断层。褶曲可影响地下水的储存和补给条件,若地形和构造一致,一般是背斜构造处水小、向斜构造处水大;断层破碎带本身可以含水,而更重要的是断层作为透水通路往往可以沟通多个含水层或地表水,它是导致透水事故的主要原因之一。

4. 充水岩层的出露条件

充水岩层的出露条件,直接影响矿区水量补给的大小。充水岩层的出露条件包括它的出露面积和出露的地形条件。

(二) 人为因素

1. 顶板塌陷及裂隙

煤层被开采后,使上覆岩层产生裂隙,地表发生沉陷,所造成的裂隙就可成为降水或地表渗入矿井的良好通道。

2. 未封闭或封闭不严的勘探钻孔

在地质勘探过程中,每打完一个钻孔都要用黏土或水泥砂浆进行止水封孔。如果没有封孔或孔质量不好,钻孔本身就可能成为地下水流入矿井的良好通道,将含水层中的水以及地表水引入到坑中。

3. 老空积水

废弃的古井和采空区常有大量积水。

四、造成水灾的主要原因

(一) 防水排水原因

(1) 地面防洪、防水措施不当或管理不善,地表水大量灌入井下造成水灾。

(2) 矿井排水设备能力不足或机电事故,排水设施平时维护不当造成水灾。

(二) 水文地质与设计施工原因

(1) 水文地质情况不清,井巷水源区未执行探放水制度,盲目施工作业。

(2) 井巷位置设计在不良地质条件中或过分接近强水源区,施工地压与水压作用,引发顶、底板透水。

(3) 井巷工质量差,严重塌落冒顶、跑砂,导致透水。

(4) 防探水测量错误,导致巷道穿透积水区。

(5) 乱采乱掘,破坏防水煤、岩柱造成突水。

(6) 对安全生产原则能理解,但执行中打折扣,心存侥幸。接近老空水、含水层等水源时,未执行探放水制度或探放水措施不当。

(7) 现场人员缺乏安全知识,出现透水征兆未觉察或未被重视,未正确处理而造成水灾。

五、矿井水灾对煤矿生产的影响

1. 恶化生产环境

采掘工作面空气湿度明显增加;顶板破碎淋水,煤壁潮湿片帮;劳动条件及生产效率降低等。

2. 增加矿井排水费用

矿井积水量越大,排水费用越大,增加煤炭的开采成本。

3. 缩短生产设备的使用寿命

矿井水对各种金属设备、钢轨和金属支架等,均有腐蚀作用。

4. 降低煤炭资源采出率

矿井一旦受到水的威胁,有时就需要留设防水煤柱。

5. 造成矿井事故

井下突然涌水或其水量超过矿井排水能力时,轻者会造成矿井被淹,导致停产,重者会矿毁人亡。

六、透水的预兆

在采掘工作面发生透水前,一般都有预兆。这是从多次透水事故教训中得出的正确结论。因此,当发现有透水预兆时,必须停止工作,采取有效措施,防止透水事故发生。

(一)透水一般的预兆

1. 与承压水有关断层水突水征兆

(1)工作面顶板来压、掉渣、冒顶、支架倾倒或折断柱现象。

(2)底软膨胀、底鼓张裂。这种征兆多随顶板来压之后发生,且较普遍。

(3)先出小水后出大水也是较常见的征兆,由出小水至出大水,时间长短不一,据统计由 1～2 h 至 20～30 天不等。

(4)采场或巷道内瓦斯量显著增大,这是因裂隙沟通、增多所致。

2. 冲积层水突水征兆

(1)突水部位岩层发潮、滴水且逐渐增大,仔细观察可发现水中有少量细砂。

(2)发生局部冒顶,水量突增并出现流砂,流砂常呈间歇性,水色时清时混,总的趋势是水量砂量增加,直到流砂大量涌出。

(3)发生大量溃水、溃砂,这种现象可能影响至地表,导致地表出现塌陷坑。

3. 老空水突水征兆

(1)煤层发潮,色暗无光。

(2)煤层"挂汗",煤层一般为不含水和不透水,若其上或其他方向有高压水,则在煤层表面会有水珠,似流汗一样。

(3)采掘面、煤层和岩层内温度低而"发凉"。

(4)在采掘面内若在煤壁、岩层内听到"吱吱"的水呼声时,表征水压大。

(5)老空水呈红色,含有铁,水面泛油花和臭鸡蛋味,口尝时发涩;若水甜且清,则是流砂水或断层水。

(二)不同类型水源的透水特点

1. 冲积层水

一般具有开始涌水量较小、夹带泥砂、水色发黄、以后水量急剧增大的特点,所以冲积层水一般不会对人体构成伤害。

2. 老空水

一般积存时间较长,水量补给差,属于"死水",有"挂红"、酸度大、味涩的特点,且突出时一般伴有有害气体出出。老空水多以静储量为主,犹如地下水库,一旦突水,来势凶猛,涌水量大,破坏性强。但涌水持续时间短,宜疏干。

3.断层水

断层水多为黄色,混浊,无涩味,很少"挂红"。当采掘工作面与断层及破碎带接近时,常常出现工作面来压,淋水增加,断层及破碎带中积存大量的水,且能沟通各含水层成为通道,因此,断层水多为"活水",补给充分,一旦突水,来势凶猛,涌水量大,持续时间长,在不封堵水源的情况下不易疏干。

4.岩溶水

多为灰色,带有臭味,有时也有"挂红"现象。当采掘工作面与岩溶水接近时,可出现顶板来压、裂隙渗水现象。当岩溶范围较小,与其他水源没有联系时,属于"死水",透水时虽然来势凶猛,破坏性强,但持续时间短,易于疏干。

5.大气降水

大气降水是地下水的主要补给来源,它首先渗入地下各含水层,然后再涌入矿井。因此,由于大气降水造成矿井的涌水具有明显的季节变化,最大涌水量都出现在雨季,且涌水高峰滞后降雨高峰一定时间。大气降水对矿井涌水的影响,取决于降水量的大小和含水层接受大气降水的条件。

 思考与练习

1.造成矿井水灾的水源有哪些?

2.矿井水灾的主要涌水通道有哪些?

3.矿井水灾的影响因素是什么?

4.造成水灾的主要原因是什么?

5.透水预兆有哪些?

任务二　地面防治水技术

地面防治水是指在地表修筑各种防排水工程,防止或减少大气降水和地表水涌入工业广场或渗入井下。它是矿井防水的第一道防线,对于以大气降水和地表水为主要充水源的矿井尤为重要。煤矿防治水综合治理措施的"截"就是指加强地表水的截流。

一、地面防治水工程设计时必须具备的资料

煤矿应当查清矿区、井田及其周边对矿井开采有影响的河流、湖泊、水库等地表水系和有关水利工程的汇水、疏水、渗漏情况,掌握当地历年降水量和历史最高洪水位资料,建立疏水、防水和排水系统。

煤矿应当查明采矿塌陷区、地裂缝区分布情况及其地表汇水情况。

二、地面防水技术措施

(一)防止井口灌水

矿井井口和工业场地内建筑物的地面标高,应当高于当地历史最高洪水位;否则,应当修筑堤坝、沟渠或者采取其他可靠防御洪水的措施。不具备采取可靠安全措施条件的,应当封闭填实该井口。

在山区还应当避开可能发生泥石流、滑坡等地质灾害危险的地段。

（二）防止地表水渗入

1. 排水

当矿井井口附近或者塌陷区波及范围的地表水体可能溃入井下时，必须采取安全防范措施。

在地表容易积水的地点，应当修筑沟渠，排泄积水。修筑沟渠时，应当避开煤层露头、裂隙和导水岩层。特别低洼地点不能修筑沟渠排水的，应当填平压实。如果低洼地带范围太大无法填平时，应当采取水泵或者建排洪站专门排水，防止低洼地带积水渗入井下。当矿井受到河流、山洪威胁时，应当修筑堤坝和泄洪渠，防止洪水侵入。

对于排到地面的矿井水，应当妥善处理，避免再渗入井下。

2. 截流

当矿井受到河流、山洪威胁时，应当修筑堤坝和泄洪渠，防止洪水侵入。

3. 疏通

严禁将矸石、炉灰、垃圾等杂物堆放在山洪、河流可能冲刷到的地段，以免淤塞河道、沟渠。

发现与煤矿防治水有关系的河道中存在障碍物或者堤坝破损时，应当及时报告当地人民政府，采取措施清理障碍物或者修复堤坝，防止地表水进入井下。

4. 堵漏

对于漏水的沟渠（包括农田水利的灌溉沟渠）和河床，如果威胁矿井安全，应当进行铺底或者改道。地面裂缝和塌陷地点应当及时填塞。进行填塞工作时，应当采取相应的安全措施，防止人员陷入塌陷坑内。

在井田内季节性沟谷下开采前，需对是否有洪水灌井的危险进行评价，开采应避开雨季，采后及时做好地面裂缝的填堵工作。

使用中的钻孔，应当按照规定安装孔口盖。报废的钻孔应当及时封孔，防止地表水或者含水层的水涌入井下，封孔资料等有关情况记录在案，存档备查。观测孔、注浆孔、电缆孔、下料孔、与井下或者含水层相通的钻孔，其孔口管应当高出当地历史最高洪水位。

报废的立井应当封堵填实，或者在井口浇注坚实的钢筋混凝土盖板，设置栅栏和标志。

报废的斜井应当封堵填实，或者在井口以下垂深大于 20 m 处砌筑 1 座混凝土墙，再用泥土填至井口，并在井口砌筑厚度不低于 1 m 的混凝土墙。

报废的平硐，应当从硐口向里封堵填实至少 20 m，再砌封墙。

位于斜坡、汇水区、河道附近的井口，充填距离应当适当加长。报废井口的周围有地表水影响的，应当设置排水沟。

（三）防汛工作

做好雨季防汛准备和检查工作是减少矿井水灾的重要措施。

（1）每年雨季前，必须对煤矿防治水工作进行全面检查，制定雨季防治水措施，建立雨季巡视制度，组织抢险队伍并进行演练，储备足够的防洪抢险物资。对检查出的事故隐患，应当制定措施，落实资金，责任到人，并限定在汛期前完成整改。需要施工防治水工程的应当有专门设计，工程竣工后由煤矿总工程师组织验收。

（2）煤矿应当与当地气象、水利、防汛等部门进行联系，建立灾害性天气预警和预防机制。应当密切关注灾害性天气的预报预警信息，及时掌握可能危及煤矿安全生产的暴雨洪水灾害信息,采取安全防范措施;加强与周边相邻矿井信息沟通,发现矿井水害可能影响相邻矿井时,立即向周边相邻矿井发出预警。

(3)煤矿应当建立暴雨洪水可能引发淹井等事故灾害紧急情况下及时撤出井下人员的制度,明确启动标准、指挥部门、联络人员、撤人程序和撤退路线等,当暴雨威胁矿井安全时,必须立即停产撤出井下全部人员,只有在确认暴雨洪水隐患消除后方可恢复生产。

(4)煤矿应当建立重点部位巡视检查制度。当接到暴雨灾害预警信息和警报后,对井田范围内废弃老窑、地面塌陷坑、采动裂隙以及可能影响矿井安全生产的河流、湖泊、水库、涵闸、堤防工程等实施 24 h 不间断巡查。矿区降大到暴雨时和降雨后,应当派专业人员及时观测矿井涌水量变化情况。

(四)加强地面防治水工程

煤矿企业每年都要编制防治水工程计划,并认真组织实施,还要保证工程资金落实到位。

 思考与练习

1.地面防治水需要掌握哪些技术资料?

2.地面防治水有哪些措施?

任务三　井下防治水技术

煤矿防治水工作应当坚持"预测预报、有疑必探、先探后掘、先治后采"的基本原则,根据不同的水文地质条件。采取"探、防、堵、疏、排、截、监"等综合防治措施。

煤矿必须落实防治水的主体责任,推进防治水工作由过程治理向源头预防、局部治理向区域治理、井下治理向井上下结合治理、措施防范向工程治理、治水为主向治保结合的转变,构建理念先进、基础扎实、勘探清楚、科技攻关、综合治理、效果评价、应急处置的防治水工作体系。

"预测预报"是水灾防治的基础,是指在查清矿井水文地质条件基础上,运用先进的水灾预测预报理论和方法,对矿井水灾做出科学分析判断和评价;"有疑必探"是指根据水灾预测预报评价结论,对可能构成水害威胁的区域,采用物探、钻探和化探等综合探测技术手段,查明或排除水害;"先探后掘"是指先综合探查,确定巷道掘进没有水害威胁后再掘进施工;"先治后采"是指根据查明的水害情况,采取有针对性的治理措施排除水害隐患后,再安排采掘工程,如井下巷道穿越导水断层时必须预先注浆加固方可掘进施工,防止突水造成灾害。

综合防治措施是水灾治理的基本技术方法。"探"是指井下探放水。"防"主要指合理留设各类防隔水煤(岩)柱和修建各类防水闸门或防水墙等,防隔水煤(岩)柱一旦确定后,不得随意开采破坏;"堵"主要指注浆封堵具有突水威胁的含水层或导水断层、裂隙和陷落柱等导水通道;"疏"主要指探放老空水和对承压含水层(如华北地区奥灰水)进行疏水降压;"排"主要指完善矿井排水系统,排水管路、水泵、水仓和供电系统等必须配套;"截"主要指加强地表水(河流、水库、洪水等)的截流治理(指地面防治水);"监"主要是指对水文进行动态监测监控。

一、做好水文地质观测工作

井下水文地质观测的主要内容：

（1）对新开凿的井筒、主要穿层石门及开拓巷道，应当及时进行水文地质观测和编录，并绘制井筒、石门、巷道的实测水文地质剖面图或者展开图。

（2）井巷穿过含水层时，应当详细描述其产状、厚度、岩性、构造、裂隙或者岩溶的发育与充填情况，揭露点的位置及标高、出水形式、涌水量和水温等，并采取水样进行水质分析。

（3）遇裂隙时，应当测定其产状、长度、宽度、数量、形状、尖灭情况，充填物及充填程度等，观察地下水活动的痕迹，绘制裂隙玫瑰花图，并选择有代表性的地段测定岩石的裂隙率。较密集裂隙，测定的面积可取 $1\sim2$ m^2；稀疏裂隙，可取 $4\sim10$ m^2。其计算公式为：

$$K_T = \frac{\sum \times lb}{A} \times 100\% \qquad (4\text{-}2)$$

式中　K_T——裂隙率，%；

　　　A——测定面积，m^2；

　　　l——裂隙长度，m；

　　　b——裂隙宽度，m。

（4）遇岩溶时，应当观测其形态、发育情况、分布状况、充填物成分及充水状况等，并绘制岩溶素描图。

（5）遇断裂构造时，应当测定其产状、断距、断层带宽度，观测断裂带充填物成分、胶结程度及导水性等。

（6）遇褶曲时，应当观测其形态、产状及破碎情况等。

（7）遇陷落柱时，应当观测陷落柱内外地层岩性与产状、裂隙与岩溶发育程度及涌水等情况，并编制卡片，绘制平面图、剖面图和素描图。

（8）遇突水点时，应当详细观测记录突水的时间、地点、出水形式，出水点层位、岩性、厚度以及围岩破坏情况等，并测定水量、水温、水质和含砂量。同时，应当观测附近出水点涌水量和观测孔水位的变化，并分析突水原因。各主要突水点应当作为动态观测点进行系统观测，并编制卡片，绘制平面图、素描图和水害影响范围预测图。对于大中型煤矿发生 300 m^3/h 以上、小型煤矿发生 60 m^3/h 以上的突水，或者因突水造成采掘区域或矿井被淹的，应当将突水情况及时上报地方人民政府负责煤矿安全生产监督管理的部门、煤炭行业管理部门和驻地煤矿安全监察机构。

（9）应当加强矿井涌水量观测和水质监测。

矿井应当分水平、分煤层、分采区设观测站进行涌水量观测，每月观测次数不得少于 3 次。对于涌水量较大的断裂破碎带、陷落柱，应当单独设观测站进行观测，每月观测 $1\sim3$ 次。水质的监测每年不得少于 2 次，丰、枯水期各 1 次。涌水量出现异常、井下发生突水或者受降水影响矿井的雨季时段，观测频率应当适当增加。

对于井下新揭露的出水点，在涌水量尚未稳定或者尚未掌握其变化规律前，一般应当每日观测 1 次。对溃入性涌水，在未查明突水原因前，应当每隔 $1\sim2$ h 观测 1 次，以后可以适当延长观测间隔时间，并采取水样进行水质分析。涌水量稳定后，可按井下正常观测时间观测。

当采掘工作面上方影响范围内有地表水体、富水性强的含水层，穿过与富水性强的含水层相连通的构造断裂带或者接近老空积水区时,应当每作业班次观测涌水情况,掌握水量变化。

对于新凿立井、斜井,垂深每延深 10 m,应当观测 1 次涌水量;揭露含水层时,即使未达规定深度,也应当在含水层的顶底板各测 1 次涌水量。

矿井涌水量观测可以采用容积法、堰测法、浮标法、流速仪法等测量方法,测量工具和仪表应当定期校验。

(10)对含水层疏水降压时,在涌水量、水压稳定前,应当每小时观测 1～2 次钻孔涌水量和水压;待涌水量、水压基本稳定后,按照正常观测的要求进行。

二、井下物探和钻探

为防止重大水灾事故发生,矿井建设和生产期间必须贯彻执行"预测预报、有疑必探、先探后掘、先治后采"的方针。在采掘过程中,必须分析推断前方是否有可疑区,有则首先采取超前物探的措施,对物探结果进行认真分析,确定水文地质复杂区,然后采取钻探措施,验证物探结论,探明水源位置、水压、水量及其与开采煤层的距离,以便采取相应的防治水措施,确保安全生产。

《煤矿安全规程》第三百七十一条规定:在地面无法查明水文地质条件时,应当在采掘前采用物探、钻探或者化探等方法查清采掘工作面及其周围的水文地质条件。

(一)井下物探应当符合的要求

(1)物探作业前,应当根据采掘工作面的实际情况和工作目的等编写设计,设计时充分考虑控制精度,设计由煤矿总工程师组织审批。

(2)可以采用直流电阻率电测深、瞬变电磁、音频电穿透、探地雷达、瑞利波及槽波、无线电坑透等方法探测,采煤工作面应当选择两种以上的方法相互验证。

(3)采用电法实施掘进工作面超前探测的,探测环境应当符合下列要求:

① 巷道断面、长度满足探测所需要的空间。

② 距探测点 20 m 范围内不得有积水,且不得存放掘进机、铁轨、皮带机架、锚网、锚杆等金属物体。

③ 巷道内动力电缆、大型机电设备必须停电。

(4)施工结束后,应当提交成果报告,由煤矿总工程师组织验收。物探成果应当与其他勘探成果相结合,相互验证。

(二)水文地质钻探主要技术指标应当符合的要求

(1)以煤层底板水害为主的矿井,其钻孔终孔深度以揭露下伏主要含水层段为原则。

(2)所有勘探钻孔均应当进行水文测井工作,配合钻探取芯划分含、隔水层,取得有关参数。

(3)主要含水层或者试验观测段采用清水钻进。遇特殊情况可以采用低固相优质泥浆钻进,并采取有效的洗孔措施。

(4)抽水试验孔试验段孔径,以满足设计的抽水量和安装抽水设备为原则;水位观测孔观测段孔径,应当满足止水和水位观测的要求。

(5)抽水试验钻孔的孔斜,应当满足选用抽水设备和水位观测仪器的工艺要求。

(6)钻孔应当取芯钻进,并进行岩芯描述。岩芯采取率:岩石,>70%;破碎带,>50%;黏土,>70%;砂和砂砾层,>30%。当采用水文物探测井,能够正确划分地层和含(隔)水层位置及厚度时,可以适当减少取芯。

（7）在钻孔分层（段）隔离止水时,通过提水、注水和水文测井等不同方法检查止水效果,并做正式记录;不合格的,应当重新止水。

（8）除长期动态观测钻孔外,其余钻孔应当使用高标号水泥封孔,并取样检查封孔质量。

（9）水文地质钻孔应当做好简易水文地质观测,其技术要求参照相关规程规范。否则,应当降低其钻孔质量等级或者不予验收。

（10）观测孔竣工后,应当进行洗孔,以确保观测层（段）不被淤塞,并进行抽水试验。水文地质观测孔,应当安装孔口装置和长期观测测量标志,并采取有效保护措施。

三、井下探放水

探放水,是指包括探水和放水的总称。探水是指采矿过程中用超前勘探方法查明采掘工作面顶底板、侧帮、前方等水体的具体空间位置和状况等情况。放水,是指为了预防水害事故,在探明情况后采用施工钻孔等安全方法将水体放出。

煤矿生产中常使用探放水方法查明采掘工作面前方的水情,并采取防治措施,以保证采掘工作面安全生产。

煤矿生产中常使用探放水方法查明采掘工作面前方的水情,并采取防治措施保证采掘工作面安全生产。

（一）探水的条件

在地面无法查明水文地质条件时,应当在采掘前采用物探、钻探或者化探等方法查清采掘工作面及其周围的水文地质条件。

采掘工作面遇有下列情况之一的,必须进行探放水:

（1）接近水淹或者可能积水的井巷、老空区或者相邻煤矿时。

（2）接近含水层、导水断层、溶洞或者导水陷落柱时。

（3）打开隔离煤柱放水时。

（4）接近可能与河流、湖泊、水库、蓄水池、水井等相通的导水通道时。

（5）接近有出水可能的钻孔时。

（6）接近水文地质条件不清的区域时。

（7）接近有积水的灌浆区时。

（8）接近其他可能突水的地区时。

（二）探放水原则

（1）严格执行井下探放水"三专"要求。由专业技术人员编制探放水设计,采用专用钻机进行探放水,由专职探放水队伍施工。严禁使用非专用钻机探放水。

（2）严格执行井下探放水"两探"要求。采掘工作面超前探放水应当同时采用钻探、物探两种方法,做到相互验证,查清采掘工作面及周边老空水、含水层富水性以及地质构造等情况。有条件的矿井,钻探可采用定向钻机,开展长距离、大规模探放水。

（3）矿井受水害威胁的区域,巷道掘进前,地测部门应当提出水文地质情况分析报告和水害防治措施,由煤矿总工程师组织生产、安检、地测等有关单位审批。

（4）工作面回采前,应当查清采煤工作面及周边老空水、含水层富水性和断层、陷落柱含（导）水性等情况。地测部门应当提出专门水文地质情况评价报告和水害隐患治理情况分析报告，经煤矿总工程师组织生产、安检、地测等有关单位审批后，方可回采。发现断层、裂隙或者陷落柱等构造充水的，应当采取注浆加固或者留设防隔水煤(岩)柱等安全措施；否则，不得回采。

（三）探放水程序

采掘工作面探水前，应当编制探放水设计和施工安全技术措施，确定探水线和警戒线，并绘制在采掘工程平面图和矿井充水性图上。探放水钻孔的布置和超前距、帮距，应当根据水头值高低、煤(岩)层厚度、强度及安全技术措施等确定，明确测斜钻孔及要求。探放水设计由地测部门提出，探放水设计和施工安全技术措施经煤矿总工程师组织审批，按设计和措施进行探放水。

（四）探水线和积水边界

1. 探水线的确定

探水线，是指用钻探方法进行探水作业的起始线，即在距积水区一定距离划定一条线作为探水的起点，如图 4-2 所示。

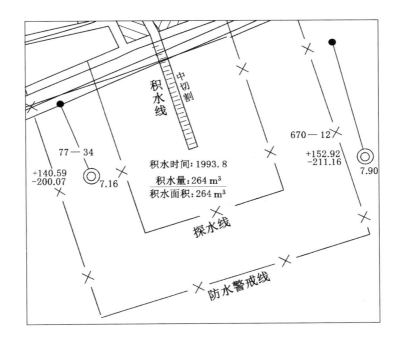

图 4-2 探水线

井下探水必须从探水线(探水起点)开始，应根据积水区的位置、范围、地质及水文地质条件及其资料的可靠程度确定。

对探水线有如下规定：

（1）对本矿井采掘工作造成的老空、老巷、硐室等积水区，如果边界确定，水文地质条件清楚，探水线至积水区边界的最小距离在煤层中不得少于 30 m，在岩层中不得少于 20 m。

（2）对本矿井的积水区，虽有图纸资料，但不能确定积水区边界位置时，探水线至推断积水区边界的最小距离不得小于 60 m。

（3）对有图纸资料的小窑,探水线至积水区边界的最小距离不得小于 60 m。

（4）掘进巷道附近有断层或陷落柱时,探水线至最大摆动范围预计煤柱线时的最小距离不得小于 60 m。

（5）石门揭开含水层前,探水线至含水层最小距离不得小于 20 m。

2. 积水线的确定

积水线,是指经过调查确定的积水边界线。

将调查所得小窑、老窑分布资料,经物探及钻探核定后,划定积水范围,圈定积水边界,即积水区范围线。在此线上应标注水位标高、积水量等实际资料。

3. 警戒线

警戒线,是指开始加强水情观测、警惕积水威胁的起始线。

积水线外推 60 m 计为警戒线。

（五）探水工艺参数

探水钻孔的主要参数有超前距、帮距、密度和允许掘进距离,如图 4-3 所示。

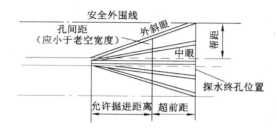

图 4-3 探水钻孔的主要参数示意图

1. 超前距

超前距,是指探水钻孔沿巷道掘进前方所控制范围超前于掘进工作面迎头的最小安全距离。探水时从探水线开始向前方打钻孔,一次打透积水的情况较少,常是探水→掘进→再探水→再掘进,循环进行。

2. 允许掘进距离

经探水证实无水害威胁,可安全掘进的长度称允许掘进距离。

3. 帮距

帮距,是指最外侧探水钻孔所控制范围与巷道帮的最小安全距离。超前距一般采用 20 m,在薄煤层中可缩短,但不得小于 8 m。

4. 钻孔密度（孔间距）

钻孔密度（孔间距）指允许掘进距离终点横剖面上探水钻孔之间的间距,不超过 3 m,以免漏掉含水区。

5. 钻孔直径与数目

探水钻孔一般兼作排水钻孔。因此,决定孔径时,既要使积水顺利地流出,又要防止冲垮煤壁。一般情况下,开口孔径不宜过大,常用 42 mm,最大不宜超过 75 mm。

（六）探水钻孔布置

1. 布置探放水钻孔应当遵循的规定

（1）探放老空水和钻孔水。老空和钻孔位置清楚时,应当根据具体情况进行专门探放水设计,经煤矿总工程师组织审批后,方可施工;老空和钻孔位置不清楚时,探水钻孔成组布设,并在巷道前方的水平面和竖直面内呈扇形,钻孔终孔位置满足水平面间距不得大于 3 m,厚煤层内各孔终孔的竖直面间距不得大于 1.5 m。

(2)探放断裂构造水和岩溶水等时,探水钻孔沿掘进方向的正前方及含水体方向呈扇形布置,钻孔不得少于 3 个,其中含水体方向的钻孔不得少于 2 个。

(3)探查陷落柱等垂向构造时,应当同时采用物探、钻探两种方法,根据陷落柱的预测规模布孔,但底板方向钻孔不得少于 3 个,有异常时加密布孔,其探放水设计由煤矿总工程师组织审批。

(4)煤层内,原则上禁止探放水压高于 1 MPa 的充水断层水、含水层水及陷落柱水等。如确实需要的,可以先构筑防水闸墙,并在闸墙外向内探放水。

2.布置方式

布置方式与巷道类型、煤层厚度和产状有关,情况不同时,布置方式也有所不同,主要有扇形和半扇形两种。

(1)扇形布置

巷道处于三面受水威胁的地段,要进行搜索性探放老空积水,其探水钻孔多按扇形布置,如图 4-4 所示。

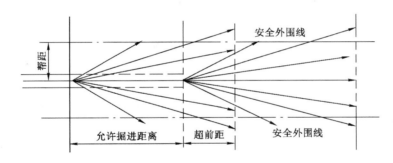

图 4-4 扇形探水钻孔

(2)半扇形布置

对于积水区,肯定是在巷道一侧的探水地区,其探水钻孔可按半扇形布置,如图 4-5 所示。

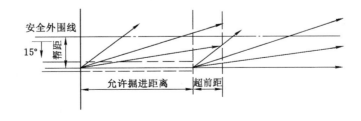

图 4-5 半扇形探水钻孔

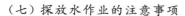

（七）探放水作业的注意事项

（1）在水压较大的积水区探放水作业时,常会遇到因水压高而使孔口管和煤（岩）壁鼓出,甚至溃水造成水灾并伴有伤人事故的发生。《煤矿防治水细则》第四十六条规定:在预计水压大于 0.1 MPa 的地点探水时,预先固结套管,并安装闸阀。止水套管应当进行耐压试验,耐压值不得小于预计静水压值的 1.5 倍,兼做注浆钻孔的,应当综合注浆终压值确定,并稳定 30 min 以上;预计水压大于 1.5 MPa 时,采用反压和有防喷装置的方法钻进,并制定防止孔口管和煤（岩）壁突然鼓出的措施。

（2）探放水钻孔除兼做堵水钻孔外,终孔孔径一般不得大于 94 mm。

（3）在探放水钻进时,发现煤岩松软、片帮、来压或者钻孔中水压、水量突然增大和顶钻等突水征兆时,立即停止钻进,但不得拔出钻杆;应当立即撤出所有受水威胁区域的人员到安全地点,并向矿井调度室汇报,采取安全措施,派专业技术人员监测水情并分析,妥善处理。

（4）探放老空水时,预计可能发生瓦斯或者其他有害气体涌出的,应当设有瓦斯检查员或者矿山救护队员在现场值班,随时检查空气成分。如果瓦斯或者其他有害气体浓度超过有关规定,应当立即停止钻进,切断电源,撤出人员,并报告矿井调度室,及时处理。揭露老空未见积水的钻孔应当立即封堵。

（5）钻孔放水前,应当估计积水量,并根据排水能力和水仓容量,控制放水流量,防止淹井淹面;放水时,应当设有专人监测钻孔出水情况,测定水量和水压,做好记录。如果水量突然变化,应当分析原因,及时处理,并立即报告矿井调度室。

四、防水措施

（一）防水煤（岩）柱

防隔水煤（岩）柱,是指为确保近水体安全采煤而留设的煤层开采上（下）限至水体底（顶）界面之间的煤岩层区段。

《煤矿安全规程》第二百九十七条规定:相邻矿井的分界处,应当留防隔水煤（岩）柱;矿井以断层分界的,应当在断层两侧留有防隔水煤（岩）柱。

防隔水煤（岩）柱应当由矿井地测部门组织编制专门设计,经煤炭企业总工程师组织有关单位审批后实施。矿井防隔水煤（岩）柱一经确定,不得随意变动。严禁在各类防隔水煤（岩）柱中进行采掘活动。

1. 防水煤（岩）柱类型

（1）断层防水煤（岩）柱:在导水或含水断层两侧,为防止断层水溃入井下而留设煤（岩）柱,或当断层使煤层与强含水层接触或接近时,为防止含水层水溃入井下而留设的煤柱。

（2）井田边界煤柱:相邻两井田以技术边界分隔时,为防止一个矿井淹没（由突水或矿井报废引起）后影响另一个矿井的安全生产而留设的煤柱。

（3）上、下水平（或相邻采区）防水煤（岩）柱:在上、下两水平（或相邻两采区）之间留设的防水煤（岩）柱。这种煤（岩）柱为暂时性的煤（岩）柱,在上、下两水平（或相邻两采区）开采末期或透水威胁消除后,这部分煤（岩）柱中的煤仍然可以回收出来。

（4）水淹区防水煤（岩）柱:在水淹区（包括老窑积水区）四周和上、下水平留设的防止水淹区水溃入井下采掘工作面的煤（岩）柱。

（5）地表水体防水煤（岩）柱:为防止采煤后地表水经塌陷裂缝溃入井下而留设的煤

（岩）柱。

（6）冲积层防水煤（岩）柱：为防止采煤后上覆冲积层中的强含水层水溃入井下而留设的煤（岩）柱。

2.防水煤（岩）柱的留设原则

《煤矿防治水细则》规定有下列情况之一的，应当留设防隔水煤（岩）柱：

（1）煤层露头风化带。

（2）在地表水体、含水冲积层下或者水淹区域邻近地带。

（3）与富水性强的含水层间存在水力联系的断层、裂隙带或者强导水断层接触的煤层。

（4）有大量积水的老空。

（5）导水、充水的陷落柱、岩溶洞穴或者地下暗河。

（6）分区隔离开采边界。

（7）受保护的观测孔、注浆孔和电缆孔等。

3.防水煤（岩）柱的参数确定

（1）影响隔水煤（岩）柱尺寸大小的因素

矿井应当根据地质构造、水文地质条件、煤层赋存条件、围岩物理力学性质、开采方法及岩层移动规律等因素确定相应的防隔水煤（岩）柱的尺寸。

（2）隔水煤（岩）柱尺寸确定方法

① 煤层露头防隔水煤（岩）柱的留设

a.煤层露头无覆盖或者被黏土类微透水松散层覆盖时，其计算公式为：

$$H_f = H_k + H_b \tag{4-3}$$

b.煤层露头被松散富水性强的含水层覆盖时（图 4-6），其计算公式为：

$$H_f = H_d + H_b \tag{4-4}$$

式中　H_f——防隔水煤（岩）柱高度，m；

　　　H_k——垮落带高度，m；

　　　H_d——最大导水裂隙带高度，m；

　　　H_b——保护层厚度，m。

其中，H_k、H_d 的计算参照《建筑物、水体、铁路及主要井巷煤柱留设与压煤开采规范》的相关规定。

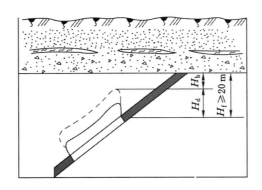

图 4-6　煤层露头被松散富水性强含水层覆盖时防隔水煤（岩）柱留设图

② 含水或者导水断层防隔水煤(岩)柱的留设

可以参照下列经验公式计算(图 4-7):

$$L = 0.5 \ KM \sqrt{\frac{3p}{K_p}}$$ (4-5)

式中 L——煤柱留设的宽度,m;

     K——安全系数,一般取 2~5;

     M——煤层厚度或者采高,m;

     p——实际水头值,MPa;

     K_p——煤的抗拉强度,MPa。

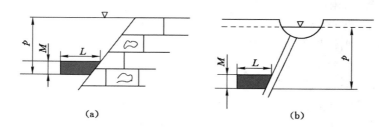

图 4-7 含水或者导水断层防隔水煤(岩)柱留设图

③ 煤层与富水性强的含水层或者导水断层接触防隔水煤(岩)柱的留设

a. 当含水层顶面高于最高导水裂隙带上限时,防隔水煤(岩)柱可以按图 4-8(a)、(b)留设。其计算公式为:

$$L = L_1 + L_2 + L_3 = H_a \csc \theta + H_d \cot \theta + H_d \cot \delta$$ (4-6)

b. 最高导水裂隙带上限高于断层上盘含水层时,防隔水煤(岩)柱可按图 4-8(c)留设。其计算公式为:

$$L = L_1 + L_2 + L_3 = H_a (\sin \delta - \cos \delta \cot \theta) + (H_a \cos \delta + M)(\cot \theta + \cot \delta)$$ (4-7)

式中 L——防隔水煤(岩)柱宽度,m;

     L_1、L_2、L_3——防隔水煤(岩)柱各分段宽度,m;

     H_d——最大导水裂隙带高度,m;

     θ——断层倾角,(°);

     δ——岩层塌陷角,(°);

     M——断层上盘含水层顶面高出下盘煤层底板的高度,m;

     H_a——安全防隔水煤(岩)柱的宽度,m。

H_a 值应当根据矿井实际观测资料来确定,即通过总结本矿区在断层附近开采时发生突水和安全开采的地质、水文地质资料,按式(4-7)计算其临界突水系数 T_s,并将各计算值标到以 T_s 为横轴、以埋藏深度 H_o 为纵轴的坐标系内,找出 T_s 值的安全临界线,如图 4-9 所示。

H_a 值也可以按下列公式计算:

$$H_a = \frac{p}{T_s} + 10$$ (4-8)

式中　p——防隔水煤(岩)柱所承受的实际水头值,MPa;

　　　T_s——临界突水系数,MPa/m;

　　　10——保护层厚度,一般取 10 m。

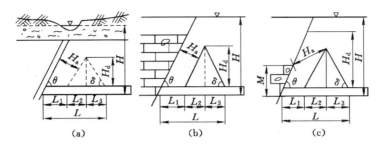

图 4-8　煤层与富水性强的含水层或者导水断层接触时防隔水煤(岩)柱留设图

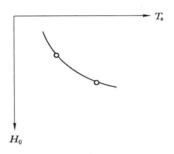

图 4-9　T_s 和 H_0 关系曲线图

本矿区如无实际突水系数,可以参考其他矿区资料,但选用时应当综合考虑隔水层的岩性、物理力学性质、巷道跨度或者工作面的空顶距、采煤方法和顶板控制方法等一系列因素。

④ 煤层位于含水层上方且断层导水时防隔水煤(岩)柱的留设

a. 在煤层位于含水层上方且断层导水的情况下(图 4-10),防隔水煤(岩)柱的留设应当考虑两个方向上的压力:一是煤层底部隔水层能否承受下部含水层水的压力;二是断层水在顺煤层方向上的压力。

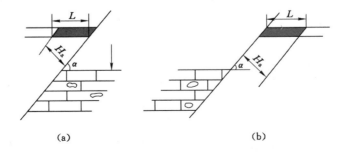

图 4-10　煤层位于含水层上方且断层导水时防隔水煤(岩)柱留设图

当考虑底部压力时,应当使煤层底板到断层面之间的最小距离(垂距),大于安全防隔水

煤(岩)柱宽度 H_a 的计算值,但不得小于 20 m。其计算公式为:

$$L = \frac{H_a}{\sin \alpha} \tag{4-9}$$

式中　L——防隔水煤(岩)柱宽度,m;

$\quad\quad\quad H_a$——安全防隔水煤(岩)柱的宽度,m;

$\quad\quad\quad \alpha$——断层倾角,(°)。

当考虑断层水在顺煤层方向上的压力时,按含水或者导水断层防隔水煤(岩)柱的留设计算煤柱宽度。

根据以上两种方法计算的结果,取用较大的数值,但仍不得小于 20 m。

b. 如果断层不导水(图 4-11),防隔水煤(岩)柱的留设尺寸应当保证含水层顶面与断层面交点至煤层底板间的最小距离,在垂直于断层走向的剖面上大于安全防隔水煤(岩)柱宽度 H_a,但不得小于 20 m。

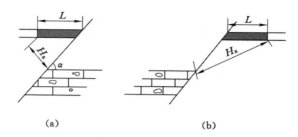

图 4-11　煤层位于含水层上方且断层不导水时防隔水煤(岩)柱留设图

⑤ 水淹区域下采掘时防隔水煤(岩)柱的留设

a. 巷道在水淹区域下掘进时,巷道与水体之间的最小距离不得小于巷道高度的 10 倍。

b. 在水淹区域下同一煤层中进行开采时,若水淹区域的界线已基本查明,防隔水煤(岩)柱的尺寸应当按含水或者导水断层防隔水煤(岩)柱的规定留设。

c. 在水淹区域下的煤层中进行回采时,防隔水煤(岩)柱的尺寸不得小于最大导水裂隙带高度与保护层厚度之和。

⑥ 保护地表水体防隔水煤(岩)柱的留设

保护地表水体防隔水煤(岩)柱的留设,可以参照《建筑物、水体、铁路及主要井巷煤柱留设与压煤开采规范》执行。

⑦ 保护通水钻孔防隔水煤(岩)柱的留设

根据钻孔测斜资料换算钻孔见煤点坐标,按含水或者导水断层防隔水煤(岩)柱的留设办法留设防隔水煤(岩)柱。如无测斜资料,应当考虑钻孔可能偏斜的误差。

⑧ 相邻矿(井)人为边界防隔水煤(岩)柱的留设

a. 水文地质类型简单、中等的矿井,可以采用垂直法留设,但总宽度不得小于 40 m。

b. 水文地质类型复杂、极复杂的矿井,应当根据煤层赋存条件、地质构造、静水压力、开采煤层上覆岩层移动角、导水裂隙带高度等因素确定。

c. 多煤层开采,当上、下两层煤的层间距小于下层煤开采后的导水裂隙带高度时,下层煤的边界防隔水煤(岩)柱,应当根据最上一层煤的岩层移动角和煤层间距向下推算

[图 4-12(a)]；当上、下两层煤之间的层间距大于下层煤开采后的导水裂隙带高度时，上、下煤层的防隔水煤（岩）柱可以分别留设[图 4-12(b)]。

导水裂隙带上限岩柱宽度 L_y 的计算，可以采用以下公式：

$$L_y = \frac{H - H_d}{10} \times \frac{1}{\lambda}$$ (4-10)

式中　L_y——导水裂隙带上限岩柱宽度，m；

　　　H——煤层底板以上的静水位高度，m；

　　　H_d——最大导水裂隙带高度，m；

　　　λ——水压与岩柱宽度的比值，可以取 1。

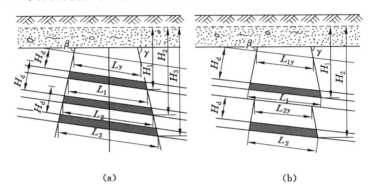

(a)　　　　　　　　　　(b)

图 4-12　多煤层开采边界防隔水煤（岩）柱留设图

L_y、L_{1y}、L_{2y}——导水裂隙带上限岩柱宽度；L_1——上层煤防水煤柱宽度；

L_2、L_3——下层煤防水煤柱宽度；γ——上山岩层移动角；β——下山岩层移动角；

H_d——最大导水裂隙带高度；H_1、H_2、H_3——各煤层底板以上的静水位高度

⑨ 以断层为界的井田防隔水煤（岩）柱的留设

以断层为界的井田，其边界防隔水煤（岩）柱可以参照断层煤柱留设，但应当考虑井田另一侧煤层的情况，以不破坏另一侧所留煤（岩）柱为原则。除参照断层煤柱的留设外，尚可参考图 4-13 所示的例图。

（二）防水闸门

防水闸门也是一种井下防水的主要安全设施，设置在井下运输巷道内，正常生产时是敞开的，当发生透水时，关闭水闸门。

1. 水闸门类型

（1）按门碹数分单门碹和双门碹两种。

（2）按流水方式可分为不设流水管装置、设流水管并带闸阀、设水沟带水沟闸门的。

（3）按闸门外形分为矩形、圆形。

（4）按止水方式分为橡皮止水、铅锌合金止水等。

2. 水闸门的设置

水文地质条件复杂、极复杂或者有突水淹井危险的矿井，应当在井底车场周围设置防水闸门或者在正常排水系统基础上另外安设由地面直接供电控制，且排水能力不小于最大涌水量的潜水泵。在其他有突水危险的采掘区域，应当在其附近设置防水闸门；不具备设置防

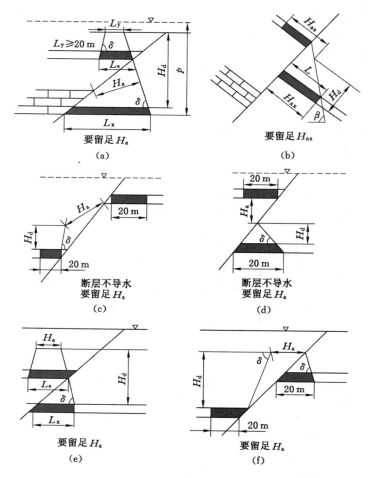

图 4-13 以断层分界的井田防隔水煤（岩）柱留设图

L——煤柱宽度；L_s、L_x——上、下煤层的煤柱宽度；L_y——导水裂隙带上限岩柱宽度；

H_a、H_{as}、H_{ax}——安全防水岩柱宽度；H_d——最大导水裂隙带高度；p——底板隔水层承受的实际水头值

水闸门条件的，应当制定防突（透）水措施，报企业主要负责人审批。

3. 水闸门构筑要求

根据《煤矿防治水细则》，建筑防水闸门应当符合下列规定：

（1）防水闸门由具有相应资质的单位进行设计，门体应当采用定型设计。

（2）防水闸门的施工及其质量，应当符合设计要求。闸门和闸门硐室不得漏水。

（3）防水闸门硐室前、后两端，分别砌筑不小于 5 m 的混凝土护硐，硐后用混凝土填实，不得空帮、空顶。防水闸门硐室和护硐采用高标号水泥进行注浆加固，注浆压力应当符合设计要求。

（4）防水闸门来水一侧 15～25 m 处，加设 1 道挡物算子门。防水闸门与算子门之间，不得停放车辆或者堆放杂物。来水时，先关算子门，后关防水闸门。如果采用双向防水闸门，应当在两侧各设 1 道算子门。

（5）通过防水闸门的轨道、电机车架空线、带式输送机等必须灵活易拆。通过防水闸门

墙体的各种管路和安设在闸门外侧的闸阀的耐压能力,与防水闸门所设计压力相一致。电缆、管道通过防水闸门墙体处,用堵头和阀门封堵严密,不得漏水。

(6)防水闸门必须安设观测水压的装置,并有放水管和放水闸阀。

(7)防水闸门竣工后,必须按照设计要求进行验收。对新掘进巷道内建筑的防水闸门,必须进行注水耐压试验;防水闸门内巷道的长度不得大于 15 m,试验的压力不得低于设计水压,其稳压时间在 24 h 以上,试压时应当有专门安全措施。

(8)防水闸门必须灵活可靠,并保证每年进行 2 次关闭试验,其中 1 次在雨季前进行。关闭闸门所用的工具和零配件必须专人保管,专门地点存放,不得挪用丢失。

(三)防水闸墙

防水闸墙,是一种井下防水的堵水建筑,设置在需要截水而平时无运输、行人的地点。《煤矿防治水细则》规定:井下防水闸墙的设置应当根据矿井水文地质条件确定,其设计经煤炭企业总工程师批准后方可施工,投入使用前应当由煤炭企业总工程师组织竣工验收。报废的暗井和倾斜巷道下口的密闭防水闸墙必须留泄水孔,每月定期进行观测记录,雨季加密观测,发现异常及时处理。

1.防水闸墙类型

防水闸墙分为临时性和永久性的两种。临时性防水闸墙,是在出水危险时,利用事先准备的堵水材料,如木板、沙袋等临时砌筑的防水设施,但只能作为临时抢险用。永久性水闸墙,一般是在开采结束后,为隔绝继续大量涌水地段而砌筑的永远关闭的挡水建筑。永久性防水闸墙通常为混凝土或钢筋混凝土结构,如图 4-14 所示。在水压特别大时,可采用多段防水闸墙,如图 4-15 所示。

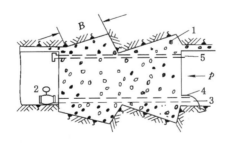

图 4-14 混凝土防水闸墙

1——截槽;2——水压表;3——放水管;4——保护栅栏;5——细管

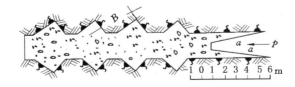

图 4-15 多段防水闸墙

2.防水闸墙构筑方法

(1)按设计开挖足够尺寸的闸墙沟槽,墙基可筑成混凝土凸缘基座,也可采用锚杆基座。

(2) 在墙体的一定部位装有管线、压力表和测压管。

(3) 墙体设有检查孔道,在孔道上装有严密的孔盖。

(4) 墙体设有带高压阀门的放水管。

3. 防水闸墙构筑要求

(1) 筑墙地点的岩石应坚固,没有裂缝。必要时须将风化软岩或有裂隙的岩石除去。

(2) 尽可能选择在小断面巷道中筑墙,以减少投资,缩短工期。

(3) 为避免围岩产生裂缝,施工时要用风镐或手镐开截口槽,不得使用爆破方法。

(4) 墙体应与四周岩层紧密结合,以防漏水。为此,应在筑墙的同时插入注浆管,待墙建成后,通过注浆管向四周连接处灌注水泥浆液,以加强胶结。

五、注浆堵水

(一) 注浆堵水

就是将配制的浆液用注浆泵通过管道压入井下地层空隙、裂隙或巷道中,使其扩散、凝固和硬化,使岩层具有较高的强度、密实性和不透水性而达到封堵截断补给水源和加固地层的作用,是矿井防治水害的重要手段之一。

(二) 注浆堵水的应用

(1) 当井筒(立井、斜井)预计穿过较厚裂隙含水层或者裂隙含水层较薄但层数较多时,可以选用地面竖孔预注浆或者定向斜孔预注浆;在制订注浆方案前,获取含水层的埋深、厚度、岩性及简易水文观测、抽(压)水试验、水质分析等资料;注浆起始深度确定在风化带以下较完整的岩层内。注浆终止深度大于井筒要穿过的最下部含水层底板的埋深或者超过井筒深度 10～20 m;当含水层富水性弱时,可以在井筒工作面直接注浆;井筒预注浆方案,经煤炭企业总工程师组织审批后实施。

(2) 注浆封堵突水点时,应当根据突水水量、水压、水质、水温及含水层水位动态变化特征等,综合分析判断突水水源,结合地层岩性、构造特征,分析判断突水通道性质特征,制订注浆堵水方案,经煤炭企业总工程师批准后实施。

(3) 需要疏干(降)与区域水源有水力联系的含水层时,可以采取帷幕注浆截流措施。帷幕注浆方案编制前,应当对帷幕截流进行可行性研究,开展帷幕建设条件勘探,查明地层层序、地质构造、边界条件以及含水层水文地质工程地质参数,必要时开展地下水数值模拟研究。帷幕注浆方案经煤炭企业总工程师组织审批后实施。

(4) 当井下巷道穿过含水层或者与河流、湖泊、溶洞、强含水层等存在水力联系的导水断层、裂隙(带)、陷落柱等构造前,应当查明水文地质条件,根据需要可以采取井下或者地面竖孔、定向斜孔超前预注浆封堵加固措施,巷道穿过后应当进行壁后围岩注浆处理。巷道超前预注浆封堵加固方案,经煤炭企业总工程师组织审批后实施。

(5) 矿井闭坑前,应当采用物探、化探和钻探等方法,探测矿井边界防隔水煤(岩)柱破坏状况及其可能的透水地段,采取注浆堵水措施隔断废弃矿井与相邻生产矿井的水力联系,避免矿井发生水害事故。

(三) 注浆堵水方法

(1) 利用水泥浆或化学浆液,通过钻孔将水的通道充填住,从而达到堵住外部水源涌入。

(2) 可以通过钻孔投入其他充填物,如铁球、棉织物等物质堵住流水通道。

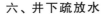

六、井下疏放水

井下疏放水是将受水害威胁和有突水危险的矿井水源采取科学的方法和手段有计划、有准备地进行疏放，使其水位(压)值降至安全采煤时的水位(压)值以下。它是防止矿井水灾最积极、最有效的措施。

根据不同类型的水源，可采取不同的疏放水方法与措施。

（一）疏放老空水

疏放老空水时，应当由地测部门编制专门疏放水设计，经煤矿总工程师组织审批后，按设计实施。疏放过程中，应当详细记录放水量、水压动态变化。放水结束后，对比放水量与预计积水量，采用钻探、物探方法对放水效果进行验证，确保疏干放净。

近距离煤层群开采时，下伏煤层采掘前，必须疏干导水裂隙带波及范围内的上覆煤层采空区积水。

沿空掘进的下山巷道超前疏放相邻采空区积水的，在查明采空区积水范围、积水标高等情况后，可以实行限压(水压小于 0.01 MPa)循环放水，但必须制定专门措施由煤矿总工程师审批。

具体方法为：

（1）直接放水：当水量不大、不超过矿井排水能力时，可利用探水钻孔直接放水。

（2）先堵后放：当老空区与溶洞水或其他巨大水源有联系，动力储量很大，一时排不完或不可能排完，这时应先堵住出水点，然后排放积水。

（3）先放后堵：如老空水或被淹井巷虽有补给水源，但补给量不大，或在一定季节没有补给。在这种情况下，应选择时机先行放水，然后进行堵漏、防漏施工。

（4）用煤柱或构筑物暂先隔离：如果水量过大，或水质很坏，腐蚀排水设备，这时应暂先隔离，做好排水准备工作后再排放；如果防水会引起塌陷，影响上部的重要建筑物或设施时，应留设防水煤柱永久隔离。

（二）疏放含水层水

1. 地面打钻抽水

在地面打钻利用潜水泵或深井泵抽排，以降低地下水位。它适合于埋藏较浅、渗透性良好的含水层。

2. 巷道疏水

（1）疏放顶板含水层

采取超前疏放措施对含水层进行区域疏放水的，应当综合分析导水裂隙带发育高度、顶板含水层富水性，进行专门水文地质勘探和试验，开展可疏性评价。根据评价成果，编制区域疏放水方案，由煤炭企业总工程师审批。

疏干(降)开采半固结或者较松散的古近系、新近系、第四系含水层覆盖的煤层时，开采前应当遵守下列规定：

① 查明流砂层的埋藏分布条件，研究其相变及成因类型。

② 查明流砂层的富水性、水理性质，预计涌水量和评价可疏干(降)性，建立水文动态观测网，观测疏干(降)速度和疏干(降)半径。

③ 在疏干(降)开采试验中，应当观测研究导水裂隙带发育高度，水砂分离方法、跑砂休止角，巷道开口时溃水溃砂的最小垂直距离，钻孔超前探放水安全距离等。

④ 研究对溃水溃砂引起地面塌陷的预测及处理方法。

被富水性强的松散含水层覆盖的缓倾斜煤层,需要疏干(降)开采时,应当进行专门水文地质勘探或者补充勘探,根据勘探成果确定疏干(降)地段、制订疏干(降)方案,经煤炭企业总工程师组织审批后实施。

矿井疏干(降)开采可以应用"三图双预测法"进行顶板水害分区评价和预测。有条件的矿井可以应用数值模拟技术,进行导水裂隙带发育高度、疏干水量和地下水流场变化的模拟和预测;观测研究多煤层开采后导水裂隙带综合发育高度。

受离层水威胁(火成岩等坚硬覆岩下开采)的矿井,应当对煤层覆岩特征及其组合关系、力学性质、含水层富水性等进行分析,判断离层发育的层位,采取施工超前钻孔等手段,破坏离层空间的封闭性、预先疏放离层的补给水源或者超前疏放离层水等。

(2)疏放底板含水层

当承压含水层与开采煤层之间的隔水层能够承受的水头值小于实际水头值时,采取疏水降压的方法,把承压含水层的水头值降到安全水头值以下,并制定安全措施,由煤炭企业总工程师审批。矿井排水应与矿区供水、生态环境保护相结合,推广应用矿井排水、供水、生态环保"三位一体"优化结合的管理模式和方法;承压含水层的集中补给边界已经基本查清情况下,可以预先进行帷幕注浆,截断水源,然后疏水降压开采。

(三)疏放水时的安全注意事项

(1)探到水源后,在水量不大时,一般可用探水钻孔放水;水量很大时,需另打放水钻孔。

(2)放水前应进行放水量、水压及煤层透水性试验,并根据排水设备能力及水仓容量,拟定放水顺序和控制水量,避免盲目性。

(3)放水过程中随时注意水量变化、出水的清浊和杂质,有无有害气体涌出,有无特殊声响等。如发现异常应及时采取措施并报告调度室。

(4)事先定出人员撤退路线,沿途要有良好的照明,保证路线畅通。

(5)防止高压水、碎石喷射或将钻具压出伤人。

(6)排除井筒和下山的积水前,必须有矿山救护队检查水面上的空气成分,发现有害气体,要停止钻进。

七、井下排水

矿井应当配备与矿井涌水量相匹配的水泵、排水管路、配电设备和水仓等,并满足矿井排水的需要。除正在检修的水泵外,应当有工作水泵和备用水泵。工作水泵的能力,应当能在 20 h 内排出矿井 24 h 的正常涌水量(包括充填水及其他用水)。备用水泵的能力,应当不小于工作水泵能力的 70%。检修水泵的能力,应当不小于工作水泵能力的 25%。工作和备用水泵的总能力,应当能在 20 h 内排出矿井 24 h 的最大涌水量。

水文地质类型复杂、极复杂的矿井,除符合上述规定外,可以在主泵房内预留一定数量的水泵安装位置,或者增加相应的排水能力。

排水管路应当有工作管路和备用管路。工作管路的能力,应当满足工作水泵在 20 h 内排出矿井 24 h 的正常涌水量。工作和备用管路的总能力,应当满足工作和备用水泵在 20 h 内排出矿井 24 h 的最大涌水量。

矿井主要泵房至少有 2 个出口,一个出口用斜巷通到井筒,并高出泵房底板 7 m 以上;

另一个出口通到井底车场,在此出口通路内,应当设置易于关闭的既能防水又能防火的密闭门。泵房和水仓的连接通道,应当设置控制闸门。

矿井主要水仓应当有主仓和副仓,当一个水仓清理时,另一个水仓能够正常使用。

新建、改扩建矿井或者生产矿井的新水平,正常涌水量在 1 000 m³/h 以下时,主要水仓的有效容量应当能容纳所承担排水区域 8 h 的正常涌水量。

正常涌水量大于 1 000 m³/h 的矿井,主要水仓有效容量可以按照下式计算:

$$V = 2(Q + 3\,000) \tag{4-11}$$

式中　V——主要水仓的有效容量,m³;

　　　Q——矿井每小时的正常涌水量,m³。

采区水仓的有效容量应当能容纳 4 h 的采区正常涌水量,排水设备应当满足采区排水的需要。

矿井最大涌水量与正常涌水量相差大的矿井,排水能力和水仓容量应当由有资质的设计单位编制专门设计,由煤炭企业总工程师组织审批。

水仓进口处应当设置箅子。对水砂充填和其他涌水中带有大量杂质的矿井,还应当设置沉淀池。各水仓的空仓容量应当经常保持在总容量的 50% 以上。

水泵、水管、闸阀、配电设备和线路,必须经常检查和维护。在每年雨季之前,应当全面检修 1 次,并对全部工作水泵、备用水泵及潜水泵进行 1 次联合排水试验,提交联合排水试验报告。

水仓、沉淀池和水沟中的淤泥,应当及时清理;每年雨季前必须清理 1 次。检修、清理工作应当做好记录,并存档备查。

特大型矿井根据井下生产布局及涌水情况,可以分区建设排水系统,实现独立排水,排水能力根据分区预测的正常和最大涌水量计算配备,但泵房总体设计需满足上述要求。

采用平硐自流排水的矿井,平硐内水沟的总过水能力应当不小于历年矿井最大涌水量的 1.2 倍;专门泄水巷的顶板标高应当低于主运输巷道底板的标高。

新建矿井永久排水系统形成前,各施工区应当设置临时排水系统,并按该区预计的最大涌水量配备排水设备、设施,保证有足够的排水能力。

生产矿井延深水平,只有在建成新水平的防、排水系统后,方可开拓掘进。

　思考与练习

1. 井下防治水的主要措施有哪些?

2. 什么情况下需要探水?

3. 为了安全,探放水作业应注意哪些?

4. 简述防水煤柱留设原则和方法

5. 什么情况下须设防水墙?对防水墙有哪些要求?

6. 试述防水闸门的构筑要求。

7. 简述注浆堵水的作用及适用条件。

8. 简述疏放水方法与安全注意事项。

任务四　水害应急处置

矿井发生水害(灾)后,能正确处理事故,采用科学有效的方法进行抢险救灾,井下遇险人员能采用正确的方法避灾,是恢复矿井正常生产工作和减少人员伤亡和事故损失的关键。

一、水害(灾)应急预案及实施

做好水害应急预案及实施工作,可在突发水害的紧急情况下,能够迅速、高效、有序地安全撤离灾区人员,提高煤矿企业对突发水害的应急反应能力,提高企业人员的防灾避灾意识。根据《煤矿防治水细则》,具体要求如下:

(1)煤炭企业、煤矿应当开展水害风险评估和应急资源调查工作,根据风险评估结论及应急资源状况,制订水害应急专项预案和现场处置方案,并组织评审,形成书面评审纪要,由本单位主要负责人批准后实施。应急预案内容应当具有针对性、科学性和可操作性。

(2)煤炭企业、煤矿应当组织开展水害应急预案、应急知识、自救互救和避险逃生技能的培训,使矿井管理人员、调度室人员和其他相关作业人员熟悉预案内容、应急职责、应急处置程序和措施。

(3)每年雨季前至少组织开展1次水害应急预案演练。演练结束后,应当对演练效果进行评估,分析存在的问题,并对水害应急预案进行修订完善。演练计划、方案、记录和总结评估报告等资料保存期限不得少于2年。

(4)矿井必须规定避水灾路线,设置能够在矿灯照明下清晰可见的避水灾标识。巷道交岔口必须设置标识,采区巷道内标识间距不得大于 200 m,矿井主要巷道内标识间距不得大于 300 m,并让井下职工熟知,一旦突水,能够安全撤离。

(5)井下泵房应当积极推广无人值守和地面远程监控集控系统,加强排水系统检测与维修,时刻保持排水系统运转正常。水文地质类型复杂、极复杂的矿井,应当实现井下泵房无人值守和地面远程监控。

(6)煤矿调度室接到水情报告后,应当立即启动本矿水害应急预案,向值班负责人和主要负责人汇报,并将水患情况通报周边所有煤矿。

(7)当发生突水时,矿井应当立即做好关闭防水闸门的准备,在确认人员全部撤离后,方可关闭防水闸门。

(8)矿井应当根据水患的影响程度,及时调整井下通风系统,避免风流紊乱、有害气体超限。

(9)煤矿应当将防范灾害性天气引发煤矿事故灾难的情况纳入事故应急处置预案和灾害预防处理计划中,落实防范暴雨洪水等所需的物资、设备和资金,建立专业抢险救灾队伍,或者与专业抢险救灾队伍签订协议。

(10)煤矿应当加强与各级抢险救灾机构的联系,掌握抢救技术装备情况,一旦发生水害事故,立即启动相应的应急预案,争取社会救援,实施事故抢救。

(11)水害事故发生后,煤矿应当依照有关规定报告政府有关部门,不得迟报、漏报、谎报、瞒报。

二、事故发生后现场人员撤退时的注意事项

(1)事故发生后,应在可能的情况下迅速观察和判断透水的地点、水源、涌水量、发生原因、程度等情况,根据预先制定的撤退路线,迅速撤退到透水地点以上的水平,而不能进入透水点附近及下方的独头巷道。

（2）在水中行进时,应靠近巷道一侧,抓牢支架或固定物体,尽量避开压力水头和泄水流,并注意防止被水中流动的矸石和木料撞伤。

（3）如透水破坏了巷道中的照明和路标,迷失行进方向时,遇险人员应朝着有风流通过的上山巷道方向撤退。

（4）在撤退沿途和所经过的巷道交岔口,应留设指示行进方向的明显标志,以提示救护人员的注意。

（5）人员撤退到竖井,需从梯子间上去时,应遵守秩序,禁止慌乱和抢上。行动中手要抓牢,脚要蹬稳,切实注意自己和他人的安全。

（6）如唯一出口被水封堵无法撤退时,应有组织地在独头工作面躲避,等待救护人员营救。严禁盲目潜水逃生等冒险行为。

三、事故发生后被困人员的避灾自救措施

（1）当现场人员被涌水围困无法退出时,应迅速进入预先筑好的避难硐室中避灾,或选择合适地点快速建筑临时避难硐室避灾。迫不得已时,可爬上巷道中高冒空间待救。如系老窑透水则须在避难硐室处建临时挡风墙或吊挂风帘,防止被涌出的有毒有害气体伤害。进入避难硐室前,应在硐室外留设明显标志。

（2）在避灾期间,遇险矿工要有良好的精神心理状态,情绪安定、自信乐观、意志坚强。要做好长时间避灾的准备,除轮流担任岗哨观察水情的人员外,其余人员均应静卧,以减少体力和空气消耗。

（3）避灾时,应用敲击的方法有规律、不间断地发出呼救信号,向营救人员指示躲避处的位置。

（4）被困期间断绝食物后,即使在饥饿难忍的情况下,也应努力克制自己,决不嚼食杂物充饥。需要饮用井下水时,应选择适宜的水源,并用纱布或衣服过滤。

（5）长时间被困在井下,发觉救护人员到来营救时,避灾人员不可过度兴奋和慌乱,以防发生意外。

四、对矿井水灾被困人员生存条件的分析

（一）避难地点是否存在空气的分析

空气是避难人员能否生存的首要条件,只要有空间、有空气,人就有生存的可能。

（1）当避难地点比外部水位的标高高时,如无特殊情况,避难地点肯定有空气存在。

（2）当避难地点比外部水位的标高低时,避难地点有无空气存在,可分为两种情况:

① 洪水能直接涌入的位于透水点下部的巷道,是不会有空气存在的。这是因为透水事故时,洪水一边向下部奔流,一边将下部巷道中的空气挤出,使下部巷道空间被水充满。

② 比外部水位低的倾斜或垂直的不漏气的"倒瓶形"巷道有空气存在。

（二）避难地点空气质量分析

井下空气中氧含量从《煤矿安全规程》规定的下限值 20% 降到人员生存下限值 10% 大致有以下几个影响因素:一是有机物及无机物（坑木、煤、岩石等）的氧化消耗氧;二是煤岩中放出的沼气、二氧化碳等有害气体相对降低氧含量;三是避难人员呼吸消耗氧。

五、被淹井巷的恢复

采用排水恢复被淹井巷。在水量不大或水源有限的情况下,可增加排水能力,直接把井巷中的积水全部排干;当井下涌水量特别大,增大水泵能力不可能将水排干时,则必须先堵住涌水通道,然后再进行排水。

具体步骤如下:

(1)恢复被淹井巷前,应当编制矿井突水淹井调查分析报告。报告应当包括下列主要内容:

① 突水淹井过程、突水点位置、突水时间、突水形式、水源分析、淹没速度和涌水量变化等。

② 突水淹没范围,估算积水量。

③ 预计排水过程中的涌水量。依据淹没前井巷各个部分的涌水量,推算突水点的最大涌水量和稳定涌水量,预计恢复过程中各不同标高段的涌水量,并设计排水量曲线。

④ 分析突水原因所需的有关水文地质点(孔、井、泉)的动态资料和曲线、矿井综合水文地质图、矿井水文地质剖面图、矿井充水性图和水化学资料等。

(2)矿井恢复时,应当设有专人跟班定时测定涌水量和下降水面高程,并做好记录;观察记录恢复后井巷的冒顶、片帮和淋水等情况;观察记录突水点的具体位置、涌水量和水温等,并作突水点素描;定时对地面观测孔、井、泉等水文地质点进行动态观测,并观察地面有无塌陷、裂缝现象等。

(3)排除井筒和下山的积水及恢复被淹井巷前,应当制定防止被水封闭的有害气体突然涌出的安全措施。排水过程中,矿山救护队应当现场监护,并检查水面上的空气成分。发现有害气体,及时处理。

(4)矿井恢复后,应当全面整理淹没和恢复两个过程的图纸和资料,查明突水原因,提出防范措施。

六、矿井透水事故案例

2016年4月25日8时05分,陕西省铜川市耀州区某煤矿发生重大水害事故,造成11人死亡,直接经济损失1 838.17万元。

(一)事故发生地点

某煤矿二采区ZF202综采放顶煤工作面第4至15号支架之间。

(二)事故发生经过

2016年4月24日22时,副队长党某主持召开了零点班班前会,讲了ZF202工作面情况:8号支架前有淋水,20号支架顶部破碎。要求采煤机割煤时注意跟机拉架,防止架前漏顶漏矸。跟班副队长谭某强调工作面21号支架被压还未拉出,要加强支架检修,加快工作面推进速度,尽快通过当前不利的开采条件。会后,副队长谭某和班长钟某带领工人入井。综采队当班出勤35人,其中跟班副队长1人、班长1人、采煤机司机3人、清煤工6人、支架工4人、超前支护工4人、上隅角维护工2人、转载机司机1人、乳化泵站司机1人、检修工1人、皮带机司机2人、回风顺槽起底工5人、排水工3人、电钳工1人。25日零时左右,当班工人陆续到达ZF202工作面各自工作地点并开始工作。副矿长刘某为零点班带班矿领导,25日零时左右随工人入井后,先后到达一采区104掘进巷、203备用工作面回顺、二采区轨道下山检查安全工作,约于3点左右来到ZF202工作面。当时工作面正在移架,8至21号支架处压力大,6 至 8 号支架顶板有淋水,刘某检查了工作面安全情况后,工作面开始割煤。约 7 点左右,刘某去工作面运输机头处查看。

4 月 25 日八点班综采队出勤 32 人,由副队长党某和副班长任某带领,于 7 时 10 分左右陆续入井。7 时 20 分,副班长任某与电工潘某、支架工詹某和安检员冯某等 4 人入井,乘坐第一趟人车到达二采区(其余人员事故发生时还未到达工作面)。任某去 201 工作面水仓查看排水情况,安检员冯某、电工潘某和支架工詹某进入 ZF202 工作面准备交接班。8 时许,正在工作面 10 号支架处清煤的工人王某发现 7～9 号架架间淋水突然增大,水色发浑,立即跑到工作面刮板运输机机头处报告带班矿长刘某,随后撤离工作面。刘某接报后通过工作面声光信号装置发出"快撤"指令,随即和排水工李某从工作面机头向运顺撤出;副班长胡某、支架工乔某等 25 人向工作面机尾方向经回顺撤出。在撤离过程中,听到巨大的声响,并伴有强大的气流,看到巷道中雾气弥漫。带班矿长刘某到液压泵站向调度室做了汇报,并派当班瓦检员张某去运顺查看情况,发现运顺巷道最低点(距运顺口 80 m)已积满了水。随后,刘某与刚刚到达的八点班跟班副队长党某清点了人数,发现 11 人未安全撤出。

(三)抢险救援情况

事故发生后,某煤矿立即启动了事故应急预案,8 时 30 分,该矿专业救护队员入井探查救援。耀州区政府接到事故报告后,立即向市委、市政府汇报。相关区领导带领有关部门赶到现场,成立了应急救援工作组,迅速开展抢险救援工作。副省长率陕西煤监局、省安监局、煤管局负责同志和相关专家赶赴事故现场后,立即成立了省级事故救援协调指导小组,下设专家组和现场救援指挥部,紧急会商研判井下事故工作面情况,制订抢险救援方案和技术措施,全力指导井下抢险救援工作。为确保井下抢险救援工作安全科学推进,有关部门领导、专家带头下井指导救援工作,并坚持 24 h 现场指挥。铜川矿业公司救护队、咸阳市矿山救护队、某煤矿救护队全面开展救援。西安煤科院、陕西煤化集团铜川矿业公司派出骨干力量增援。救援人员分班作业,矿长带班、省市区专业技术人员跟班,实行 24 h 不间断施救。

4 月 27 日 23 时 20 分,在运顺发现第一名遇难矿工。5 月 7 日 22 时 03 分,最后一名遇难矿工遗体升井,现场救援结束。救援工作历时 302 h,组织参与救援总人数达 7 566 人次,先后安装局部通风机 2 台、水泵 6 台,施工探放水钻孔 25 个,总进尺 859 m,排泄水量 32 267 m^3,清理巷道 455.5 m,清理淤泥、砂石 1 680.45 m^3。

(四)事故直接原因

受采动影响,ZF202 工作面上覆超过 60 m 的岩层间离层空腔,积水量不断增加,形成了泥沙流体;在工作面出现透水征兆后,继续冒险作业,引发工作面煤壁切顶冒落导通泥沙流体,导致事故发生。

(五)事故间接原因

1. 对水害危险认识不足、重视不够

(1)矿井在 2013 年 7 月、2014 年 12 月、2015 年 8 月先后三次发生透水,没有造成人员伤亡,未引起企业管理人员和职工的重视,对三次透水未进行认真总结分析,未采取有效勘探技术手段,查明煤层上覆岩层含水层的充水性、制订可靠的防治水方案。

(2)该矿《矿井水文地质类型划分报告》指出矿井构造主要为宽缓的向斜,要对构造区富水性和导水性进行探查,同时对上、下含水层水力联系进行探查,以确定矿井主要涌水水源。煤矿并未引起重视,在 ZF202 工作面回采前,没有进行水文地质探查,对洛河组砂岩含水层水的危害认识不清,未能发现顶板岩层古河床相地质异常区。

(3)现场作业和相关管理人员安全意识差,水害防范意识薄弱,突水征兆辨识能力不强,重视不够,未停止作业。区队班前会记录表明 ZF202 工作面从 4 月 20 日零点班开始,工作面周期来压 30～70 架压力大、37～45 架前梁有水,煤帮出水,随后几天,各班虽强调注意安全,加强排水,但仍继续组织生产,并未采取安全有效措施处理隐患。

2.防治水管理不到位

(1)矿井防治水队伍管理不规范,配备 5 名探放水工分散在采掘区队;探放水工作由地测科组织实施,采掘区队配合,在施工过程中对钻孔位置、角度、深度无人监督,措施落实不到位。

(2)探放水措施落实不到位,ZF202 工作面两顺槽施工的探水钻孔间距、垂深不符合要求。探放水措施流于形式,钻孔施工不规范,2016 年以来 ZF202 工作面推进长度约 320 m,仅在运输、回风顺槽各施工了两个探水钻孔,倾角为 15°～36°、斜长为 35～43 m;在工作面频繁出现淋水、压架等现象时,仍未采取有效的探放水措施。

(3)ZF202 工作面回采地质说明书未将上覆洛河组砂岩含水层作为主要灾害防范对象,未编制专门的探放水设计,只制定了顶板探放水安全技术措施,且未进行会审,钻孔设计不能探到洛河组砂岩含水层,也未达到回采地质说明书规定的垂深。探放水措施存在漏洞,探水点间距和钻孔倾角、终孔位置设计不合理,每隔 100 m 布置一个探水点,且钻孔倾角为 30°、斜长 40 m,既达不到疏放洛河组砂岩含水层水的目的,也未达到 ZF202 回采地质说明书规定的垂深 60 m 的要求。

3.安全教育培训和应急演练不到位

应急救援培训针对性不强,管理人员和职工对透水预兆认识不清,自保互保意识不强;未开展水害事故专项应急演练工作,管理人员和职工在透水发生时应急处置能力差,出现透水预兆后,不及时撤人,继续违章冒险作业。

4.地方政府及煤矿安全监管部门监督管理有漏洞

(1)耀州区煤炭管理局对相关工作人员履职情况监管不力;对某煤矿安全生产检查不到位,未发现探放水设备缺陷、ZF 202 工作面防治水漏洞及水害异常情况;监督某煤矿整改安全隐患、开展应急救援培训和演练工作不力;对某煤矿复产复工验收工作组织不力、把关不严、检查不规范。

(2)耀州区政府对耀州区煤炭局在煤矿安全生产监管中存在的问题失察,履行安全监管责任督促不到位。

(3)铜川市煤炭工业局对下属事业单位煤炭安全执法大队履职情况监督不力;对耀州区煤炭局履职情况指导不力;对某煤矿安全生产监管履职不到位、水害隐患整改落实情况监督不到位;对某煤矿复产复工验收抽查把关不严、检查不全面。

(六)事故防范措施

(1)认真吸取事故教训,提高认识,强化安全生产主体责任。煤矿企业要认真贯彻落实国家关于安全生产的一系列方针、政策,牢固树立科学发展、安全发展的理念,坚持"安全第一、预防为主、综合治理"的方针;深刻吸取本次水害事故的教训,严格遵守国家有关法律法规,严格执行《煤矿安全规程》《煤矿防治水细则》等行业管理规定,认真落实各项安全生产责任制,切实落实主体责任,进一步加大隐患排查治理力度,做到安全生产。

（2）加强矿井水文地质及灾害防治工作。某煤矿应按照《煤矿防治水细则》要求，开展水文地质补充勘探工作，查清煤系地层充水性，查明矿井或采区水文地质情况，调查、收集、核实古河床相特殊构造带及废弃老窑的相关情况；加强与科研院所合作，开展煤层顶板离层水体相关机理研究，掌握工作面顶板压力显现规律和煤层顶板砂岩水形成机理及防治技术，为科学严密防范水害事故提供决策依据；实测上覆岩层"两带"发育高度等技术参数，重新确定矿井水文地质类型；坚持"预测预报、有疑必探、先探后掘、先治后采"的原则，建立健全防治水安全责任体系，配备专业技术人员、专用探放水设备，组建专门的探放水作业队伍；采取综合技术手段探明顶部离层空腔水体的赋存及其他灾害情况，在真实全面掌握矿井灾害的情况下，提出科学合理的综合治理方案，并实施到位，确保安全生产。

（3）加强职工安全教育培训，提高水害应急处置能力。强化煤矿防治水安全培训和警示教育，提高职工辨识透水事故征兆水平，增强防范水害事故的能力。在采掘过程中，发现顶板矿压异常、架间淋水、涌水量增大、水质或水温异常、水色发浑、片帮、漏顶及其他异常现象时，必须立即停止作业，查明原因，采取有效措施处理，严禁冒险作业。

（4）强化煤矿生产安全管理，加大监管力度和深度。各产煤市（县）政府要高度重视煤矿安全生产工作，按照《中华人民共和国安全生产法》的规定，理顺属地监管职责，夯实基层监管责任。各级职能部门要进一步增强责任感和使命感，认真履行职责，真正做实做细煤矿企业安全生产管理监督工作，高度重视并认真研究分析日常生产过程中出现的新情况、新问题，加大监督检查力度，落实驻矿监管员责任，把隐患消除在萌芽状态，为煤矿安全生产创造条件、提供保障。对隐患排查措施不落实、不执行探放水制度，不具备安全生产条件的煤矿，一律责令其停产整顿，严禁组织生产。

 思考与练习

1. 煤矿企业制定及实施水害应急预案有哪些要求？
2. 矿井发生水灾后，被困人员应采取哪些避灾自救措施？
3. 发生透水事故后，被淹井巷的恢复步骤有哪些？

项目五　煤矿其他安全技术

任务一　顶板事故及其防治

顶板事故是指在井下采掘过程中,因顶板意外冒落造成的人员伤亡、设备损坏、生产中止等事故,一般称为冒顶。顶板事故常发生在采煤工作面或掘进巷道。

局部冒顶,是指冒顶范围不大、伤亡人数不多(1~2人)的冒顶,常发生在煤壁附近、采煤工作面两端、放顶线附近、掘进工作面及年久失修的巷道等作业地点。

大面积冒顶,是指冒顶范围大、伤亡人数多(每次死亡3人以上)的冒顶,常发生在采煤作业面、采空区、掘进工作面等作业地点。它包括基本顶来压时的压垮型冒顶、厚层难冒顶板大面积冒顶、直接顶导致的压垮型冒顶、大面积漏垮型冒顶、复合顶板推垮型冒顶、金属网下推垮型冒顶、大块游离顶板旋转推垮型冒顶、采空区冒矸冲入工作面的推垮型冒顶及冲击推垮型冒顶等。

一、采煤工作面发生冒顶的原因及预防措施

(一)采场局部冒顶的原因分析与防治

1.局部冒顶的预兆

局部冒顶,由于预兆不明显,易被忽视,但只要仔细观察,也可以发现一些征兆:

(1)响声:岩层下沉断裂、顶板压力急剧加大时,木支架就会发生劈裂声,紧接着出现折梁断柱现象;金属支柱的活柱急速下缩,也发出很大声响。有时也能听到采空区内顶板发生断裂的闷雷声。

(2)掉渣:顶板严重破裂时,折梁断柱就要增加,随后就出现顶板掉渣现象。掉渣越多,说明顶板压力越大。在人工顶板下,掉下的碎矸石和煤渣更多,工人叫"煤雨",这就是发生冒顶的危险信号。

(3)片帮:冒顶前煤壁所受压力增加,变得松软,片帮煤比平时多。

(4)裂缝:顶板的裂缝,一种是地质构造产生的自然裂隙,一种是由于采空区顶板下沉引起的采动裂隙。如果这种裂缝加深加宽,说明顶板继续恶化。

(5)脱层:顶板快要冒落的时候,往往出现脱层现象。

(6)漏顶:破碎的伪顶或直接顶,在大面积冒顶以前,有时因为背顶不严和支架不牢出现漏顶现象。漏顶如不及时处理,会使棚顶托空、支架松动,顶板岩石继续冒落,就会造成没有声响的大冒顶。

(7)瓦斯涌出量突然增大。

(8)顶板的淋水明显增加。

试探有没有冒顶危险的方法主要有:

① 木楔法：在裂缝中打入小木楔，过一段时间，如果发现木楔松动或夹不住了，说明裂缝在扩大，有冒落的危险。

② 敲帮问顶法：用钢钎或手镐敲击顶板，声音清脆响亮的，表明顶板完好；发出"空空"或"嗡嗡"声的，表明顶板岩层已离层。

③ 震动法：右手持凿子或镐头，左手扶顶板，用工具敲击时，如感到顶板震动，即使听不到破裂声，也说明此岩石已与整体顶板分离。

2. 局部冒顶的原因与防治

局部冒顶的原因有两类：一类是已破碎了的直接顶板失去有效的支护而局部冒落；另一类是基本顶下沉迫使直接顶破坏支护系统而造成的局部冒落。

从生产工序来看，局部冒顶可分为采煤过程中发生的局部冒顶和回柱过程中发生的局部冒顶两类。前者是由于采煤过程中破碎顶板得不到及时支护，或者虽及时支护，但支护质量不好造成的；后者是由于单体支柱回柱操作方式不合理，如先回承压支柱，使临近破碎顶板失去支撑而造成局部冒顶。

从发生地点来看，局部冒顶大致分为煤帮附近局部冒顶、上下出口局部冒顶、放顶线附近局部冒顶、地质构造破坏带局部冒顶。现分述如下：

（1）煤帮附近的局部冒顶

由于采动或爆破震动影响，在直接顶中"锅底石"游离岩块式的镶嵌顶板或破碎顶板，因支护不及时而造成局部冒顶；当用炮采时，因炮眼角度或装药量不适当，可能在爆破时崩倒支柱造成局部冒顶；当基本顶来压时，煤质因松软而片帮，扩大无支护空间，也可能导致局部冒顶。

主要防治措施有：

① 采用能及时支护悬露顶板的支架，如正悬臂支架、前探梁及贴帮点柱等。

② 严禁工人在无支护空顶区操作。

（2）上、下出口的局部冒顶

上、下两出口位于采场与巷道交接处，控顶范围比较大，在掘进巷道时如果巷道支护的初撑力很小，直接顶板就易下沉、松动和破碎。同时在上、下出口处经常进行输送机机头及机尾移溜拆卸安装工作，要移溜就要替换原来支柱，且随着采场推进，更换支柱时，在一拆一支的间隙中也可能造成局部冒顶。此外，上、下出口受基本顶的压力影响也可能造成局部冒顶。

防治局部冒顶措施有：

① 支架必须有足够的强度，不仅能支承松动易冒的直接顶，还能支承住基本顶来压时的部分压力。

② 支护系统必须能始终控制局部冒顶，且具有一定的稳定性，防止基本顶来压时推倒支架。实践证明，十字交接顶梁和"四对八梁"支护，效果好。

（3）放顶线附近的局部冒顶

采煤工作面放顶线上的支柱受压是不均匀的。当人工回拆承压大的支柱时，往往柱子一倒顶板就冒落，这种情况在分段回柱回拆最后一根时，尤其容易发生。当顶板存在被断层、裂隙、层理等切割而形成的大块游离岩块时，回柱后游离岩块就随回柱冒落，推倒支架形成局部冒顶。如果在金属网下回柱放顶时，如网上有大块游离岩块，也会因游离岩块滚滑推

垮支架造成局部冒顶。

防治放顶线附近局部冒顶的主要措施有：

①如果是金属支柱工作面，可用木支柱作替柱，最后用绞车回木柱。

②为了防止金属网上大块游离岩块在回柱时滚下来，推倒采面支架发生局部冒顶，应在此范围加强支护；要用木柱替换金属支柱，当大块岩石沿走向长超过一次放顶步距时，在大岩块的局部范围要延长控顶，待大岩块全部处在放顶线以外的采空区时再用绞车回木柱。

（4）地质破坏带附近的局部冒顶

采煤工作面如果遇到垂直工作面或斜交于工作面的断层，在顶板活动过程中，断层附近破断岩块可能顺断层面下滑，推倒支架，造成局部冒顶。

防治这类事故的措施有：

①在断层两侧加设木垛加强支护，并迎着岩块可能滑下的方向支设戗棚或戗柱。

②加强褶曲轴部断层破碎带的支护。

3.局部冒顶事故的处理

（1）当冒顶范围不大时，可采用掏梁窝、探大板梁或支悬臂梁的方法处理。首先要观察顶板动态，加强冒顶区上、下部位支架，防止冒顶范围扩大，再掏梁窝、探大板和挂梁。棚梁顶上的空隙要插严或架小木垛接顶，然后再清除煤浮矸，打好贴帮柱，支好棚梁。

（2）工作面局部冒顶范围沿倾斜超过 10 m 时，应从冒顶区上、下两头向中间处理，在检查认定冒顶地带的顶板已经稳定的基础上，再加固顶板区上方支架，并准备好材料，清理好人员的安全退路，设专人监视顶板。如属于伪顶冒落的，可采用探大板梁处理，棚顶上要插严背实；若属于直接顶沿煤帮冒落，而且冒落矸石沿煤帮继续下流的，要采用撞楔法通过。

（3）金属网假顶下的冒顶，如果是小冒顶，可扒出碎矸，铺上顶网，重新架棚后即可安全通过；如果冒顶区沿倾斜超过 5 m，则必须将支架改为一梁三柱，梁的一端探入煤壁再铺网刹顶，或垂直工作面架双腿套棚用撞楔法通过；如果冒顶范围较大，亦可避开冒顶区沿煤壁重新掘开切眼采煤。

（二）采场大面积冒顶的预兆和类型

1.采场大面积冒顶的预兆

（1）顶板的预兆：顶板连续发出断裂声，这是由于直接顶和基本顶发生离层，或顶板切断而发出的声音。有时采空区内顶板发出像闷雷的声音。顶板岩层破碎下落，称之为掉渣。这种掉渣一般由少逐渐增多，由稀而变密。顶板的裂缝增加或裂隙张开，并产生大量的下沉。

（2）煤帮的预兆：由于冒顶前压力增大，煤壁受压后，煤质变软变酥，片帮增多。使用电钻打眼时，打眼省力。

（3）支架的预兆：使用木支架，支架大量被压弯或折断，并发出响声。使用金属支柱时，耳朵贴在柱体上，可听见支柱受压后发出的声音。当顶板压力继续增加时，活柱迅速下缩，连续发出"咯咯"的声音。工作面使用铰接顶梁时，在顶板冲击压力的作用下，顶梁楔子有时弹出或挤出。

（4）含瓦斯煤层，瓦斯涌出量突然增加；有淋水的顶板，淋水增加。

2.采场大面积冒顶的类型

按顶板垮落的类型可把采场大冒顶分为压垮型、推垮型、漏垮型三种。

（1）压垮型冒顶事故是由于坚硬直接顶或基本顶运动时,顶板方向的作用力压断压弯工作阻力不够、可缩量不足的支架,或使支柱压入抗压强度低的底板,造成大面积切顶垮面事故。实践表明,压垮型冒顶是在基本顶来压时发生的。

（2）推垮型冒顶事故是由直接顶和基本顶大面积运动造成的,因此,发生的时间和地点有一定的规律性。多数情况下,冒顶前采场直接顶已沿煤壁附近断裂,冒顶后支柱没有折损,只有向采空区倾倒,或向煤帮倾倒,但多数是沿煤层倾向倾倒。

（3）漏垮型冒顶的原因如下:由于煤层倾角较大,直接顶又异常破碎,采场支护系统中如果某个地点失效发生局部漏顶,破碎顶板就有可能从这个地点开始沿工作面往上全部漏空,造成支架失稳,导致漏垮型事故的发生。

二、巷道冒顶事故的致因及防治

巷道顶板事故可分为掘进工作面冒顶事故和巷道交叉处的冒顶事故。

（一）掘进工作面冒顶事故的原因及防治

1. 冒顶原因

（1）掘进破岩后,顶部岩石与岩体失去联系,若支护不及时,随时可能冒落。

（2）已支护的顶部岩石,若支护失败,也可能造成冒落。

2. 防治措施

（1）根据掘进工作面岩石性质,严格控制空顶距。在掘进工作面附近应采用拉条等把棚子连成一体,防止棚子被推垮,必要时还要打中柱;锚杆支护时应有特殊措施。

（2）严格敲帮问顶制度,危石必须挑下,无法挑下时应采取临时支撑措施,严禁空顶作业。

（3）在破碎带掘进巷道,要缩小支护棚距,用拉条将棚子连成一体,防止推垮。

（4）采用"前探掩护式支架",在顶板有防护的条件下出渣,支棚腿,以防冒顶伤人。

（5）掘进头有空顶区和破碎带必须背严结实,必要时要挂网防止漏空。

（6）掘进工作面炮眼布置及装药量必须与岩石性质、支架与掘进工作面距离相适应,以防止因爆破而崩倒棚子。

（7）锚杆支护注意眼深和锚杆密度,必要时锚喷网联合支护。

（二）巷道交叉处顶板事故的原因与防治

1. 冒顶原因

（1）交叉处断面大,岩层松动范围大,巷道压力大,可发生冒顶。

（2）交叉处支护复杂,有两巷支架,有抬棚,支架稳定性要求高,强度大,支护质量不好可发生冒顶。

2. 防治措施

（1）开岔口应选择岩性较好的位置。

（2）严格操作规程,先支抬棚,后拆除原棚。

（3）注意选用抬棚材料的质量与规格,保证抬棚有足够的强度。

（4）当开口处围岩夹角被压坏,应及时采取加强和稳定措施。

（三）掘进工作面冒顶事故的处理

在处理巷道冒顶地点前,应采用加补棚子和架挑棚的方法,对冒顶处附近的巷道加强维护,以防扩大冒顶范围。处理冒顶巷道的方法有以下几种:

（1）木垛法

这是处理冒落巷道较常用的方法。当冒落的高度不超过 5 m，而且冒落的范围已基本稳定，不再继续冒落矸石时，就可以将冒落的煤岩清除一部分，使之形成自然堆积坡度，留出工作人员上下及运送材料的空间。在冒落的煤（岩）上架设木垛，直接支撑空顶。架设木垛时，木垛要与顶板接实背好，防止掉矸。在这项工作完成后，就可以边清理矸石边支设棚子。

（2）撞楔法

当顶板岩石较破碎而且继续冒落，无法用木垛法处理时，可采用打撞楔的办法处理冒落巷道。即先在冒顶处架设撞楔棚子，棚子的方向应与撞楔的方向垂直。把木楔放置在棚梁上，它的尖端指向顶板冒落处，末端垫一方木块，用大锤猛击木楔尾端，使它插入冒顶区，将岩石托住，使岩石不再继续冒落。然后立即清理撞楔下面冒落的矸石，并随清理出的空间及时架设棚子。

（3）绕道法

当冒顶巷道长度较小，不易处理，并且造成堵人的严重情况时，为了尽快给遇难人员送入新鲜空气、食物和饮料，迅速营救遇难人员，可采用打绕道的方法，绕过冒落处进行抢救。在遇难人员救出后，再对冒落处进行处理。

三、冲击地压防治

冲击地压又称岩爆，是煤矿开采过程中，井巷和采场周围煤岩体在一定高应力条件下释放变形能，而产生的煤岩体突然破坏、垮落或抛出现象，并伴有巨大声响和岩体震动，经常造成支架折损、片帮冒顶、巷道堵塞、人员伤亡，对安全生产威胁巨大。

（一）冲击地压特征

1. 突发性

发生前一般无明显前兆，冲击过程短暂，持续时间为几秒到几十秒。一般表现为煤爆（煤壁爆裂、小块抛射）、浅部冲击（发生在距煤壁 2～6 m 范围内，破坏性大）和深部冲击（发生在煤体深处，声如闷雷，破坏程度不同）。最常见的是煤层冲击，也有顶板冲击和底板冲击，少数矿井发生了岩爆。在煤层冲击中，多数表现为煤块抛出，少数为数十平方米煤体整体移动，并伴有巨大声响、岩体震动和冲击波。

2. 具有破坏性

往往造成煤壁片帮、顶板下沉、底鼓、支架折损、巷道堵塞、人员伤亡。

3. 具有复杂性

在自然地质条件上，除褐煤以外的各煤种，采深从 200～1 000 m，地质构造从简单到复杂，煤层厚度从薄层到特厚层，倾角从水平到急斜，顶板包括砂岩、灰岩、油母页岩等，都发生过冲击地压；在采煤方法和采煤工艺等技术条件方面，不论水采、炮采、普采或是综采，采空区处理采用全部垮落法或是水力充填法，是长壁、短壁、房柱式开采或是柱式开采，都发生过冲击地压，只是无煤柱长壁开采法冲击次数较少。

（二）冲击地压分类

冲击地压可根据应力状态、显现强度和发生的不同地点和位置进行分类。

1. 根据原岩（煤）体的应力状态分类

（1）重力应力型冲击地压：主要受重力作用，没有或只有极小构造应力影响的条件下引起的冲击地压,如枣庄、抚顺、开滦等矿区发生的冲击地压。

(2)构造应力型冲击地压:主要受构造应力(构造应力远远超过岩层自重应力)的作用引起的冲击地压,如北票矿务局和天池煤矿发生的冲击地压。

(3)中间型或重力-构造型冲击地压:主要受重力和构造应力的共同作用引起的冲击地压。

2.根据冲击的显现强度分类

(1)弹射:一些单个碎块从处于高应力状态下的煤或岩体上射落,并伴有强烈声响,属于微冲击现象。

(2)矿震:它是煤岩内部的冲击地压,即深部的煤或岩体发生破坏,煤岩并不向已采空间抛出,只有片帮或塌落现象,但煤或岩体产生明显震动,伴有巨大声响,有时产生煤尘。较弱的矿震称为微震,也称为煤炮。

(3)弱冲击:煤或岩石向已采空间抛出,但破坏性不很大,对支架、机器和设备基本上没有损坏;围岩产生震动,一般震级在2.2级以下,伴有很大声响;产生煤尘,在瓦斯煤层中可能有大量瓦斯涌出。

(4)强冲击:部分煤或岩石急剧破碎,大量向已采空间抛出,出现支架折损、设备移动和围岩震动,震级在2.3级以上,伴有巨大声响,形成大量煤尘,产生冲击波。

3.根据发生的地点和位置分类

(1)煤体冲击:发生在煤体内,根据冲击深度和强度又分为表面、浅部和深部冲击。

(2)围岩冲击:发生在顶、底板岩层内,根据位置有顶板冲击和底板冲击。

(三)冲击地压防治一般规定

(1)在矿井井田范围内发生过冲击地压现象的煤层,或者经鉴定煤层(或者其顶、底板岩层)具有冲击倾向性且评价具有冲击危险性的煤层为冲击地压煤层。有冲击地压煤层的矿井为冲击地压矿井。

(2)有下列情况之一的,应当进行煤岩冲击倾向性鉴定:

① 有强烈震动、瞬间底(帮)鼓、煤岩弹射等动力现象的。

② 埋深超过400 m的煤层,且煤层上方100 m范围内存在单层厚度超过10 m的坚硬岩层。

③ 相邻矿井开采的同一煤层发生过冲击地压的。

④ 冲击地压矿井开采新水平、新煤层。

(3)开采具有冲击倾向性的煤层,必须进行冲击危险性评价。

(4)矿井防治冲击地压(以下简称防冲)工作应当遵守下列规定:

① 设专门的机构与人员。

② 坚持"区域先行、局部跟进"的防冲原则。

③ 必须编制中长期防冲规划与年度防冲计划,采掘工作面作业规程中必须包括防冲专项措施。

④ 开采冲击地压煤层时,必须采取冲击危险性预测、监测预警、防范治理、效果检验、安全防护等综合性防治措施。

⑤ 必须建立防冲培训制度。

思考与练习

1. 工作面冒顶事故的预兆有哪些？

2. 防止大冒顶的措施有哪些？

3. 局部冒顶的预兆有哪些？

4. 如何预防和处理局部冒顶？

5. 如何预防和处理掘进工作面的冒顶事故？

任务二 供电与电气设备安全技术

一、煤矿供电与电气安全及基本要求

（一）双回路供电

（1）矿井应当有两回路电源线路（即来自两个不同变电站或者来自不同电源进线的同一变电站的两段母线）。当任一回路发生故障停止供电时，另一回路应当担负矿井全部用电负荷。区域内不具备两回路供电条件的矿井采用单回路供电时，应当报安全生产许可证的发放部门审查。采用单回路供电时，必须有备用电源。备用电源的容量必须满足通风、排水、提升等要求，并保证主要通风机等在 10 min 内可靠启动和运行。备用电源应当有专人负责管理和维护，每 10 天至少进行一次启动和运行试验，试验期间不得影响矿井通风等，试验记录要存档备查。

（2）矿井的两回路电源线路上都不得分接任何负荷。

（3）正常情况下，矿井电源应当采用分列运行方式。若一回路运行，另一回路必须带电备用。带电备用电源的变压器可以热备用；若冷备用，备用电源必须能及时投入，保证主要通风机 10 min 内启动和运行。

（4）矿井电源线路上严禁装设负荷定量器等各种限电断电装置。

（5）对井下各水平中央变（配）电所和采（盘）区变（配）电所、主排水泵房和下山开采的采区排水泵房供电线路，不得少于两回路。当任一回路停止供电时，其余回路应当承担全部用电负荷。向局部通风机供电的井下变（配）电所应当采用分列运行方式。

（6）主要通风机、提升人员的提升机、抽采瓦斯泵、地面安全监控中心等主要设备房，应当各有两回路直接由变（配）电所馈出的供电线路；受条件限制时，其中的一回路可引自上述设备房的配电装置。

（7）向突出矿井自救系统供风的压风机、井下移动瓦斯抽采泵应当各有两回路直接由变（配）电所馈出的供电线路；供电线路应当来自各自的变压器或者母线段，线路上不应分接任何负荷；设备的控制回路和辅助设备，必须有与主要设备同等可靠的备用电源。

（8）向采区供电的同一电源线路上，串接的采区变电所数量不得超过 3 个。

（二）供电线路及设备基本要求

（1）10 kV 及以下的矿井架空电源线路不得共杆架设。

（2）矿井电源线路上严禁装设负荷定量器等各种限电断电装置。

（3）矿井供电电能质量应当符合国家有关规定；电力电子设备或者变流设备的电磁兼容性应当符合国家标准、规范要求。

（4）电气设备不应超过额定值运行。

（5）严禁井下配电变压器中性点直接接地。

（6）严禁由地面中性点直接接地的变压器或者发电机直接向井下供电。

（三）井下配电系统和电气设备电压等级基本要求

（1）井下各级配电电压和各种电气设备的额定电压等级,应当符合下列要求：

① 高压不超过 10 000 V。

② 低压不超过 1 140 V。

③ 照明和手持式电气设备的供电额定电压不超过 127 V。

④ 远距离控制线路的额定电压不超过 36 V。

⑤ 采掘工作面用电设备电压超过 3 300 V 时,必须制定专门的安全措施。

（2）井下配电系统同时存在 2 种或者 2 种以上电压时,配电设备上应当明显地标出其电压额定值。

（四）供电与电气系统图纸基本要求

矿井必须备有井上、下配电系统图,井下电气设备布置示意图和供电线路平面敷设示意图,并随着情况变化定期填绘。图中应当注明：

（1）电动机、变压器、配电设备等装设地点。

（2）设备的型号、容量、电压、电流等主要技术参数及其他技术性能指标。

（3）馈出线的短路、过负荷保护的整定值以及被保护干线和支线最远点两相短路电流值。

（4）线路电缆的用途、型号、电压、截面和长度。

（5）保护接地装置的安设地点。

二、煤矿井下电气防爆技术

煤矿井下有瓦斯和煤尘,当瓦斯和煤尘达到一定浓度时,遇到足够能量的火源,则会发生瓦斯和煤尘爆炸事故。电气设备在正常运行或发生故障时都会产生电弧,是煤矿井下引燃瓦斯和煤尘的主要火源之一,因此,煤矿井下电气设备必须使用矿用防爆型。矿用防爆型电气设备的设计和制造必须符合《爆炸性环境》(GB 3836)系列标准的要求。防爆设备的总标志为 EX。防爆电气设备的类型、类别、级别和组别连同防爆设备的总标志"EX"一起,构成防爆标志。防爆标志除应制作在防爆电气设备的明显处外,还应在铭牌右上角标"EX"。

防爆设备分为两类：Ⅰ类是煤矿用的电气设备,适用于含有甲烷混合物的爆炸环境；Ⅱ类是工厂用防爆电气设备,适用于含有甲烷外的其他各种爆炸性混合物环境。防爆电气设备根据防止引燃爆炸性混合物的措施不同,防爆设备的类型也不同。防爆电气设备各种类型新旧标志见表 5-1。

表 5-1　　　　　　　　　　　　　防爆电气设备类型与标志

类型	标志
隔爆型	d
增安型	e
本质安全型	i
正压型	p

类型	标志
充油型	o
充砂型	q
浇封型	m
无火花型	n
气密型	h
特殊型	s

煤矿井下常用的防爆电气设备有隔煤型、增安型、木质安全型,蓄电池机车通常用防爆特殊型。

防爆型电气设备只有在符合防爆性能的各项技术要求时,才能起到防爆作用,才不能引燃爆炸性混合物,如果达不到防爆性能的要求,则失去了防爆能力,就能够因为本身工作火源或故障火源引爆瓦斯和煤尘,造成重大事故,因此,井下运行的防爆电气设备必须保证台台防爆,失爆的电气设备必须立即更换。

《煤矿安全规程》第四百四十八条规定:防爆电气设备到矿验收时,应当检查产品合格证、煤矿矿用产品安全标志,并核查与安全标志审核的一致性。入井前,应当进行防爆检查,签发合格证后方准入井。选用井下电气设备必须符合表 5-2 的要求。

表 5-2　　　　　　　　　　　　井下电气设备选型

设备类别	突出矿井和瓦斯喷出区域	高瓦斯矿井、低瓦斯矿井				
		井底车场、中央变电所、总进风巷和主要进风巷		翻车机硐室	采区进风巷	总回风巷、主要回风巷、采区回风巷、采掘工作面和工作面进、回风巷
		低瓦斯矿井	高瓦斯矿井			
高低压电机和电气设备	矿用防爆型(增安型除外)	矿用一般型	矿用一般型	矿用防爆型		矿用防爆型(增安型除外)
照明灯具	矿用防爆型(增安型除外)	矿用一般型	矿用防爆型	矿用防爆型		矿用防爆型(增安型除外)
通信、自动控制的仪表、仪器	矿用防爆型(增安型除外)	矿用一般型	矿用防爆型	矿用防爆型		矿用防爆型(增安型除外)

注:1. 使用架线电机车运输的巷道中及沿巷道的机电设备硐室内可以采用矿用一般型电气设备(包括照明灯具、通信、自动控制的仪表、仪器)。

2. 突出矿井井底车场的主泵房内,可以使用矿用增安型电动机。

3. 突出矿井应当采用本安型矿灯。

4. 远距离传输的监测监控、通信信号应当采用本安型,动力载波信号除外。

5. 在爆炸性环境中使用的设备应当采用 EPLMa 保护级别。非煤矿专用的便携式电气测量仪表,必须在甲烷浓度 1.0% 以下的地点使用,并实时监测使用环境的甲烷浓度。

三、井下供电"三大保护"

（一）过流保护

凡是流过电气设备（包括供电线路）的电流超过其额定电流时称为过电流，简称过流。过流可分为允许过流和不允许过流两种，通常所说的过流是指不允许过流。

1. 常见的过流

常见的过流有短路、过负荷和断相三种。

（1）短路过流。

（2）过负荷过流：过负荷是指电气设备的工作电流不仅超过了额定电流值，而且超过了允许的过负荷时间。过负荷在电动机、变压器和电缆线路中较为常见，是烧毁电动机的主要原因之一。过负荷电流一般比额定电流大 1~2 倍。

（3）断相过流：三相电动机在运行过程中出现一相断线，这时电动机仍然会运转。但由于机械载荷不变，电机的工作电流会比正常工作时的工作电流大很多，从而造成过流。

2. 造成过电流故障的原因及保护措施

（1）造成短路故障的原因及保护措施

① 线路运行中因绝缘击穿而造成短路，即绝缘老化、电缆受潮、做电缆头时工艺不符合要求、电缆本身质量问题以及大气过电压等。

② 异物砸伤、挤压设备以及防护措施不当等。

③ 误操作，包括不同相序的两回路电源线或变压器并联、误将不停电的线路视为停电线路进行三相短路接地连接、检修完毕的线路送电时忘记拆除三相短路接地的地线等。

④ 当供电线路中发生短路事故时，由短路保护装置起作用来切断电源，可防止事故的发生。

（2）造成过负荷的原因及保护措施

① 电源电压过低。电动机为输送额定功率，当电源电压过低时，其实际负荷电流必然增大，温升随之增高，当超过其允许温升时，电动机被烧毁。

② 重载情况下启动电动机，因启动电流大而使电机过热烧毁。

③ 机械性堵转，在井下采掘机械中由于堵转，可能会烧毁电动机。

④ 当发生过电流事故时由过电流继电器或过流-过热继电器动作来实现过电流保护，或者在功率较大的设备上安装软启动装置来降低启动电流，以达到保护电动机的目的。

（3）造成断相的原因及保护措施

① 熔断器有一相熔断。

② 电缆与电动机开关的接线端子连接不牢而松动脱落。

③ 电缆芯线一相断线。

④ 电动机定子绕组与接线端子连接不牢而脱落等都能造成断相事故。

⑤ 防止这类事故的措施是采用晶体管断相过载保护装置，由断相保护电路保护。

（二）漏电保护

1. 井下常见的漏电原因

（1）电缆和电气设备长期过负荷运行，使绝缘老化而造成漏电。

（2）运行中的电气设备受潮或进水，造成对地绝缘电阻下降而漏电。

（3）电缆与设备连接时，接头不牢，运行或移动时接头松脱，某相碰壳而造成漏电。

（4）电气设备内部随意增加电气元件，使外壳与带电部分之间电气距离小于规定值，造成某一相对外壳放电而发生接地漏电。

（5）橡套电缆受车辆或其他器械的挤压、碰砸等，造成相线和地线破皮或护套破坏，芯线裸露而发生漏电。

（6）铠装电缆受车辆或其他器械的挤压、碰砸等，造成相线和地线破皮或护套破坏，芯线裸露而发生漏电。

（7）电气设备内部遗留导电物体，造成某一相碰壳而发生漏电。

（8）设备接线错误，误将一相火线接地或接头毛刺太长而碰壳，造成漏电。

（9）移动频繁的电气设备，电缆反复弯曲使芯线部分发生折断，刺破电缆绝缘与接地芯线接触而造成漏电。

（10）操作电气设备时，产生弧光放电造成一相接地而漏电。

（11）设备维修时，因停、送电操作错误，带电作业或工作不慎，造成人身触及一相而漏电。

2. 漏电保护装置的主要作用

（1）当系统漏电时能迅速切断电源。

（2）当人体接触一相火线或带电物体时，在人体还未受到损伤前，即切断电源。

（3）可以防止电气设备及供电线路的绝缘因受潮或者受到损伤时，发生漏电甚至发展到相间短路事故的发生。

（4）对电网对地的电容电流进行有效的补偿，以减少漏电电流的危害。

（5）能不间断地监视被保护电网的绝缘状态。

（三）保护接地

保护接地的主要作用有：

（1）当人身触及带电的设备外壳时，人体与接地装置构成并联电路，由于保护接地电阻小（要求 $\leq 2 \Omega$），而人体电阻值大（约 $1\,000\,\Omega$）得多，所以大部分漏电电流通过接地装置流入大地，大大地减少了通过人体的直接漏电电流，降低了对人体的触电危险。

（2）能减少直接漏电电流，从而减少了因漏电电流产生的电火花能量，因而也减小了电火花引爆瓦斯、煤尘的可能性。

（3）对于无选择性的漏电保护装置，保护接地可使一相接地故障易于查找。

井下保护接地网由主接地极、局部接地极、接地母线、连接导线等几部分组成。

四、煤矿安全用电管理

（1）采区变电所应当设专人值班。无人值班的变电所必须关门加锁，并有巡检人员巡回检查。

（2）实现地面集中监控并有图像监视的变电所可以不设专人值班，硐室必须关门加锁，并有巡检人员巡回检查。

（3）井下不得带电检修电气设备。严禁带电搬迁非本安型电气设备、电缆，采用电缆供电的移动式用电设备不受此限。

（4）检修或者搬迁前，必须切断上级电源，检查瓦斯，在其巷道风流中甲烷浓度低于 1.0％时，再用与电源电压相适应的验电笔检验；检验无电后，方可进行导体对地放电。开关把手在切断电源时必须闭锁，并悬挂"有人工作，不准送电"字样的警示牌，只有执行这项工作的人员才有权取下此牌送电。

（5）操作井下电气设备应当遵守下列规定：

① 非专职人员或者非值班电气人员不得操作电气设备。

② 操作高压电气设备主回路时,操作人员必须戴绝缘手套,并穿电工绝缘靴或者站在绝缘台上。

③ 手持式电气设备的操作手柄和工作中必须接触的部分必须有良好绝缘。容易碰到的、裸露的带电体及机械外露的转动和传动部分必须加装护罩或者遮栏等防护设施。

（6）为了加强井下供电与电气安全管理,井下供电必须做到"十不准",即：

① 不准带电检修。

② 不准甩掉无压释放器、过电流保护装置。

③ 不准甩掉漏电继电器、煤电钻综合保护及局部通风机风电和甲烷电闭锁装置。

④ 不准明火操作、明火打点、明火爆破。

⑤ 不准用铜、铝、铁丝等代替保险丝。

⑥ 停风、停电的采掘工作面,未经检查瓦斯,不准送电。

⑦ 有故障的供电线路,不准强行送电。

⑧ 电气设备的保护装置失灵后,不准送电。

⑨ 失爆设备、失爆电器,不准使用。

⑩ 不准在井下拆卸矿灯。

（7）除此以外,井下供电还应做到"三无、四有、两齐、三全、三坚持",这也是长期以来生产实践中总结出来的对安全用电的宝贵经验,其具体内容如下：

① "三无",即无"鸡爪子",无"羊尾巴",无明接头。

② "四有",即有过电流和漏电保护装置,有螺钉和弹簧垫,有密封圈和挡板,有接地装置。

③ "两齐",即电缆悬挂整齐,设备硐室清洁整齐。

④ "三全",即防护装置全,绝缘用具全,图纸资料全。

⑤ "三坚持",即坚持使用检漏继电器,坚持使用煤电钻、照明和信号综合保护,坚持使用风电和甲烷电闭锁。

 思考与练习

1. 防止触电的措施有哪些?

2. 预防电网漏电的措施有哪些?

3. 造成电网过流的原因有哪几种?

4. 怎样预防电气火灾?

5. 防爆电气设备有哪几种防爆类型?

任务三　提升与运输安全技术

一、立井提升安全

常见的立井提升事故有断绳、蹾罐、过卷、卡罐、溜罐、跑车、断轴等。

（一）过卷和过放事故

立井提升过程中发生过卷、过放事故的原因有：

（1）提升机控制失灵：

① 控制回路故障、保护功能失效或保护装置失灵等。

② 深度指示器失灵。

（2）重载下放失控：

① 超载后不能继续提升，设备失控，重斗反向下行。

② 操作错误，反向开车。

（3）制动装置失灵。

（二）钢丝绳破断事故

1.事故原因

（1）钢丝绳使用中强度下降：钢丝绳在使用过程中，因锈蚀、断丝和磨损而使强度下降。这三种因素常常是并存的，其中以锈蚀对强度的影响最为突出。

（2）立井提升容器受阻后松绳：在立井提升中的断绳事故，绝大多数是箕斗或罐笼在下放操作过程中，因受到某种阻碍松绳而导致的。松弛了的钢丝绳（常还伴有扭结）在巨大的冲击作用下立遭破断。

（3）多绳摩擦提升断绳：多绳摩擦提升具有比缠绕式提升更为安全的特点，其理由之一就是由多根钢丝绳承担工作载荷，在单根钢丝绳断裂的情况下，可在较大程度上避免坠罐事故。但是，这并非认为断绳是被允许的。

2.预防措施

（1）钢丝绳的选择必须符合要求：钢丝绳必须由安全检验中心检验或由经主管部门批准的检验站提供的检验数据才是有效的。钢丝绳使用前应检查其外观质量，包括：钢丝绳直径（根据安全系数确定）、捻距、绳或绳股捻制的均匀性等。这种检查必须全面、认真，尤其对于直径较大的或进口的钢丝绳，更须格外认真。

（2）坚持日检，加强维护，严格执行更换标准。

（三）摩擦提升钢丝绳打滑

1.事故原因

（1）摩擦系数偏低：因钢丝绳与衬垫间摩擦系数偏低而发生打滑事故。

（2）超载：在严重超载时，尽管摩擦系数没有下降，但由于摩擦轮两侧钢丝绳张力比超过允许极限，所以也会发生打滑事故。

（3）制动力调节不当：摩擦提升设备的制动力必须在规定的范围内，否则，上提或下放重物时的紧急制动都可能引起钢丝绳打滑，而下放重物的危险性更大。

2.预防措施

（1）维护钢丝绳必须使用增摩脂。

（2）严格控制提升载荷，不准超载。

（3）保证制动装置性能良好。

（四）坠落事故

1.人员坠落

（1）吊桶坠落事故。

（2）罐笼内人员坠井。

（3）吊盘倾覆，人员坠落。

2.坠物伤人或砸毁设备

（1）容器内货物坠落伤人。提升容器内装载的物料散落，对井下人员的威胁极大，尤其在凿井施工期间，危险性更大。

（2）井筒坠落冰块。此外，罐笼未装设罐门会使事故变得更加严重。

（五）提升信号

1.因信号及其闭锁故障发生的事故

（1）检修中没有设置可靠的信号装置。

（2）井口操车设备故障。井口操车设备，包括车场配车装置、道岔、推车机、阻车器、井口安全门以及由信号装置、各机动设备的操纵装置等构成的系统。由于这一系统的某一环节出现故障或操作的错误，都可能导致严重事故。

（3）人员进出罐失误。人员进出罐发生的意外伤害事故，主要与提升信号、信号与安全门的闭锁等安全性能不完善有关。

2.有关的安全措施

（1）提升系统的信号

① 信号装置本身必须可靠。提升信号系统，除常用的信号装置外，还必须有备用的信号装置。

② 确立执行信号指令的制度。要明确地、严格地约定各种指令，不同指令必须具有显而易辨的特征，特别是紧急信号。一切未经约定、含混不清、模棱两可的指令，不准在操作中使用。信号指令的初发、转发和接收执行，都必须责任明确，不准在无指令或指令不明确的情况下盲目开动设备。

③ 发令人员和执行人员必须尽职。信号指令必须由专职的把钩工、信号工发出，在必须设立信号站的地点，要由专职人员担任信号工。信号工必须坚守岗位，不准擅自脱岗。非专职人员不准代替信号工工作。

（2）建立信号与操作机构的闭锁关系

尽管我们强调有关工作人员必须竭尽职守，但还应避免由于意外的操作错误而导致的事故。因此，还应该注重采取技术手段，即建立各段信号之间、信号与工作机构（包括提升机）之间的闭锁关系。

（六）提升安全保护装置

（1）制动装置。

（2）安全保护装置。

提升装置必须装设下列保险装置，并符合下列要求：

① 防止过卷装置：当提升容器超过正常终端停止位置（或出车平台）0.5 m 时，必须能自动断电，并能使保险闸发生制动作用。

② 防止过速装置：当提升速度超过最大速度15%时，必须能自动断电，并能使保险闸发生作用。

③ 过负荷和欠电压保护装置。

④ 限速装置：提升速度超过 3 m/s 的提升绞车必须装设限速装置，以保证提升容器（或

平衡锤)到达终端位置时的速度不超过 2 m/s。如果限速装置为凸轮板,其在一个提升行程内的旋转角度应不小于 270°。

⑤ 深度指示器失效保护装置:当指示器失效时,能自动断电并使保险闸发生作用。

⑥ 闸间隙保护装置:当闸间隙超过规定值时,能自动报警或自动断电。

⑦ 松绳保护装置:缠绕式提升绞车必须设置松绳保护装置并接入安全回路和报警回路,在钢丝绳松弛时能自动断电并报警。箕斗提升时,松绳保护装置动作后,严禁受煤仓放煤。

⑧ 满仓保护装置:箕斗提升的井口煤仓仓满时能报警或自动断电。

⑨ 减速功能保护装置:当提升容器(或平衡锤)到达设计减速位置时,能示警并开始减速。

⑩ 防止过卷装置、防止过速装置、限速装置和减速功能保护装置应设置为相互独立的双线形式。

⑪ 定车装置:立井、斜井缠绕式提升绞车应加设定车装置。

(3) 提升容器的防坠装置。为了保证提升人员的安全,升降人员或升降人员和物料的单绳提升罐笼(包括带有乘人的箕斗),必须装设可靠的防坠器。斜井运送人员的车辆上,也必须装有可靠的防坠器。新安装或大修后的防坠器,必须进行脱钩试验,合格后方可使用。使用中的防坠器每半年应进行 1 次不脱钩的检查性试验,每年进行 1 次脱钩试验。防坠器的各个连接和传动部件,必须经常处于灵活状态。当钢丝绳或连接装置万一发生断裂事故时,防坠器能使罐笼平稳地支撑在井筒罐道或制动钢丝绳上,不致坠入井底,造成严重事故。

二、倾斜井巷运输

(一)倾斜井巷跑车的主要原因

(1) 钢丝绳断裂跑车:

① 钢丝绳损伤,强度降低:钢丝绳断丝超过安全规定;绳径减小过限或密封钢丝绳外层钢丝厚度磨损过限;钢丝绳钢丝锈蚀过限;钢丝绳出现硬弯或扭结。

② 钢丝绳张力过大:提升过载;刮卡车辆;拉掉道车辆。

(2) 连接件断裂跑车:连接件有疲劳隐裂或裂纹;刮卡车辆张力过大;使用不合格的连接件。

(3) 矿车底盘槽钢断裂跑车:底盘槽钢锈蚀过限,失于管理;超期服役,疲劳过限或遭受严重脱轨冲击形成隐患。

(4) 连接销窜出脱钩跑车(窜销脱钩):没按规定使用防自行脱落的连接装置,连接销窜出。其具体原因有:轨道或矿车质量低劣,车辆运行严重颠簸或脱轨导致脱销跑车;轨道结冰,车辆颠簸倾倒,脱销跑车。

(5) 制动装置不良引起跑车。

(6) 工作失误造成跑车:没挂钩或没挂好钩就将矿车从平巷推下斜巷,造成跑车;未关闭阻车器就推进矿车造成跑车;推车过变坡点存绳,造成坠车冲击断绳跑车;连接插销不到位造成脱钩跑车;下放重载,电动机未送电又没施闸造成带绳跑车事故(放飞车);钢丝绳在松弛的条件下,提升容器突然自由下放(或下落)造成松绳冲击。

（二）预防措施

（1）按规定设置可靠的防跑车装置和跑车防护装置，实现一坡三挡，加强检查、维护、试验，健全责任制。

（2）倾斜井巷运输用的钢丝绳连接装置，在每次换钢丝绳时，必须用2倍于其最大静荷重的拉力进行试验。

（3）采用专用人车运送人员。

（4）对钢丝绳和连接装置必须加强管理，设专人定期检查，发现问题及时处理。

（5）矿车要设专人检查。至少每两年进行一次2倍于最大静荷重的拉力试验。矿车的连接钩环、插销的安全系数不得小于6。

（6）矿车之间的连接、矿车和钢丝绳之间的连接必须使用不能自行脱落的装置。

（7）把钩工要严格执行操作规程，开车前必须认真检查各防跑车装置和跑车防护装置的安全功能。检查各矿车的连接情况、装载情况、牵引车数，如不符合要求不准发出开车信号。严禁先打开挡车装置后进行挂钩操作，严禁矿车在没有运行到安全停车位置就提前摘钩，严禁在松绳较多的情况下把矿车强行推过变坡点，严禁用不合格的物件代替有保险作用的插销。

（8）斜井串车提升，严禁蹬钩。行车时，严禁行人。运送物料时，每次开车前把钩工必须检查牵引车数、各车的连接和装载情况。

（9）绞车操作工要严格执行操作规程，开车前必须认真检查制动装置及其他安全装置，操作时要准、稳、快，特别注意防止松绳冲击现象。

（10）保证斜井轨道和道岔的质量合格。

（11）保持斜井完好的顶、帮支护，并保持运行轨道干净无杂物。

（12）滚筒上钢丝绳绳头固定牢固，留够3圈钢丝绳，防止发生绳头抽出。

三、平巷运输

（一）平巷轨道运输

煤矿井下平巷轨道运输，采用架线式电机车、蓄电池式电机车或柴油机车。行车行人伤亡事故主要有：列车行驶中与在道中行走的人员相碰，与巷道狭窄障碍物多无法躲避的人相碰，以及违章蹬、扒、跳车碰人。这类事故的次数，占平巷运输事故次数的39％，死亡人数占总死亡人数的41％。

列车运行伤亡事故以撞车、追尾、掉道碰人等事故为主，基本上都是司机违章操作所造成。据统计，这类事故的次数占平巷运输事故次数的58％，死亡人数占平巷运输死亡人数的56％。

1. 事故原因

（1）行人违章：行人不走人行道，在道中间行走，蹬、扒、跳车，在不准行人巷道内行走等，从而造成伤亡事故。

（2）司机违章：有的开车睡觉；有的未经调度擅自开车；有的车开着却下车扳道岔；有的把头探出车外瞭望；有的违章顶车等。

（3）管理人员素质低：如调度员违章调度。

（4）管理水平差：如巷道中杂物多，翻在道边损坏的矿车不及时清理，巷道中间用支柱支撑，巷道变形未及时处理等，都减小了行车空间，极易碰击司机。如缺少必要的阻车器、信号灯,致使列车误入禁区,造成危害。

2. 预防措施

许多事故都是因违反《煤矿安全规程》,设施和设备不符合安全要求以及管理混乱造成的。因此,必须认真执行《煤矿安全规程》中的有关规定,并应重视以下几点:

(1) 巷道、轨道质量必须合乎标准

① 巷道断面:运输巷道断面,必须符合《煤矿安全规程》规定的要求,并留有各项安全间隙,在老矿井中,要适当检测巷道的变形,以便在安全距离不满足要求时,采取相应的安全措施,如适当设置躲避硐等。

② 轨道、架线:轨道和架线的敷设标准必须符合《煤矿安全规程》规定的有关尺寸要求,必须进行定期检查和调整。

(2) 保证机车的安全性能

《煤矿安全规程》规定了各种机车的适用条件。机车本身的安全性能必须符合规定。关于机车安全装置的要求:闸、灯、警铃(喇叭)、连接器和撒砂装置等,都必须经常保持状态完好;电机车的防爆部分,要经常保持其防爆性能良好。

(3) 机车司机谨慎操作

机车司机必须遵守《煤矿安全规程》的规定,在任何情况下,都不可麻痹大意,图一时方便,心存侥幸。

(4) 保证列车制动距离

列车的制动距离,每年至少测定 1 次。运送物料时不得超过 40 m,运送人员时不得超过 20 m。

(5) 保证人员的安全运送

必须遵守《煤矿安全规程》中采用专用人车运送人员,运送人员列车的行驶速度不超过 5 m/s,严禁在运送人员的车辆上同时运送爆炸性的、易燃性的或腐蚀性的物品等规定。

(6) 加强系统的安全监控

运输系统内的安全监控应达到以下要求:

① 信号装置必须有效。

② 重要地段应能发出信号。

③ 信号与列车运行闭锁。

(7) 教育广大职工严格遵守《煤矿安全规程》有关规定

列车行驶中和尚未停稳时,严禁上、下车和在车内站立;严禁在机车上或任何两车厢之间搭乘人员;严禁扒车、跳车和坐重车等。

(二) 带式输送机伤亡事故

带式输送机可造成的主要伤亡事故有胶带着火、断带、撕裂、打滑等。

预防措施如下:

(1) 巷道内安设胶带输送机时,输送机距支护或硐墙的距离不得小于 0.5 m。

(2) 胶带输送机巷道要有充分照明。

(3) 除按规定允许乘人的钢丝绳牵引胶带输送机以外,其他胶带输送机严禁乘人。

(4) 在胶带输送机巷道中,行人经常跨越胶带输送机的地点,必须设置过桥。

(5) 液力耦合器外壳及泵轮无变形、损伤或裂纹,运转无异响。易熔合金塞完整,安装位置正确,并符合规定,不得用其他材料代替。

(6) 加强胶带输送机运行管理,教育司机增强责任心,发现打滑及时处理;应使用胶带打滑保护装置,当胶带打滑时通过打滑传感器发出信号,自动停机。

(7) 下运带式输送机电机在第二象限运行时,必须装设可靠的制动器,防止飞车。

(8) 进一步加强安全技术培训,强化持证上岗。

(9) 加强机电管理工作。对使用的非阻燃胶带要定出使用安全措施,输送机巷道要设置消防灭火器材。

(10) 确保通信畅通无阻,灵敏可靠。

(三) 人力推车常见事故的预防

人力推车也经常发生一些伤人事故。因此,采用人力推车时,要特别注意安全。

(1) 一次只准推 1 辆车,严禁在矿车两侧推车。同向推车的间距,在轨道坡道小于或等于 5‰时,不得小于 10 m;坡度大于 5‰时,不得小于 30 m。

(2) 推车时必须时刻注意前方,在开始推车、停车、掉道,发现前有人或有障碍物,从坡度较大的地方向下推车以及接近道岔、弯道、巷道口、风门、硐室出口时,推车人员必须及时发出警号。

(3) 严禁放飞车,巷道坡度大于 7‰时,严禁人力推车。

 思考与练习

1. 矿井提升装置必须装设哪些保护装置? 并符合哪些要求?

2. 常见的提升事故有哪些? 是什么原因造成的? 如何预防?

3. 倾斜井巷跑车的主要原因是什么? 如何预防?

4. 轨道运输的倾斜井巷应设置哪些安全设施?

5. 机车运输行车行人伤亡事故有哪些? 主要原因是什么? 如何预防?

6. 带式输送机常见故障有哪些? 如何预防?

任务四　爆破安全技术

一、爆炸物品的储存与运输安全技术

(一) 爆炸物品储存

(1) 爆炸物品的储存,永久性地面爆炸物品库建筑结构(包括永久性埋入式库房)及各种防护措施,总库区的内、外部安全距离等,必须遵守国家有关规定。

井上、下接触爆炸物品的人员,必须穿棉布或者抗静电衣服。

(2) 建有爆炸物品制造厂的矿区总库,所有库房储存各种炸药的总容量不得超过该厂 1 个月生产量,雷管的总容量不得超过 3 个月生产量。没有爆炸物品制造厂的矿区总库,所有库房储存各种炸药的总容量不得超过由该库所供应的矿井 2 个月的计划需要量,雷管的总容量不得超过 6 个月的计划需要量。单个库房的最大容量:炸药不得超过 200 t,雷管不得超过 500 万发。

地面分库所有库房储存爆炸物品的总容量:炸药不得超过 75 t,雷管不得超过 25 万发。单个库房的炸药最大容量不得超过 25 t。地面分库储存各种爆炸物品的数量,不得超过由该库所供应矿井 3 个月的计划需要量。

（3）各种爆炸物品的每一品种都应当专库储存；当条件限制时，按国家有关同库储存的规定储存。存放爆炸物品的木架每格只准放 1 层爆炸物品箱。

（4）地面爆炸物品库必须有发放爆炸物品的专用套间或者单独房间。分库的炸药发放套间内，可临时保存爆破工的空爆炸物品箱与发爆器。在分库的雷管发放套间内发放雷管时，必须在铺有导电的软质垫层并有边缘突起的桌子上进行。

（5）井下爆炸物品库应当采用硐室式、壁槽式或者含壁槽的硐室式。壁槽式爆炸材料库结构示意如图 5-1 所示。

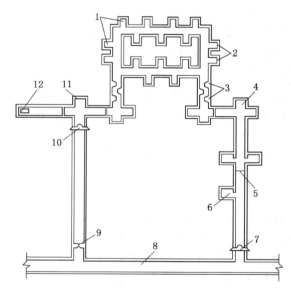

图 5-1　壁槽式爆炸材料库结构示意

1——储存炸药的壁槽；2——储存电雷管的壁槽；3——齿状阻波墙；4——尽头巷道；5——炸药发放室；
6——爆破工具储存及消防硐室；7——抗冲击波活门；8——外部主要运输道；9——栅栏门；
10——抗冲击波密闭门；11——雷管检查室；12——回风道通至总回风道的斜巷或暗井

爆炸物品必须储存在硐室或者壁槽内，硐室之间或者壁槽之间的距离，必须符合爆炸物品安全距离的规定。

井下爆炸物品库应当包括库房、辅助硐室和通向库房的巷道。辅助硐室中，应当有检查电雷管全电阻、发放炸药以及保存爆破工空爆炸物品箱等的专用硐室。

（6）井下爆炸物品库的布置必须符合下列要求：

① 库房距井筒、井底车场、主要运输巷道、主要硐室以及影响全矿井或者一翼通风的风门的法线距离：硐室式不得小于 100 m，壁槽式不得小于 60 m。

② 库房距行人巷道的法线距离：硐室式不得小于 35 m，壁槽式不得小于 20 m。

③ 库房距地面或者上、下巷道的法线距离：硐室式不得小于 30 m，壁槽式不得小于 15 m。

④ 库房与外部巷道之间，必须用 3 条相互垂直的连通巷道相连。连通巷道的相交处必须延长 2 m，断面积不得小于 4 m²，在连通巷道尽头还必须设置缓冲砂箱隔墙，不得将连通

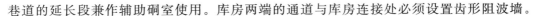

巷道的延长段兼作辅助硐室使用。库房两端的通道与库房连接处必须设置齿形阻波墙。

⑤ 每个爆炸物品库房必须有 2 个出口,一个出口供发放爆炸物品及行人,出口的一端必须装有能自动关闭的抗冲击波活门;另一出口布置在爆炸物品库回风侧,可以铺设轨道运送爆炸物品,该出口与库房连接处必须装有 1 道常闭的抗冲击波密闭门。

⑥ 库房地面必须高于外部巷道的地面,库房和通道应当设置水沟。

⑦ 储存爆炸物品的各硐室、壁槽的间距应当大于殉爆安全距离。

(7) 井下爆炸物品库的最大储存量,不得超过矿井 3 天的炸药需要量和 10 天的电雷管需要量。井下爆炸物品库的炸药和电雷管必须分开储存。

每个硐室储存的炸药量不得超过 2 t,电雷管不得超过 10 天的需要量;每个壁槽储存的炸药量不得超过 400 kg,电雷管不得超过 2 天的需要量。

库房的发放爆炸物品硐室允许存放当班待发的炸药,最大存放量不得超过 3 箱。

(8) 井下爆炸物品库必须采用矿用防爆型(矿用增安型除外)照明设备,照明线必须使用阻燃电缆,电压不得超过 127 V。严禁在储存爆炸物品的硐室或者壁槽内安设照明设备。

不设固定式照明设备的爆炸物品库,可使用带绝缘套的矿灯。

任何人员不得携带矿灯进入井下爆炸物品库房内。库内照明设备或者线路发生故障时,检修人员可以在库房管理人员的监护下使用带绝缘套的矿灯进入库内工作。

(9) 煤矿企业必须建立爆炸物品领退制度和爆炸物品丢失处理办法。

电雷管(包括清退入库的电雷管)在发给爆破工前,必须用电雷管检测仪逐个测试电阻值,并将脚线扭结成短路。

发放的爆炸物品必须是有效期内的合格产品,并且雷管应当严格按同一厂家和同一品种进行发放。

爆炸物品的销毁,必须遵守《民用爆炸物品安全管理条例》。

(二)爆炸物品运输

(1) 在地面运输爆炸物品时,必须遵守《民用爆炸物品安全管理条例》以及有关标准规定。

(2) 在井筒内运送爆炸物品时,应当遵守下列规定:

① 电雷管和炸药必须分开运送,但在开凿或者延深井筒时,符合《煤矿安全规程》规定的,不受此限。

② 必须事先通知绞车司机和井上、下把钩工。

③ 运送电雷管时,罐笼内只准放置 1 层爆炸物品箱,不得滑动。运送炸药时,爆炸物品箱堆放的高度不得超过罐笼高度的 2/3。采用将装有炸药或者电雷管的车辆直接推入罐笼内的方式运送时,车辆必须符合《煤矿安全规程》的规定。使用吊桶运送爆炸物品时,必须使用专用箱。

④ 在装有爆炸物品的罐笼或者吊桶内,除爆破工或者护送人员外,不得有其他人员。

⑤ 罐笼升降速度:运送电雷管时,不得超过 2 m/s;运送其他类爆炸物品时,不得超过 4 m/s。吊桶升降速度:不论运送何种爆炸物品,都不得超过 1 m/s。司机在启动和停绞车时,应当保证罐笼或者吊桶不震动。

⑥ 在交接班、人员上下井的时间内,严禁运送爆炸物品。

⑦ 禁止将爆炸物品存放在井口房、井底车场或者其他巷道内。

（3）井下用机车运送爆炸物品时，应当遵守下列规定：

① 炸药和电雷管在同一列车内运输时，装有炸药与装有电雷管的车辆之间，以及装有炸药或者电雷管的车辆与机车之间，必须用空车分别隔开，隔开长度不得小于 3 m。

② 电雷管必须装在专用的、带盖的、有木质隔板的车厢内，车厢内部应当铺有胶皮或者麻袋等软质垫层，并只准放置 1 层爆炸物品箱。炸药箱可以装在矿车内，但堆放高度不得超过矿车上缘。运输炸药、电雷管的矿车或者车厢必须有专门的警示标识。

③ 爆炸物品必须由井下爆炸物品库负责人或者经过专门培训的人员专人护送。跟车工、护送人员和装卸人员应当坐在尾车内，严禁其他人员乘车。

④ 列车的行驶速度不得超过 2 m/s。

⑤ 装有爆炸物品的列车不得同时运送其他物品。

井下采用无轨胶轮车运送爆炸物品时，应当按照民用爆炸物品运输管理有关规定执行。

（4）水平巷道和倾斜巷道内有可靠的信号装置时，可以用钢丝绳牵引的车辆运送爆炸物品，炸药和电雷管必须分开运输，运输速度不得超过 1 m/s。运输电雷管的车辆必须加盖、加垫，车厢内以软质垫物塞紧，防止震动和撞击。严禁用刮板输送机、带式输送机等运输爆炸物品。

（5）由爆炸物品库直接向工作地点用人力运送爆炸物品时，应当遵守下列规定：

① 电雷管必须由爆破工亲自运送，炸药应当由爆破工或者在爆破工监护下运送。

② 爆炸物品必须装在耐压和抗冲撞、防震、防静电的非金属容器内，不得将电雷管和炸药混装。严禁将爆炸物品装在衣袋内。领到爆炸物品后，应当直接送到工作地点，严禁中途逗留。

③ 携带爆炸物品上下井时，在每层罐笼内搭乘的携带爆炸物品的人员不得超过 4 人，其他人员不得同罐上下。

④ 在交接班、人员上下井的时间内，严禁携带爆炸物品人员沿井筒上下。

二、井下爆破安全技术

（一）立井爆破作业安全技术

（1）煤矿必须指定部门对爆破工作专门管理，配备专业管理人员。所有爆破人员，包括爆破、送药、装药人员，必须熟悉爆炸物品性能和《煤矿安全规程》的规定。

（2）开凿或者延深立井井筒，向井底工作面运送爆炸物品和在井筒内装药时，除负责装药爆破的人员、信号工、看盘工和水泵司机外，其他人员必须撤到地面或者上水平巷道中。

（3）开凿或者延深立井井筒中的装配起爆药卷工作，必须在地面专用的房间内进行。

专用房间距井筒、厂房、建筑物和主要通路的安全距离必须符合国家有关规定，且距离井筒不得小于 50 m。

严禁将起爆药卷与炸药装在同一爆炸物品容器内运往井底工作面。

（4）在开凿或者延深立井井筒时，必须在地面或者在生产水平巷道内进行起爆。

在爆破母线与电力起爆接线盒引线接通之前，井筒内所有电气设备必须断电。

只有在爆破工完成装药和连线工作，将所有井盖门打开，井筒、井口房内的人员全部撤出，设备、工具提升到安全高度以后，方可起爆。

爆破通风后，必须仔细检查井筒，清除崩落在井圈上、吊盘上或者其他设备上的矸石。

爆破后乘吊桶检查井底工作面时，吊桶不得蹾撞工作面。

（二）井下爆破作业前的准备

（1）井下爆破工作必须由专职爆破工担任。突出煤层采掘工作面爆破工作必须由固定的专职爆破工担任。爆破作业必须执行"一炮三检"和"三人连锁爆破"制度，并在起爆前检查起爆地点的甲烷浓度。

（2）爆破作业必须编制爆破作业说明书，并符合下列要求：

① 炮眼布置图必须标明采煤工作面的高度和打眼范围或者掘进工作面的巷道断面尺寸，炮眼的位置、个数、深度、角度及炮眼编号，并用正面图、平面图和剖面图表示。

② 炮眼说明表必须说明炮眼的名称、深度、角度，使用炸药、雷管的品种，装药量，封泥长度，连线方法和起爆顺序。

③ 必须编入采掘作业规程，并及时修改补充。

④ 钻眼、爆破人员必须依照说明书进行作业。

（3）不得使用过期或者变质的爆炸物品。不能使用的爆炸物品必须交回爆炸物品库。

（4）井下爆破作业，必须使用煤矿许用炸药和煤矿许用电雷管。一次爆破必须使用同一厂家、同一品种的煤矿许用炸药和电雷管。煤矿许用炸药的选用必须遵守下列规定：

① 低瓦斯矿井的岩石掘进工作面，使用安全等级不低于一级的煤矿许用炸药。

② 低瓦斯矿井的煤层采掘工作面、半煤岩掘进工作面，使用安全等级不低于二级的煤矿许用炸药。

③ 高瓦斯矿井，使用安全等级不低于三级的煤矿许用炸药。

④ 突出矿井，使用安全等级不低于三级的煤矿许用含水炸药。

在采掘工作面，必须使用煤矿许用瞬发电雷管、煤矿许用毫秒延期电雷管或者煤矿许用数码电雷管。使用煤矿许用毫秒延期电雷管时，最后一段的延期时间不得超过 130 ms。使用煤矿许用数码电雷管时，一次起爆总时间差不得超过 130 ms，并应当与专用起爆器配套使用。

（5）在有瓦斯或者煤尘爆炸危险的采掘工作面，应当采用毫秒爆破。在掘进工作面应当全断面一次起爆，不能全断面一次起爆的，必须采取安全措施。在采煤工作面可分组装药，但一组装药必须一次起爆。

严禁在 1 个采煤工作面使用 2 台发爆器同时进行爆破。

（6）在高瓦斯矿井采掘工作面采用毫秒爆破时，若采用反向起爆，必须制定安全技术措施。

（7）在高瓦斯、突出矿井的采掘工作面实体煤中，为增加煤体裂隙、松动煤体而进行的 10 m 以上的深孔预裂控制爆破，可以使用二级煤矿许用炸药，并制定安全措施。

（8）爆破工必须把炸药、电雷管分开存放在专用的爆炸物品箱内，并加锁，严禁乱扔、乱放。爆炸物品箱必须放在顶板完好、支护完整，避开有机械、电气设备的地点。爆破时必须把爆炸物品箱放置在警戒线以外的安全地点。

（9）从成束的电雷管中抽取单个电雷管时，不得手拉脚线硬拽管体，也不得手拉管体硬拽脚线，应当将成束的电雷管顺好，拉住前端脚线将电雷管抽出。抽出单个电雷管后，必须将其脚线扭结成短路。

（三）装药

（1）装配起爆药卷时，必须遵守下列规定：

① 必须在顶板完好、支护完整,避开电气设备和导电体的爆破工作地点附近进行。严禁坐在爆炸物品箱上装配起爆药卷。装配起爆药卷数量,以当时爆破作业需要的数量为限。

② 装配起爆药卷必须防止电雷管受震动、冲击,折断电雷管脚线和损坏脚线绝缘层。

③ 电雷管必须由药卷的顶部装入,严禁用电雷管代替竹、木棍扎眼。电雷管必须全部插入药卷内。严禁将电雷管斜插在药卷的中部或者捆在药卷上。

④ 电雷管插入药卷后,必须用脚线将药卷缠住,并将电雷管脚线扭结成短路。

(2)装药前,必须首先清除炮眼内的煤粉或者岩粉,再用木质或者竹质炮棍将药卷轻轻推入,不得冲撞或者捣实。炮眼内的各药卷必须彼此密接。

有水的炮眼,应当使用抗水型炸药。

装药后,必须把电雷管脚线悬空,严禁电雷管脚线、爆破母线与机械电气设备等导电体相接触。

(3)炮眼封泥必须使用水炮泥,水炮泥外剩余的炮眼部分应当用黏土炮泥或者用不燃性、可塑性松散材料制成的炮泥封实。严禁用煤粉、块状材料或者其他可燃性材料作炮眼封泥。无封泥、封泥不足或者不实的炮眼,严禁爆破。严禁裸露爆破。

(4)炮眼深度和炮眼的封泥长度应当符合下列要求:

① 炮眼深度小于 0.6 m 时,不得装药、爆破;在特殊条件下,如挖底、刷帮、挑顶确需进行炮眼深度小于 0.6 m 的浅孔爆破时,必须制定安全措施并封满炮泥。

② 炮眼深度为 0.6~1 m 时,封泥长度不得小于炮眼深度的 1/2。

③ 炮眼深度超过 1 m 时,封泥长度不得小于 0.5 m。

④ 炮眼深度超过 2.5 m 时,封泥长度不得小于 1 m。

⑤ 深孔爆破时,封泥长度不得小于孔深的 1/3。

⑥ 光面爆破时,周边光爆炮眼应当用炮泥封实,且封泥长度不得小于 0.3 m。

⑦ 工作面有两个及以上自由面时,在煤层中最小抵抗线不得小于 0.5 m,在岩层中最小抵抗线不得小于 0.3 m。浅孔装药爆破大块岩石时,最小抵抗线和封泥长度都不得小于 0.3 m。

(5)处理卡在溜煤(矸)眼中的煤、矸时,如果确无爆破以外的其他方法,可爆破处理,但必须遵守下列规定:

① 爆破前检查溜煤(矸)眼内堵塞部位的上部和下部空间的瓦斯浓度。

② 爆破前必须洒水。

③ 使用用于溜煤(矸)眼的煤矿许用刚性被筒炸药,或者不低于该安全等级的煤矿许用炸药。

④ 每次爆破只准使用 1 个煤矿许用电雷管,最大装药量不得超过 450 g。

(6)装药前和爆破前有下列情况之一的,严禁装药、爆破:

① 采掘工作面控顶距离不符合作业规程的规定,或者有支架损坏,或者伞檐超过规定。

② 爆破地点附近 20 m 以内风流中甲烷浓度达到或者超过 1.0%。

③ 在爆破地点 20 m 以内,矿车、未清除的煤(矸)或者其他物体堵塞巷道断面 1/3 以上。

④ 炮眼内发现异状、温度骤高骤低、有显著瓦斯涌出、煤岩松散、透老空区等情况。

⑤ 采掘工作面风量不足。

（四）爆破

（1）在有煤尘爆炸危险的煤层中,掘进工作面爆破前后,附近 20 m 的巷道内必须洒水降尘。

（2）爆破前,必须加强对机电设备、液压支架和电缆等的保护。

爆破前,班组长必须亲自布置专人将工作面所有人员撤离警戒区域,并在警戒线和可能进入爆破地点的所有通路上布置专人担任警戒工作。警戒人员必须在安全地点警戒。警戒线处应当设置警戒牌、栏杆或者拉绳。

（3）爆破母线和连接线必须符合下列要求:

① 爆破母线符合标准。

② 爆破母线和连接线、电雷管脚线和连接线、脚线和脚线之间的接头相互扭紧并悬空,不得与轨道、金属管、金属网、钢丝绳、刮板输送机等导电体相接触。

③ 巷道掘进时,爆破母线应当随用随挂。不得使用固定爆破母线,特殊情况下,在采取安全措施后,可不受此限。

④ 爆破母线与电缆应当分别挂在巷道的两侧。如果必须挂在同一侧,爆破母线必须挂在电缆的下方,并保持 0.3 m 以上的距离。

⑤ 只准采用绝缘母线单回路爆破,严禁用轨道、金属管、金属网、水或者大地等当作回路。

⑥ 爆破前,爆破母线必须扭结成短路。

（4）井下爆破必须使用发爆器。开凿或者延深通达地面的井筒时,无瓦斯的井底工作面中可使用其他电源起爆,但电压不得超过 380 V,并必须有电力起爆接线盒。

发爆器或者电力起爆接线盒必须采用矿用防爆型（矿用增安型除外）。

发爆器必须统一管理、发放。必须定期校验发爆器的各项性能参数,并进行防爆性能检查,不符合要求的严禁使用。

（5）每次爆破作业前,爆破工必须做电爆网路全电阻检测。严禁采用发爆器打火放电的方法检测电爆网路。

（6）爆破工必须最后离开爆破地点,并在安全地点起爆。起爆地点到爆破地点的距离必须在作业规程中具体规定。

（7）发爆器的把手、钥匙或者电力起爆接线盒的钥匙,必须由爆破工随身携带,严禁转交他人。只有在爆破通电时,方可将把手或者钥匙插入发爆器或者电力起爆接线盒内。

爆破后,必须立即将把手或者钥匙拔出,摘掉母线并扭结成短路。

（8）爆破前,脚线的连接工作可由经过专门训练的班组长协助爆破工进行。爆破母线连接脚线、检查线路和通电工作,只准爆破工一人操作。

爆破前,班组长必须清点人数,确认无误后,方准下达起爆命令。

爆破工接到起爆命令后,必须先发出爆破警号,至少再等 5 s 后方可起爆。

装药的炮眼应当当班爆破完毕。特殊情况下,当班留有尚未爆破的已装药的炮眼时,当班爆破工必须在现场向下一班爆破工交接清楚。

（9）爆炸物品库和爆炸物品发放硐室附近 30 m 范围内,严禁爆破。

（五）爆破后检查处理

（1）爆破后,待工作面的炮烟被吹散,爆破工、瓦斯检查工和班组长必须首先巡视爆破

地点,检查通风、瓦斯、煤尘、顶板、支架、拒爆、残爆等情况。发现危险情况,必须立即处理。

(2)通电以后拒爆时,爆破工必须先取下把手或者钥匙,并将爆破母线从电源上摘下,扭结成短路;再等待一定时间(使用瞬发电雷管,至少等待 5 min;使用延期电雷管,至少等待 15 min),才可沿线路检查,找出拒爆的原因。

(3)处理拒爆、残爆时,应当在班组长指导下进行,并在当班处理完毕。如果当班未能完成处理工作,当班爆破工必须在现场向下一班爆破工交接清楚。

处理拒爆时,必须遵守下列规定:

① 由于连线不良造成的拒爆,可重新连线起爆。

② 在距拒爆炮眼 0.3 m 以外另打与拒爆炮眼平行的新炮眼,重新装药起爆。

③ 严禁用镐刨或者从炮眼中取出原放置的起爆药卷,或者从起爆药卷中拉出电雷管。不论有无残余炸药,严禁将炮眼残底继续加深;严禁使用打孔的方法往外掏药;严禁使用压风吹拒爆、残爆炮眼。

④ 处理拒爆的炮眼爆炸后,爆破工必须详细检查炸落的煤、矸,收集未爆的电雷管。

⑤ 在拒爆处理完毕以前,严禁在该地点进行与处理拒爆无关的工作。

 思考与练习

1. 爆破作业装药时对封泥质量和长度有哪些要求?

2. 什么是"一炮三检"制度?

3. 为什么煤矿井下爆破作业要执行"三人连锁爆破"制度?

4. 在什么情况下不准装药、爆破?

项目六　矿山救护与灾变处理

在矿山建设和生产过程中,由于自然条件复杂、作业环境较差,加之人们对矿山灾害客观规律的认识不够全面、深入,有时麻痹大意和违章作业、违章指挥,这就造成发生某些灾害的可能。为了迅速有效地处理矿井突发事故,保护职工的生命安全,减少国家资源和财产的损失,必须根据《煤矿安全规程》和《矿山救护规程》的要求,做好救护工作。同时,还要教育职工,在发生事故时积极进行自救和互救。

任务一　矿山救护工作要点

一、我国矿山救护队历史沿革

我国的矿山救护队伍经历了一个从无到有、从弱到强、逐步发展壮大的过程,其主管部门历经了煤炭部→能源部→煤炭部→国家经贸委→国家煤矿安全监察局→国家安全生产监督管理局(国家煤炭安全监察局)→国家安全生产监督管理总局→国家安全生产应急救援指挥中心等多次变更。

1949 年,在抚顺、阜新、辽源三个煤矿建立了我国第一批专职矿山救护队伍。到 1994 年,煤炭系统自上而下建立了从矿山救护总队、救护支队、救护大队、救护中队,直到辅助救护队的军事化救护体系,实行统一管理、统一救灾调度指挥。2003 年 2 月,国家安全生产监督管理总局组建了矿山救援指挥中心。2013 年 6 月,建成了 7 支国家矿山应急救援队,分别是:黑龙江鹤岗、山西大同、河北开滦、安徽淮南、河南平顶山、四川芙蓉、甘肃靖远矿山救护队。截止到 2011 年,全国共有 14 个国家矿山救援基地、18 个省级矿山救援指挥中心、77 个省级矿山救援基地的格局,98 支矿山救护大队,609 支救护中队,1 831 支救护小队。国家队的建设基本完成,形成了以矿山救护队、抢险排水队、钻探救援队、医疗急救队和专家组"四队一组"为主的组织体系,初步实现了由单一的矿山救护队向集预防、救援、培训和储备等功能于一体的综合性救援队伍转变。

二、国家矿山应急救援体系

矿山救援体系是指为了保证矿山事故救援能够有序、有力、有效地进行而建立的各种保障系统。我国国家矿山应急救援体系是依据《安全生产法》《矿山安全法》《煤矿安全监察条例》和其他法律法规的规定而建立的。该体系主要包括矿山应急救援管理系统、组织系统(包括救护队伍和医疗队伍两部分)、技术支持系统、装备保障系统和通信信息系统五部分。我国建立的矿山应急救援体系如图 6-1 所示。

1. 矿山应急救援管理系统

该系统由国家矿山应急救援委员会、国家安全生产监督管理总局矿山救援指挥中心、省级矿山救援指挥中心、市级及县级矿山应急救援指挥部门及矿山应急救援管理部门等组织

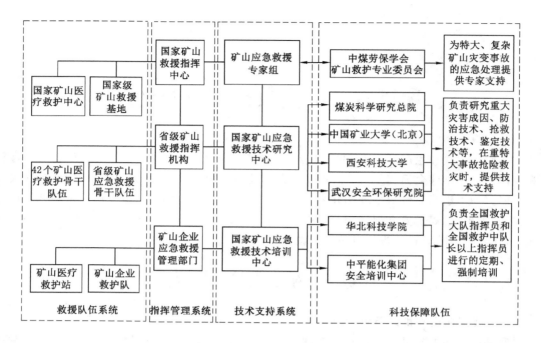

图 6-1　我国矿山应急救援体系

（机构）组成。

国家矿山应急救援委员会是在国家安全生产监督管理总局领导下负责矿山应急救援决策和协调的组织。

国家安全生产监督管理总局矿山救援指挥中心受国家安全生产监督管理总局委托,组织协调全国矿山应急救援工作,其机构设置及职能如下:组织协调全国矿山应急救援工作;负责国家矿山应急救援体系建设工作;组织起草有关矿山救援方面的规章、规程和安全技术标准;承办矿山应急救援新技术、新装备的推广应用工作;负责矿山救护比武、矿山救护队伍资质认证工作,承办全国矿山救护技术交流与合作项目;完成国家安全生产监督管理总局交办的其他事项。根据职责范围,矿山救援指挥中心设四个处,即综合处、救援处、技术处和管理处。

在国家安全生产监督管理总局矿山救援指挥中心的指导协调下,建立了省级矿山救援指挥中心,协调指挥辖区矿山应急救援工作。经国家安全生产监督管理总局批复相继成立了山东矿山救援指挥中心、湖南矿山救援指挥中心、河南矿山救援指挥中心、黑龙江煤矿抢险救援指挥中心、安徽煤矿救援指挥中心、辽宁煤矿救援指挥中心、贵州煤矿救援指挥中心、甘肃煤矿救援指挥中、宁夏煤矿救援指挥中心等多个省级矿山救援指挥中心。

2. 矿山应急救援组织系统

该系统分为救护队和医疗队伍。救护队由区域矿山救援基地、重点矿山救护队和矿山救护队组成。急救医疗队伍包括国家安全生产监督管理总局矿山医疗救护中心、区域和重点医疗救护中心及企业医疗救护站,负责矿山灾变事故的救护及医疗。

3. 矿山应急救援技术支持系统

该系统包括国家矿山应急救援专家组、国家安全生产监督管理总局矿山救援技术研究实验中心、国家安全生产监督管理总局矿山救援技术培训中心,负责为应急救援工作提供技术和培训服务。

从全国矿山、科研院校聘请救援技术专家,分设瓦斯(煤尘)、火灾、水灾、顶板、综合、医疗六个专业组组成国家矿山救援技术专家组。

以中国矿业大学、煤炭科学研究、西安科技大学、武汉安全环保研究院等单位为基础,建设矿山救援技术研究中心,承担矿山救援技术研究、科研攻关、制定技术标准,为救灾提供技术咨询和服务。以华北科技学院、平顶山煤矿安全技术培训中心为基础,建设矿山救援技术培训中心,负责全国救护中队长以上指挥员的技术培训。

4.矿山应急救援装备保障系统

该系统的基本框架是:国家安全生产监督管理总局矿山救援指挥中心购置先进的、具备较高技术含量的救灾装备与仪器仪表,储存在区域矿山救援基地,用于支持重大、复杂灾害的抢险救灾;区域矿山救援基地要按规定进行装备并加快现有救护装备更新改造,配备较先进救灾技术设备,用于区域内或跨区域矿山灾害的应急救援;重点矿山救护队负责省(市、自治区)内重大特大矿山事故的应急救援,按规定配齐常规救援装备并保持装备的完好性。

5.矿山应急救援信息系统

该系统以国家安全生产监督管理总局中心网站为中心点,建立完善的抢险救灾通信信息网络。使国家安全生产监督管理总局矿山指挥中心、省级矿山救援指挥中心、各级矿山救护队、各级矿山医疗救护中心、各矿山救援技术研究实验培训中心、地(市)及县(区)应急救援管理部门和矿山企业之间,建立并保持畅通的通信信息通道,并逐步建立起救灾远程会商视频系统。矿山应急救援通信信息系统在国家安全生产监督管理总局矿山救援指挥中心与国家安全生产监督管理总局调度中心之间实现电话、信息直通。

我国的应急救援体系虽然起步较晚,但是发展较快,在矿山救护队的建设及保障系统等方面已经形成了较为完善的应急救援体系。图 6-2 所示为我国矿山应急救援流程框图。

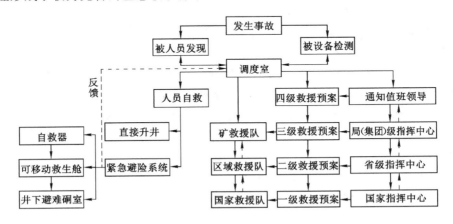

图 6-2　矿山应急救援流程框图

三、矿山救护队与指战员

(一)矿山救护队的性质和作用

矿山救护队是矿山事故救援体系的重要组织体制之一,是处理矿井火灾、瓦斯、煤尘、水、顶板等灾害的专业队伍,是职业性、技术性组织,严格实行军事化管理。实践证明,矿山救护队在预防和处理矿山灾害事故中发挥了重要的作用,是矿山安全的保护神。

（二）矿山救护队的特点

矿山救护队与其他工种相比,有其根本的特殊性,其特点主要表现为:

（1）矿山救护队是矿山生产安全灾害事故抢救的主要突击力量,当出现矿井灾害时,能迅速触动,科学、安全、迅速地完成救援任务。要求救护队平时加强技术练兵,提高业务水平和战斗力,战时才能很好地处理各类灾害事故。

（2）矿山救护工作具有明显的紧迫性和危险性。救护队接到事故电话后,不管何时何地何种恶劣气候,都必须立即行动。到达事故矿井后,要立即投入到抢险救灾。

（三）矿山救护队的职责和任务

矿山救护队是处理矿山事故的专业队伍,当矿井发生灾害事故时,要做到"招之即来、来之能战、战之能胜"。各项工作必须以救护为中心,以提高战斗力为重点,把抢救遇难人员和国家财产作为神圣职责。主要任务:

1. 基本内容

（1）救护井下遇险遇难人员。

（2）处理井下火、瓦斯、煤尘、水和顶板等灾害事故。

（3）参加危及井下人员安全的地面灭火工作。

（4）参加排放瓦斯、震动性爆破、启封火区、反风演习和其他需要佩用氧气呼吸器的安全技术工作。

（5）参加审查矿井灾害预防和处理计划,协助矿井搞好安全和消除事故隐患的工作。

（6）负责辅助救护队的培训和业务指导工作。

（7）协助矿山搞好职工救护知识的教育。

2. 矿山救护队进行矿井预防性工作的主要内容

（1）经常深入服务矿井熟悉情况,了解各矿采掘布置、通风系统、保安设施、火区管理、运输、防水排水、输配电系统、洒水灭尘、消防管路系统及其设备的使用情况;各生产区队、班（组）的分布情况,机电硐室、火药室、安全出口的所在位置,事故隐患及安全生产动态等。

（2）协助矿井搞好探查古窑、恢复旧巷等需要佩用氧气呼吸器的安全技术工作。

（3）协助矿井训练井下职工、工程技术人员使用和管理自救器。

（4）宣传党的安全生产方针,协助通风安全部门做好煤矿事故的预防工作。

（5）帮助矿长、总工程师掌握救护仪器使用的基本知识。

（四）矿山救护队的资质

矿山救护队从事救援技术服务活动,必须进行资质认定,取得资质证书。资质认定和管理工作,实行两级发证、属地监管。根据矿山救护队的编制、人员构成与素质、技术装备、训练与培训设施和救援业绩等条件,矿山救护队资质分为一级、二级、三级、四级。

国家安全生产监督管理总局（以下简称资质认定机关）负责一级、二级矿山救护队的资质认定管理工作,国家安全生产监督管理总局矿山救援指挥机构负责一级、二级矿山救护队资质认定的审查和管理工作。省、自治区、直辖市安全生产监督管理部门和省级煤矿安全监察机构（以下简称资质认定机关）按照职责分工,负责本行政区域内三级、四级矿山救护队的资质认定管理工作,其矿山救援指挥机构负责三级、四级矿山救护队的资质认定的审查和管理工作。

一级、二级、三级矿山救护队可以面向社会从事矿山及相关的救援技术服务活动。

一级、二级矿山救护队可以根据国家安全生产监督管理总局的有关规定,承担矿山救护队员的培训工作。

一级矿山救护队可以参与或承担有关国际交流合作工作。

取得矿山救护队资质,应由具有法人资格的矿山救护队、矿山救护队主管部门或者矿山救护队所在企事业单位(以下统称申请单位)向资质认定机关提出申请。

(五)矿山救护队质量标准

矿山救护大队质量标准化考核规范包括:组织机构、技术装备与设施、救护培训、综合管理、所属各矿山救护中队质量标准化考核,共五项,满分为 100 分。采用各单项单独扣分的方法计分,标准分扣完为止。五个项目中,前四项标准分合计为 40 分,第五项为所属矿山救护中队质量标准化考核(百分制计分),平均得分乘以 60%。矿山救护大队质量标准化考核得分＝前四项分数之和＋所属各矿山救护中队质量标准化考核平均得分×60%。

矿山救护中队质量标准化考核包括:救护队伍及人员、救护培训、救援装备、维护保养与设施、业务技术工作、救援准备、医疗急救、一般技术操作、综合体质、军事化队容、风纪、礼节、综合管理共十项,满分为 100 分。

矿山救护中队质量标准化考核时,业务知识、军事化队容、风纪、礼节和综合管理由中队集体完成,其他项目以小队为单位独立完成。两个及以上小队完成同一项目,小队平均得分为该项目中队得分。

矿山救护大队、中队质量标准化考核分为四个等级:

① 特级:总分 90 分以上(含 90 分)。

② 一级:总分 85 分以上(含 85 分)。

③ 二级:总分 80 分以上(含 80 分)。

④ 三级:总分 75 分以上(含 75 分)。

质量标准化考核 75 分以下,必须限期整改。

矿山救护中队应每季度组织一次达标自检,矿山救护大队(独立中队)应每半年组织一次达标检查,省级矿山救援指挥机构应每年组织一次检查验收,国家矿山救援指挥机构适时组织抽查。

凡被评为特级、一级、二级和三级的矿山救护大队(独立中队),由国家矿山救援指挥机构命名;凡被评为特级、一级、二级和三级的矿山救护中队,由省级矿山救援指挥机构命名。当年发生违章、自身伤亡事故的矿山救护队质量标准化考核等级应降低一级。

矿山企业应将矿山救护队伍的质量标准化考核工作与矿山质量标准化工作同布置、同检查、同总结,并纳入到本企业质量标准化建设的活动中去。

(六)矿山救护指战员素质要求

(1)热爱矿山救护工作,发扬英勇顽强、吃苦耐劳、爱岗敬业、勇于奉献的精神,全心全意为矿山安全生产服务。

(2)积极参加科学文化、技术业务学习,加强体质训练,不断提高思想、业务技术和身体素质,了解矿山各类事故发生的规律及防治措施,掌握矿山各类事故的处理方法,具备矿山抢险救灾能力。

（3）掌握矿山应急救援相关法律、法规和标准，自觉遵守《煤矿安全规程》等安全救护的法律法规和各项规章制度，拒绝违章指挥，杜绝违章作业。

（4）掌握矿山救护技术装备的基本知识和安全操作方法，熟练掌握各种仪器设备的操作技能，认真做好救护装备的维护保养工作，保持完好的战斗准备状态。

（5）遵守纪律，听从指挥，勇敢果断，思维敏捷，应变能力强，积极主动地完成抢险救灾和其他各项战斗任务。

四、灾变处理中救护队的行动原则

矿山救护队必须认真执行国家的安全生产方针，坚持"加强战备，严格训练，主动预防，积极抢救"的原则，时刻保持高度的警惕，平时严格管理、严格训练，深入井下熟悉巷道，预防性检查，消除隐患，战时能做到"招之即来，来之能战，战之能胜"。

矿山救护队接到事故电话时，应问清事故地点、类别、通知人姓名，立即发出警报、迅速集合队员。必须在接到电话 1 min 内出动，不需乘车出动时，不得超过 2 min 出动，迅速赶到事故矿井。

矿井发生重大事故后，必须立即成立抢救指挥部，矿长任总指挥，矿山救护队长为指挥部成员。在处理事故时，矿山救护队长对救护队的行动具体负责、全面指挥。如果有外区域矿山救护队联合作战，应成立矿山救护联合作战部，由事故矿所在区域的救护队长担任指挥，协调各救护队战斗行动。

处理事故时，应在灾区附近的新鲜风流中选择安全地点设立井下基地。基地指挥由指挥部选派人员担任，有矿山救护队指挥员、待机小队和急救员值班，并设有通往地面指挥部和灾区的电话，有必要的备用救护器材和装备，有明显的灯光标志。根据事故处理情况变化，救护基地可向灾区推移，也可撤离灾区。

矿井发生火灾、瓦斯或煤尘爆炸、水灾等重大事故后，救护队必须首先进行侦察工作，准确探明事故的类别、原因、范围、遇险遇难人员数量和所在地，以及通风、瓦斯、有毒有害气体等情况，为指挥部制定符合实际情况的处理事故方案提供可靠依据。

抢救遇险人员是矿山救护队的首要任务，要创造条件以最快的速度、最短的路线，先将受伤、窒息的人员运送到新鲜空气地点进行急救，同时派人员引导未受伤人员撤离灾区，然后抬出已牺牲的人员。

进入灾区侦察或作业的小队人员不得少于 6 人，并根据事故性质的需要，携带必要的技术设备。救护小队在窒息区内工作时，小队长应使队员保持在彼此能看到或听到音响信号的范围以内，任何情况下都严禁指战员单独行动，严禁通过口具或摘掉口具讲话。

救灾工作需要果断、勇敢和科学性相结合，不能有侥幸心理和蛮干行为。指挥人员应在准确掌握事故情况的基础上，分析研究，根据《矿山救护规程》中处理各类事故时救护队的行动原则，制订出切实可行的作战方案。并抓住战机，组织力量，尽快地抢救人员和处理事故。事故处理结束，经抢救指挥部同意后，救护队才能整理装备带队返回。

 思考与练习

1. 我国矿山救援体系由哪几部分组成？

2. 简述矿山应急救援流程。

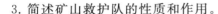

3. 简述矿山救护队的性质和作用。

4. 简述矿山救护队的主要职责。

5. 简述矿山救护队的资质等级。

6. 简述矿山救护大队质量标准化考核规范包括哪几部分？

7. 简述矿山救护队的行动原则。

任务二　煤矿重大事故抢险救灾

一、矿井重大灾害事故的特征与特性

由于煤矿生产的特殊性,决定了煤矿重大灾害事故不仅影响范围大、伤亡人员多、中断生产时间长,而且对矿山井巷工程和设备毁坏也非常严重。每一矿井由于自然条件、生产条件、主观因素的复杂性,即使是同一矿井在不同时期,由于自然条件、生产环境以及管理效能的不同都会具有不同的特征。虽然事故的发生具有一定的偶然性,但是就总体而言,所有重大矿井灾害都有共同的特征。

1. 突发性

煤矿矿井重大灾害的发生往往都是一瞬之间。给人们造成严重的心理冲击,让人措手不及。使指挥者失去冷静与理智,无法正常地思考问题,难以及时有效地制定出合理的抢救措施,导致在抢救的初期出现失误,从造成事故损失不断扩大的后果。

2. 灾难性

煤矿矿井重大灾害严重威胁井下作业人员的生命安全,甚至造成重大人员伤亡。如果指挥者决策失误或指挥抢救措施不当,往往会造成重大的恶性事故。而在决策过程中得知或意识到有大量人员受困或受到安全威胁将会进一步增加指挥者的慌乱程度,造成决策失误。

3. 破坏性

煤矿矿井重大灾害会对矿井生产系统造成巨大的破坏,中断生产。同时井巷工程和生产设备损毁也将会给企业和国家带来巨大的损失。同时,也给抢险救灾增加了难度,尤其是矿井通风系统的破坏,使井下有毒气体扩散,会进一步造成人员伤亡。这就要求指挥者在救灾决策时充分考虑通风系统的情况,通风系统破坏与否将会对救灾方案的制订带来巨大影响。

4. 继发性

在较短的时间里重复发生同类事故或诱发其他事故,称为事故的继发性。事故继发性可能性的存在,对指挥者的要求就更加严格。要求指挥者必须制订多种应急救灾预案。在制订救灾方案时需要考虑更多的情况,做好充分准备,有效应对继发性灾害事故的发生。一旦发生继发性灾害,就必须冷静理智地做出及时有效的反应,制订完全的救灾方案,不能顾此失彼,不能只顾眼下问题的处理而忽视事故的发展变化。

由于煤矿矿井灾害存在突发性、灾难性、破坏性和继发性等特征,这就给救灾指挥者提出了极高的要求,如何才能冷静、理智、全面地考虑问题,制订有效救灾方案,则是对指挥者决策能力和救灾能力的巨大考验。只有针对现有情况做出正确的判断,提前做好预警方案,控制事故发展变化的方向,才能有效减少事故的损失。

二、发生重大事故时的决策要点

(一)瓦斯爆炸事故抢险救灾决策要点

当获悉井下发生爆炸后,应利用一切可能的手段了解灾情,判断灾情的发展趋势,及时果断地做出决定,下达救灾命令。

1. 必须了解(询问)的内容

(1)爆炸地点及其波及范围。

(2)人员分布及其伤亡情况。

(3)通风情况,如风量大小、风流方向、风门等通风构筑物的损坏情况等。

(4)灾区瓦斯情况,如瓦斯浓度、烟雾大小、CO 浓度及其流向等。

(5)是否发生了火灾。

(6)主要通风机的工作情况,如通风机是否正常运转、防爆门是否被吹开、通风机房水柱计读数是否有变化等。

2. 必须分析判断的内容

(1)通风系统的破坏程度,可根据灾区通风情况和主要通风机房水柱计读值的变化情况做出判断。如果读值比正常通风时数值增大,说明灾区内巷道冒顶,通风系统被堵塞。比正常通风时数值减小,说明灾区风流短路。其产生原因可能是:① 风门被摧毁;② 人员撤退时未关闭风门;③ 回风井口防爆门(盖)被冲击波冲开;④ 反风进风闸门被冲击波击落堵塞了风硐,风流从反风进风口进入风硐,然后由通风机排出;⑤ 可能是爆炸后引起明火火灾,高温烟气在上行风流中产生火风压,使主要通风机风压降低。

(2)是否会产生连续爆炸。若爆炸后产生冒顶,风道被堵塞,风量减少,继续有瓦斯涌出,并存在高温热源,则能产生连续爆炸。

(3)是否会诱发火灾。

(4)可能的影响范围。

3. 必须做出的决定并下达的命令

(1)切断灾区电源。

(2)撤出灾区和可能影响区的人员。

(3)向矿务局汇报并召请救护队。

(4)成立抢救指挥部,并制订救灾方案。

(5)保证主要通风机和空气压缩机正常运转。

(6)保证升降人员的井筒正常提升。

(7)清点井下人员、控制入井人员。

(8)矿山救护队到矿后,按照救灾方案布置救护队抢救遇险人员、侦察灾情、扑灭火灾、恢复通风系统、防止再次爆炸。

(9)命令有关单位准备救灾物资,医院准备抢救伤员。

矿井发生瓦斯爆炸事故后,灾区内充满了爆炸烟雾和有毒有害气体,这时,只有佩用氧气呼吸器的救护员才能进入灾区工作。

(二)冒顶事故抢险救灾决策要点

处理冒顶事故的主要任务是抢救遇险人员及恢复通风等。抢救遇险人员时,首先应直接与遇险人员联络(呼叫、敲打、使用地音探听器等),来确定遇险人员所在的位置和人数。

如果遇险人员所在地点通风不好,必须设法加强通风。若因冒顶遇险人员被堵在里面,应利用压风管、水管及开掘巷道、打钻孔等方法,向遇险人员输送新鲜空气、饮料和食物。在抢救中,必须时刻注意救护人员的安全。如果觉察到有再次冒顶危险时,首先应加强支护,有准备地做好安全退路。在冒落区工作时,要派专人观察周围顶板变化,注意检查瓦斯变化情况。在消除冒落矸石时,要小心使用工具,以免伤害遇险人员。在处理时,应根据冒顶事故的范围大小、地压情况等,采取不同的抢救方法,如掏小洞、撞楔法等。

（三）水灾事故抢险救灾决策要点

(1)迅速判定水灾的性质,了解突水地点、影响范围、静止水位,估计突出水量、补给水源及有影响的地面水体。

(2)掌握灾区范围,搞清事故前人员分布,分析被困人员可能躲避的地点,根据事故地点和可能波及的地区撤出人员。

(3)关闭有关地区的防水闸门,切断灾区电源。

(4)根据突水量的大小和矿井排水能力,积极采取排、堵、截水的技术措施。启动全部排水设备加速排水,防止整个矿井被淹,注意水位的变化。

(5)加强通风,防止瓦斯及其他有害气体的积聚和发生熏人事故。

(6)若排水时间较长,不能及时解救出遇险人员时,应利用洒水管道改为压缩空气管道,向井下避灾人员输送压缩空气,以延长其生存时间。如有可能时,应请求海军部队派潜水员支援,让潜水员给避灾人员运送瓶装 O_2、食品和药品。

(7)排水后进行侦察、抢险时,要防止冒顶、掉底和二次突水。

(8)抢救和运送长期被困井下的人员时,要防止突然改变他们已适应的环境和生存条件,造成不应有的伤亡。

（四）火灾事故抢险救灾决策要点

在接到报警通知后,要按照矿井灾害预防和处理计划及火灾实情行事,实施紧急应变措施(停电撤人),立即召请救护队,建立抢救指挥部,制订救人灭火对策。处理与扑灭井下火灾时,应根据灾区及可能影响范围的具体情况,迅速正确地决定通风方式,调度和控制风流,以防止火灾烟气弥漫,防止引起瓦斯爆炸,防止火风压引起风流逆转而扩大灾害,保证救灾人员的安全,有利于抢救遇险人员,创造有利的灭火条件。在制订对策时,要设法避免火风压引起风流紊乱和产生瓦斯煤尘爆炸造成事故扩大。

三、煤矿事故抢险救灾的一般措施

（一）处理爆炸事故的一般措施

(1)抢救遇险、遇难人员是处理爆炸事故的中心工作,其他工作必须为此工作服务。在遇难人员没有全部救出之前,抢救工作不得停止。

(2)爆炸引起火灾而灾区有遇难人员时,必须采用直接灭火法灭火。只有在火势很大确定人员全部遇难时,才可以考虑采用封闭灾区的方法进行综合灭火。

(3)遇险、遇难人员未全部救出前,清除巷道堵塞物的工作一刻也不能停止。经验证明,在因爆炸引起的冒顶而堵塞的巷道中,往往能救出活着的遇险人员。

(4)在紧急救人的情况下,爆炸产生的大量有毒有害气体严重威胁回风方向的工作人员时,在保证进风方向的人员已安全撤离的情况下,可以考虑采用反风措施。

(5)灾区经过侦察后,确定没有二次爆炸危险时,为了便于抢救遇难人员,应迅速对灾区进行通风,排除有毒有害气体。

(6)确认灾区内没有活着的遇难人员时,救护队不应冒险进入灾区抢运,切忌犯"用活人换死人"的错误。

(7)抢救遇难人员的工作结束,灾区恢复通风后,应组织有关人员对灾区进行全面调查,查清爆炸事故发生的原因。

(二)处理冒顶事故的一般措施

1.处理冒顶时的通风和处理冒落物的措施

(1)冒顶后的通风措施

① 冒落地区的通风措施

发生冒顶事故后,风流被切断,当冒落地区有瓦斯积聚的可能时,救护队应根据事故现场的具体情况,迅速采取通风措施。其具体办法是:

a.组织清除冒落堵塞物、使被切断的风流恢复原来的状况。

b.清除堵塞物工程量大时,可利用原安装在事故区的水管或风管向冒顶地点送风,或打钻送风。

c.安装局部通风机向冒顶地点通风,但应注意防止局部通风机发生循环风。

② 向被冒顶隔离人员输送空气的措施

人员被冒顶隔堵后,如果采用清理堵塞物、掘进小巷道等方法在短时间内难以接近时,救护队应利用原来的压风管、水管、输送机或打钻孔等方法,向被堵人员输送空气。

利用埋在冒落岩石下面的刮板输送机往冒落带里输送空气,是一种简便易行的方法。即在冒落区的外部加强支护,维护好顶板;将输送机的溜槽、牵引链在冒落带附近拆掉,在未拆掉的最后一节溜槽的末端装上堵头;把胶皮风筒从局部通风引到这节溜槽,就可以利用被埋压的刮板输送机下部溜槽的空隙,往冒落区压送空气。当冒顶距离长、冒落严实时,压入的风流便难以回风。在这种情况下,就应采用其他方法向被堵人员输送空气。

(2)处理冒落物的措施

救护队在处理冒顶事故时,需要移动、破碎冒落的矿石,切断金属、木柱、岩石,运输冒落物等工作。

① 移动岩石可使用大小不同规格的液压千斤顶和卧式液压起重机。

② 破碎大块冒落岩石可在岩石上打一个直径为 40～50 mm 的钻孔,再把柱状专用岩石破碎器送入孔内,加液压后破碎器上的侧面一排小活塞柱产生位移,可以把大块岩石胀裂开。

③ 切断冒落物中的金属、岩石、木料时,可用气动、手动两用的金属锯,以及岩石锯和木锯。在瓦斯浓度不超限的情况下,救护队还可使用轻便型(15 kg 左右)背提两用氧气切割机快速切割金属。

④ 处理冒顶时为快速抢运冒落物,可利用原铺设的刮板输送机。

2.冒顶处理的方法

在处理冒顶事故时,必须注意防止冒顶范围继续扩大,确保抢救人员自身安全。只有这样,才能更快地将被隔堵、埋压的遇险遇难人员救出。

(1)处理冒顶的一般原则

① 先外后里。先检查冒落带以外附近 5 m 范围内支架的完整性,有问题先处理。必要时可采取加固措施,如加密支架、加打木垛、前后拉紧顶牢、加打抬板、插严背实,以增加后路

支架有足够的支护能力和稳定性,确保后路畅通。特别是倾斜巷道的支架与支架的连接要牢靠,防止发生支架失稳连续倒塌事故,将冒顶范围扩大。

② 先支后拆。需要回撤或排除原支架时,事先必须在旧支架附近打临时支架,并要有一定的支撑力。如需更换棚腿,应该先用内注式单体液压支柱或金属摩擦支柱在棚梁下打好支柱,再回撤棚腿,如需更换整架棚子,应先紧靠该棚子棚好一架,再回撤原棚子。

③ 由上至下。处理倾斜巷道冒顶事故时,应该由上向下进行,防止顶板冒落矿石砸着下面的抢救人员。特别是倾角在15°以上时,还应在处理地点的上方6～10 m处设置护身遮拦,以防巷道倾斜上方的煤矸滚落伤人。

④ 先近后远。对一条巷道内发生多处冒顶事故时,必须坚持先处理外面的一处(即离安全出口较近的),逐渐向前发展,再处理里面的那一处(即离安全出口较远的)。直至在巷道里各处冒落带都处理好。

⑤ 先顶后帮。在处理冒顶事故时,必须注意先支撑好顶板,再护好两帮,确保抢救人员的安全。例如在巷道一侧片帮埋压人员,抢救时必须在顶梁下先在片帮侧打上一根立柱,然后对冒落岩石进行清理,救出遇险遇难人员。

(2) 处理冒顶的方案

① 全断面处理(即整巷法或一次成巷法)。当冒顶范围一般不超过15 m、垮落矸石块度不大、人工可以搬动时,可采取全断面处理方案。沿冒顶处的两头,由外向里,一次架设的新棚子与原棚子断面基本一致。这种方案的优点是避免多次松动原已破碎的顶板,缺点是进度较慢。

② 小断面处理(即小巷法)。如果顶板冒落的岩石非常破碎,采取全断面处理方案不易通过时,可先沿煤壁在底部掘进一条小子巷,支架形式可采用人字形掩护支架或小断面梯形支架,以此作为临时支架,整理冒落范围,使风流贯通,然后再扩大为永久支架。这种方案的优点是处理冒顶的进度快,缺点是需要进行二次支护,另外小断面处理有可能会错过遇险遇难人员。它适用于被隔堵、埋压人员位置明确时的抢救工作和急于恢复采面或巷道用作运输、行人和通风之用的冒顶处理。

③ 绕道处理。一般在冒顶范围很大、冒落高度很高和顶板岩石极不稳定的条件下,采用以上两种方案极其困难时,可采用开补绕道,然后由绕道向冒落带进行处理、抢救遇险遇难人员。根据采煤工作面冒顶区在工作面的位置不同,有以下两种情况:

a. 冒顶发生在采煤工作面。可以沿工作面煤壁从回风平巷重开一条补巷先绕过冒顶区。未冒顶的工作面将机尾缩至工作面内完整处,继续前进。当工作面同补巷形成一条直线时,输送机延长至回风平巷。冒顶区埋压的设备、支架材料,可在补巷中直接扒开岩石取出,如不好取,可用掘子巷的办法分段收回(小巷间距为15～30 m)。在采煤工作面补巷时也可以平行工作面留3～5 m煤柱掘进。这时回收完设备、支架和材料后,应在煤柱上打眼爆破,与原采煤方向相反、直达冒顶带,避免煤柱支撑顶板,给以后回采造成困难。

b. 冒顶发生在巷道中。巷道发生冒顶时,可以选择最短的距离和最佳的施工条件掘进一条补巷,直达冒顶隔堵人员的位置,掘透后由补巷将遇险人员救出。

(三) 处理矿井透水事故的一般措施

1. 矿井透水后强排水措施

矿井发生透水事故后,必须根据矿井透水地点、突水量、井巷工程条件及淹没区域充水

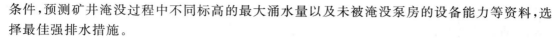

条件,预测矿井淹没过程中不同标高的最大涌水量以及未被淹没泵房的设备能力等资料,选择最佳强排水措施。

(1)下山或倾斜巷道的下部透水未淹至上部巷道前的强排水措施:一般采取安装卧式离心泵排水。这种办法是安装比较简单,但随着强排水的进展透水量逐渐减少时,需要不断地往下移泵接头,或是随着透水量的不断增加,水泵能力低于透水速度,需要不断地往上或高处移泵。这时可以采取单泵一级、双泵一级、小泵群组合一级或串联泵多级排水,因地制宜地加以选择。

(2)矿井突水水平的排水泵房未被淹没前的强排水,此时矿井突出水量及可能最大突水的预测是关键:

① 认真测定涌水量和预测最大可能的涌水量。

② 启动足够的排水能力强行排水。若突水量较大,核实能力不足时,有条件的矿井可以关闭有关井底车场水闸门限制放水。

③ 有条件时可向低标高井巷部分放水。

(3)突水水平泵房被淹,水位仍上涨时的强排水措施:减缓水位上涨,即封堵未淹井巷内一切可以封堵的涌水,如关闭未淹井巷涌水钻孔,对在排水能力不足情况下减缓水位淹没速度能起到很好的作用,如关闭未淹井巷涌水钻孔,对部分放出的涌水采取闸墙封堵或建临时排水站。总之,要努力防止井巷涌水下灌而增加淹没矿井的水量

2.恢复被淹井巷的安全措施

(1)经常检查瓦斯。当井筒空气中瓦斯浓度达1%时,停止向井下输电排水,要加强通风,使瓦斯浓度降低到1%以下。

(2)及时检查有毒有害气体,定期取样分析。排水时,每班取气样一次,当水位接近井底时,每两个小时取气样一次。此时,看水泵的人员应由佩戴氧气呼吸器的救护队员担任。

(3)严禁在井筒内或井口附近使用明火灯,也不准出现其他火源。防止井下瓦斯大量涌出引起爆炸事故。

(4)在井筒内进行安装排水管或进行其他工作的人员,都必须佩戴安全带和自救器。

(5)在恢复井巷时,应特别注意防止冒顶和坠井事故。

(6)在整个恢复工作时期,必须十分注意通风工作。因为在被淹井巷内常积存着大量有害气体,如 CO_2、H_2S、CH_4 等,当水位降低时,压力解除,上述气体可能大量排出。因此,必须事先准备好局部通风机,随着水位的下降,进行局部通风,排除瓦斯。

(四)处理矿井火灾的一般措施

(1)采取通风措施限制火风压时,通常是采取控制风速、调节风量、减少回风侧风阻或设水幕洒水措施。要注意防止风速过大造成煤尘飞扬,而引起煤尘爆炸。

(2)在处理火灾事故的过程中要十分注意顶板的变化,以防止因燃烧使支架损坏造成顶板垮落伤人,或者是顶板垮落后造成风流方向风量变化,而引起灾区一系列不利于安全抢救的连锁反应。

(3)在矿井火灾的初期阶段,应根据现场的实际情况,积极组织人力、物力、控制火势。用水、沙子、黄土、干粉、手雷、泡沫等直接灭火。

(4)在采用挖除火源的灭火措施时,应先将火源附近的巷道加强支护,在急倾斜煤层中,应把位于挖掘火源处后方的上山眼加以隔绝,以免燃烧的煤和矿石下落,截断指战员的

回路。

（5）扑灭瓦斯燃烧引起的火灾时，可采用沙子、岩粉和泡沫、干粉、惰气灭火，并注意防止采用震动性的灭火手段。灭火时，多台灭火机要沿着瓦斯的整个燃烧线一起喷射。

（6）火灾范围大、火势发展很快、人员难以接近火源时，应采用高倍数泡沫灭火机和惰性气发生装置等大型灭火设备直接灭火。

（7）在人力、物力不足或用直接灭火法无效时，为防止火势发展，应采取隔绝法灭火和综合灭火措施。

（五）突出事故抢险救灾的一般措施

（1）切断灾区和受影响区的电源，但必须在远距离断电，防止产生电火花引起爆炸。当瓦斯影响区遍及全矿井时，要慎重考虑停电后会不会造成全矿被水淹，若不会被水淹，则应在灾区以外切断电源。若有被水淹的危险时，应加强通风，特别是加强电器设备处的通风，做到"送电的设备不停电，停电的设备不送电"。

（2）撤出灾区和受威胁区的人员。

（3）派人到进、回风井口及其 50 m 范围内检查瓦斯，设置警戒，熄灭警戒内的一切火源，严禁一切机动车辆进入警戒区。

（4）派遣救护队（救护队员应佩戴呼吸器、携带灭火器等）下井侦察情况，抢救遇险人员，恢复通风系统等。

（5）要求灾区内不准随意启闭电器开关，不要扭动矿灯开关和灯盏，严密监视原有的火区，查清突出后是否出现新火源，防止引爆瓦斯。

（6）发生突出事故后不得停风和反风，防止风流紊乱扩大灾情，并制定恢复通风的措施，尽快恢复灾区通风，并将高浓度瓦斯绕过火区和人员集中区直接引入总回风道。

（7）组织力量抢救遇险人员。安排救护队员在灾区救人，非救护队员（佩有隔离式自救器）在新鲜风流中配合救灾。救人时本着先明（在巷道中可以看见的）后暗（被煤岩堵埋的）、先活后死的原则进行。

（8）制定并实施预防再次突出的措施，必要时撤出救灾人员。

（9）当突出后破坏范围很大、巷道恢复困难时，应在抢救遇险人员后对灾区进行封闭。

（10）保证压缩空气机正常运转，以利于避灾人员利用压风自救装置进行自救。保证副井正常提升，以利于井下人员升井和救灾人员下井。

（11）若突出后造成火灾或爆炸，则按处理火灾或爆炸事故进行救灾。

 思考与练习

1. 简述生产安全事故的分类。

2. 简述煤矿各类事故抢险救援的决策要点。

3. 简述煤矿事故处理需要遵循的基本原则。

4. 简述煤矿各类事故处理的一般措施有哪些？

5. 简述矿井重大灾害事故的特征。

6. 简述矿井重大灾害事故的处理原则。

7. 简述矿井重大灾害事故的处理程序。

8. 煤矿各类事故抢险救灾决策要点。

任务三　矿工自救与现场急救

一、井下避灾自救设施与设备

《煤矿安全规程》第六百七十九条规定:煤矿作业人员必须熟悉应急救援预案和避灾路线,具有自救互救和安全避险知识。

(一)避难硐室

避难硐室是当灾害发生、人员无法撤出时,为防止有毒、有害气体的侵袭而设立的避难场所。矿工自救中,设置避难硐室是十分必要的。由于自救器有效时间较短,当佩戴自救器后,在其有效作用时间内不能到达安全地点;撤退路线无法通过;若有自救器而有害气体含量又较高时,避难硐室可以发挥作用。避难硐室有两种:一是预先在设采区工作地点安全出口路线上的避难硐室(也称为永久避难硐室);二是事故发生后因地制宜构筑的临时避难硐室。

《煤矿安全规程》第二百二十条规定:井巷揭穿突出煤层和在突出煤层中进行采掘作业时,必须采取避难硐室、反向风门、压风自救装置、隔离式自救器、远距离爆破等安全防护措施。突出矿井必须建设采区避难硐室,采区避难硐室必须接入矿井压风管路和供水管路,满足避险人员的避险需要,额定防护时间不低于 96 h。突出煤层的掘进巷道长度及采煤工作面推进长度超过 500 m 时,应当在距离工作面 500 m 范围内建设临时避难硐室或者其他临时避险设施。临时避难硐室必须设置向外开启的密闭门,接入矿井压风管路,设置与矿调度室直通的电话,配备足量的饮用水及自救器。其他矿井应当建设采区避难硐室,或者在距离采掘工作面 1 000 m 范围内建设临时避难硐室或者其他临时避险设施。进入避难硐室时,应在硐室外留有衣物、矿灯等明显标志,以便救护队寻找。避难时应保持安静,避免不必要的体力和空气消耗。室内只留一盏矿灯照明,其余矿灯关闭,以备再次撤退时使用。在硐室内可间断敲打铁器、岩石等,发出呼救信号。全体避难人员要坚定信心,相信在各级领导和职工的努力下,一定会安全脱险。

(二)压风自救装置

压风自救装置由管道、开闭阀、连接管、减压组及防护套等五部分组成。当煤矿井下发生瓦斯浓度超标或超标征兆时,扳动开闭阀体的手把气路通畅,功能装置迅速完成泄水、过滤、减压和消音等动作后,此时防护套内充满新鲜空气供避灾人员救生呼吸。

目前世界上几个技术比较先进的国家,如美国、英国、日本等已在煤矿普遍使用。1987年,重庆煤科分院研制了适合我国煤矿的压风自救装置系统,并在江西省英岗岭煤矿试用,效果良好。进入 20 世纪 90 年代以来,我国不少矿井使用了压风自救系统。压风自救装置系统安装在硐室、有人工作场所附近、人员流动的井巷等地点。当井下出现煤与瓦斯突出预兆或突出时,避难人员立即去到自救装置处,解开防护袋,打开通气开关,迅速钻进防护袋内。压气管路中的压缩空气经减压阀节流减压后充满防护袋,对袋外空气形成正压力,使其不能进入袋内,从而保护避难人员不受有害气体的侵害。防护袋是用特制塑料经热合而成,具有阻燃和抗静电性能。每组压风自救装置上安多少个头(开关、减压阀和防护袋),应视工作场所的人数而定。

（三）自救器

自救器是入井人员在井下发生火灾、瓦斯、煤尘爆炸、煤与瓦斯突出时防止有害气体中毒或缺氧窒息的一种随身携带的呼吸保护器具，自救器体积小、重量轻、便于携带。其主要用途就是在井下发生火灾、瓦斯、煤尘爆炸、煤与瓦斯突出或二氧化碳突出事故时，供井下人员佩戴脱险，免于中毒或窒息死亡。

《煤矿安全规程》第六百八十六条规定：入井人员必须随身携带额定防护时间不低于 30 min 的隔绝式自救器。矿井应当根据需要在避灾路线上设置自救器补给站。补给站应当有清晰、醒目的标识。井下作业人员必须熟练掌握自救器和紧急避险设施的使用方法；外来人员必须经过安全和应急基本知识培训，掌握自救器使用方法，并签字确认后方可入井。

自救器按其作用原理可分为过滤式和隔离式两种。隔离式自救器又分为化学氧和压缩氧自救器两种。过滤式自救器是利用触媒在常温下将空气中含有的一氧化碳氧化为无毒的二氧化碳而制成的呼吸系统保护装置。适用于空气中氧气浓度不低于 18%、一氧化碳浓度不高于 1.5% 的环境中，不含有其他毒气的空气中做个人防护逃生使用。依照国家相关法规，2012 年 1 月 1 号全国已全面停用过滤式自救器。化学氧自救器能通过化学反应产生氧气，利用超氧化钾或超氧化钠与二氧化碳反应生成氧气来达到自救。这些富氧气体通过气囊、降温网、孔板、口具形成闭路循环系统，供人呼吸。它可以在缺氧或含有有毒气体的环境中使用。国家允许使用化学氧自救器的型号有 ZH-30 及其变种（材料不同尾号不同）、ZH-45 及其变种等型号，压缩氧自救器为 ZYX 等型号。

二、矿井灾变事故避灾自救措施

（一）井下避灾自救应熟知的内容和避灾自救原则

矿井发生灾害事故时，灾区人员正确开展救灾和避灾，能有效地保证灾区人员的自身安全和控制灾情的扩大。大量事实证明，当矿井发生灾害事故后，矿工在万分危急的情况下，依靠自己的智慧和力量，积极、正确地采取救灾、自救、互救措施，是最大限度地减少事故损失的重要环节。

自救：是指当井下发生灾害时，在灾区或受灾变影响区域的每一个工作人员进行避灾和保护自己的方法。互救：是指在有效地进行了自救的前提下，没有受伤的人员妥善地救护灾区受伤人员的方法。

每个入井人员都必须熟知以下内容：

（1）熟悉所在矿井的《矿井灾害预防和处理计划》的有关内容。

（2）学会识别各种灾害发生的预兆和处理突发事故的方法。

（3）熟悉矿井的避灾路线和安全出口。

（4）掌握井下发生各种灾害时的避灾方法，学会使用自救器。

（5）掌握抢救伤员的基本方法及创伤急救的操作技术。

（二）发生事故时在场人员的行动原则

1. 及时报告灾情

发生灾变事故后，事故点附近的人员应尽量了解或判定事故性质、地点和灾害程度，并迅速地利用最近处的电话或其他方式向矿调度室汇报，并迅速向事故可能波及的区域发出警报，使其他工作人员尽快知道灾情。在汇报灾情时，要将看到的异常现象（火烟、飞尘等）、听到的异常声响、感觉到的异常冲击如实汇报，不能凭主观想象判定事故性质，以免给领导造成错觉,影响救灾,这在我国煤矿救灾中是有沉痛教训的。

2. 积极抢救

灾害事故发生后,处于灾区内以及受威胁区域的人员,应沉着冷静。根据灾情和现场条件,在保证自身安全的前提下,采取积极有效的方法和措施,及时投入现场抢救,将事故消灭在初起阶段或控制在最小范围,最大限度地减少事故造成的损失,在抢救时,必须保持统一的指挥和严密的组织,严禁冒险蛮干和惊慌失措,严禁各行其是和单独行动;要采取防止灾区条件恶化和保障救灾人员安全的措施,特别要提高警惕,避免中毒、窒息、爆炸、触电、顶帮二次垮落等再生事故的发生。

3. 安全撤离

当受灾现场不具备事故抢救条件,或可能危及人员的安全时,应由在场负责人或有经验的老工人带领,根据矿井灾害预防和处理计划中规定的撤退路线,迅速撤离危险区域。在撤退时,要服从领导、听从指挥,根据灾情使用防护用品和器具;遇有溜煤眼、积水区、垮落区等危险地段,应探明情况,谨慎通过。

4. 妥善避灾

如无法撤退(通路被冒顶阻塞、在自救器有效工作时间内不能到达安全地点等)时,应迅速进入预先筑好的或就近地点快速建筑的临时避难硐室,妥善避灾,等待矿山救护队的援救,切忌盲动。

(三) 井下发生各类灾害事故时的避灾措施

1. 瓦斯与煤尘爆炸事故时的自救与互救

(1) 防止瓦斯与煤尘爆炸时遭受伤害的措施

① 背靠空气颤动的方向,俯卧倒地。

② 要憋气暂停呼吸,用毛巾(最好用水浸湿)捂住口鼻,防火焰吸入肺部,尽量用衣物盖住身体,尽量减少皮肤的暴露面积,以减少烧伤。

③ 迅速按规定佩戴好自救器。

④ 迅速撤离灾区。

⑤ 若实在无法安全撤离灾区时,应尽快在附近找一个(或建一个)避难硐室躲避待救。

(2) 掘进工作面瓦斯与煤尘爆炸后矿工的自救互救措施

① 如果发生小型爆炸,巷道和支架基本未遭破坏,遇险矿工未受直接伤害或受伤不重时,应立即打开随身携带的自救器,迅速撤出受灾巷道到达新鲜风流中。对于附近的伤员,要协助戴好自救器,帮助其撤出危险区。对不能行走的伤员,离新鲜风流 30~50 m 范围内,要设法抬运到新鲜风流中,若距离远,只能为其佩戴好自救器,不可抬运。撤出灾区后,要立即报告调度室。

② 如果发生大型爆炸,巷道遭到破坏,退路被阻,受伤不重时,应佩戴好自救器,想法疏通巷道,尽快撤到新鲜风流中。如果巷道难以疏通,应坐在支护良好下,利用一切可能的条件建立临时避难硐室。等待救助,并有规律地发出呼救信号。对受伤严重的矿工要为其佩戴好自救器,使其静卧待救,并利用压风管道、风筒改善避难地点的生存条件。

(3) 采煤工作面瓦斯爆炸后矿工的自救与互救措施

① 如果进、回风巷道没有被垮落堵死,通风系统破坏不大,采煤工作面进风侧的人员应迎风撤出灾区,回风侧的人员要迅速佩戴好自救器,尽快进入进风侧。

② 如果爆炸造成严重的塌落冒顶,通风系统被破坏,爆源的进、回风侧一氧化碳和有害气体大量积聚时,人员都有发生一氧化碳中毒的可能。为此在爆炸后,没有受到严重伤害的人员,要立即佩戴自救器。在进风侧的人员要逆风撤出,在回风侧的人员要设法经最短路线撤退到新鲜风流中。如果冒顶严重撤不出来时,首先要戴好自救器,并帮助重伤人员在较安全地点待救。并尽可能用木料、风筒等设临时避难场所,并在外悬挂衣物、矿灯等明显标志,在避难场所静卧待救。

2. 煤与瓦斯突出时的自救与互救

(1) 发现突出预兆后现场人员的避灾措施

采面发现有突出预兆时,要以最快速的速度通知人员迅速向进风侧撤离。撤离中,要快速打开隔离式自救器并佩戴好,迎着新鲜风流向外撤。掘面发现有突出预兆时,必须迅速撤到防突风门之外,并关好防突风门。

(2) 发生突出事故后现场人员的避灾措施

一旦发生煤与瓦斯突出事故,应立即打开并佩戴好自救器,迅速外撤。

3. 矿井火灾事故时的自救与互救

《煤矿安全规程》第二百七十五条规定:任何人发现井下火灾时,应当视火灾性质、灾区通风和瓦斯情况,立即采取一切可能的方法直接灭火,控制火势,并迅速报告矿调度室……矿值班调度和在现场的区、队、班组长应依照灾害预防和处理计划的规定,将所有可能受火灾威胁地区中的人员撤离,并组织人员灭火。电气设备着火时,应首先切断其电源;在切断电源前,只准使用不导电的灭火器材进行灭火。

(1) 要迅速了解或判明事故的性质、地点、范围、巷道等情况,并根据《矿井灾害预防和处理计划》及现场的实际情况,确定撤退路线和避灾自救的方法。

(2) 撤退时,任何人无论在任何情况下都不要惊慌、乱跑,应在现场负责人及有经验的老工人带领下有组织地撤退。

(3) 位于火源进风侧或在撤退途中遇到烟气有中毒危险人员,应迎着新鲜风流撤退。

(4) 位于火源回风侧的人员,应迅速戴好自救器,尽快通过捷径绕到新鲜风流中,撤到安全地点。

(5) 撤退时行动要果断,要快而不乱,同时要随时注意巷道和风流的变化情况。烟雾中行走时迅速戴好自救器。最好利用平行巷道,迎着新鲜风流背离火区行走。

(6) 无论是逆风或顺风撤退,都无法躲避着火巷道或火灾烟气可能造成的危害时,应迅速进入避难硐室或选择合适的地点就地利用现场条件构筑临时避难硐室,进行避灾自救。并把硐室出入口的门关闭以隔断风流,防止有害气体侵入。

4. 矿井透水事故时的自救与互救

现场人员发现透水事故时,在报告调度室的同时,应以最快的方式通知附近所有人员,按照《矿井灾害预防和处理计划》中所规定的路线撤出灾区。透水后现场人员撤退时的注意事项:

(1) 透水后,应在可能的情况下迅速观察和判断透水的地点、水源、涌水量、发生原因、危害程度等情况,迅速撤退到透水地点以上的水平,而不能进入透水地点附近及下方的独头巷道。

(2) 行进中,应靠近巷道一侧,抓牢支架或其他固定物件,尽量避开压力水头和泄水流,并注意防止被水中滚动的矸石和木料撞伤。

（3）如果透水破坏了巷道中的照明和路标,迷失行进方向时,应朝着有风流通过的上山巷道方向撤退。

（4）在撤退沿途和所经过的巷道交岔口时,应留设指示方向的明显标志,以提示救护人员的注意。

（5）如果唯一的出口被水封堵无法撤退时,应有组织地在独头上山工作面躲避,等待救护人员营救,严禁盲目潜水逃生等冒险行为。独头上山水位上升到一定位置后,上山上部能因空气压缩增压而保持一定的空间。

（6）若是采空区或老窑涌水,要防止有害气体中毒或窒息。

5. 冒顶事故时的自救与互救

（1）采煤工作面冒顶时的避灾自救措施

① 迅速撤退到安全地点。

② 遇险时要靠煤帮贴身站立或到木垛处避灾。

③ 遇险后立即发出呼救信号。

④ 遇险人员要积极开展自救和互救,查明事故地点顶、帮情况及人员埋压位置、人数和埋压状况。采取措施,加固支护,防止再次冒落,同时小心地搬运开遇险人员身上的煤、岩块,把人救出。搬挖的时候,不可用镐刨、锤砸的方法扒人或破岩（煤）,如岩（煤）块较大,可多人搬或用撬棍、千斤顶等工具抬起,救出被埋压人员。对救出来的伤员,要立即抬到安全地点,根据伤情妥善救护。

⑤ 遇险人员要积极配合外部的营救工作。

（2）独头巷道迎头冒顶被堵人员的避灾自救措施

① 遇险人员要正视已发生的灾害,切忌惊慌失措,应在班组长组织指挥下,团结协作,尽量减少体力和隔堵区的氧气消耗,做好较长时间的避灾准备。

② 有电话时,应立即打电话报告灾情、遇险人数和采取的避灾自救措施;否则应敲击钢轨、管道、岩石,发出有规律的呼救信号（间断发出）,以便外部人员抢救。

③ 加固冒落地点和人员躲避处的支护,防止冒顶进一步扩大。

④ 有压风管应打开,给被困人员输送新鲜空气,并稀释被堵空间的瓦斯浓度。

（四）井下安全避险"六大系统"

1. 矿井监测监控系统

按照《煤矿安全监控系统及检测仪器使用管理规范》要求,建设完善的安全监控系统,实现对煤矿井下瓦斯、一氧化碳浓度、温度、风速等的动态监测,为矿井安全管理提供决策依据。该系统的健全完善将大大提升矿井监测监控敏感度和应对能力。

2. 井下人员定位系统

按照统一规划、统一设计的要求,矿负责系统的安装、使用和管理。实现井下人员、机动车辆定位,定位及考勤系统实时数据上传至集团公司数据储存管理中心。该系统的健全完善将大大加强井下作业人员入井、作业上井的过程管理,实现人员的安全闭合管理。

3. 井下紧急避险系统

明确建设以避难硐室为主的井下紧急避险系统。避难硐室分采区和采掘工作面两类。建设采区避难硐室,突出煤层的掘进巷道长度及采煤工作面走向长度超过 500 m 时,必须在距离工作面 500 m 范围内建设避难硐室。该系统的健全完善将大大提高事故应对能力，将事故灾害降至最低程度，减少不必要的人员伤亡。

4.矿井压风自救系统

在现有压风系统的基础上，按照所有采掘作业地点在灾变期间能够提供压风供气的要求，进一步建设完善压风自救系统。该系统的健全完善将大大提高事故发生期间的抗灾应变能力，增强矿井安全生产的系数。

5.矿井供水施救系统

按照《煤矿安全规程》要求，建立完善消防、洒水、供水系统；加强所有采掘工作面和其他人员较集中的地点的供水施救管理。该系统的健全完善将有力保证各采掘作业地点在灾变期间能够实现提供应急供水的要求。

6.矿井通信联络系统

按照在灾变期间能够及时通知人员撤离和实现与避险人员通话的要求，在主副井绞车房、井底车场、运输调度室、采区变电所、水泵房等主要机电设备硐室和采掘工作面以及采区、井下避难硐室、井下主要水泵房、井下中央变电所和突出煤层采掘工作面、爆破时撤离人员集中地点等建设完善的通信联络系统，确保信息畅通，增强应变处理效能。

三、急救自救互救

（一）心肺复苏

1.人工呼吸的操作方法

当呼吸停止、心脏仍然跳动或刚停止跳动时，用人工的方法使空气进出肺部，供给人体组织所需要的氧气，称为人工呼吸法。采用人工的方法来代替肺的呼吸活动，可及时而有效地使气体有节律地进入和排出肺脏，维持通气功能，促使呼吸中枢尽早恢复功能，使处于“假死”的伤员尽快脱离缺氧状态，恢复人体自主呼吸。因此，人工呼吸是复苏伤员的一种重要的急救措施。人工呼吸法步骤如图 6-3 所示。

捏鼻张嘴　　　　　　　贴紧吹气　　　　　　　放松呼吸

图 6-3　人工呼吸法

人工呼吸法主要有两种：

一种是口对口人工呼吸法，即让伤员仰面平躺，头部尽量后仰。抢救者跪在伤员一侧，一手捏紧伤员的鼻孔（避免漏气），并将手掌外缘压住额部，另一只手掰开伤员的嘴并将其下颚托起。抢救者深呼吸后，紧贴伤员的口，用力将气吹入。同时仔细观察伤员的胸部是否扩张隆起，以确定吹气是否有效和吹气是否适度。当伤员的前胸壁扩张后，停止吹气，立即放松捏鼻子的手，并迅速移开紧贴的口，让伤员胸廓自行弹回呼出空气。此时注意胸部复原情况，倾听呼气声。重复上述动作，并保持一定的节奏，每分钟均匀地做 16～20 次。

另一种是口对鼻吹气法。如果伤员牙关紧闭不能撬开或口腔严重受伤时，可用口对鼻吹气法。用一手闭住伤员的口,以口对鼻吹气。

2. 胸外心脏按压的操作方法

若感觉不到伤员脉搏,说明心跳已经停止,需立即进行胸外心脏按压。具体做法是:让伤员仰卧在地上,头部后仰;抢救者跪在伤员身旁或跨跪在伤员腰的两旁,用一手掌根部放在伤员胸骨下 1/3～1/2 处,另一手重叠于前一手的手背上;两肘伸直,借自身体重和臂、肩部肌肉的力量,急促向下压迫胸骨,使其下陷 3～4 cm;挤压后迅速放松(注意掌根不能离开胸壁),依靠胸廓的弹性,使胸骨复位。此时心脏舒张,大静脉的血液就回流到心脏。反复有节律地进行挤压和放松,每分钟 60～80 次。在挤压的同时,要随时观察伤员的情况。如能摸到颈动脉和股动脉等搏动,而且瞳孔逐渐缩小,面有红润,说明心脏按压已有效,即可停止。胸外心脏按压具体操作方法如图 6-4～图 6-8 所示。

曲臂压胸呼

举臂扩胸吸气

图 6-4　仰卧举臂压胸法

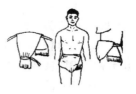

图 6-5　腹部包扎法

准备压背　　　　　压背排气　　　　　松手吸气

图 6-6　俯卧压背法图

图 6-7　仰卧压胸法

正确定位

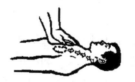
向下挤

迅速放松

图 6-8　胸外心脏按压法

一般来说,心脏跳动和呼吸过程是相互联系的,心脏跳动停止了,呼吸也将停止;呼吸停止了,心脏跳动也持续不了多久。因此,通常在做胸外心脏按压的同时,进行口对口人工呼吸,以保证氧气的供给。一般每吹气一次,挤压胸骨 3～4 次;如果现场仅一人抢救,两种方法应交替进行:每吹气 2～3 次,就挤压 10～15 次,也可将频率适当提高一些,以保证抢救效果。

(二)止血和包扎

人体在突发事故中引起的创伤,常伴有不同程度的软组织和血管的损伤,造成出血征象。一般来说,一个人的全身血量在 4 500 mL 左右。出血量少时,一般不影响伤员的血压、脉搏变化;出血量中等时,伤员就有乏力、头昏、胸闷、心悸等不适,有轻度的脉搏加快和血压轻度的降低;若出血量超过 1 000 mL,血压就会明显降低,肌肉抽搐,甚至神志不清,呈休克状态,若不迅速采取止血措施,就会有生命危险。

1. 常用止血方法及适用部位

常用的止血方法主要是压迫止血法、止血带止血法、加压包扎止血法和加垫屈肢止血法等。

(1)压迫止血法

这是一种最常用、最有效的止血方法,适用于头、颈、四肢动脉大血管出血的临时止血。当一个人负伤流血以后,只要立刻用手指或手掌用力压紧伤口附近靠近心脏一端的动脉跳动处,并把血管压紧在骨头上,就能很快起到临时止血的效果。全身常用的动脉指压点,如图 6-9 所示;指压点止血控制范围如图 6-10 所示。

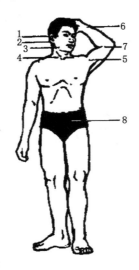

图 6-9 全身常用的动脉指压点

1——颞动脉指压点;2——枕动脉指压点;3——下颌动脉(又称面动脉)指压点;4——锁骨下动脉指压点;
5——肱动脉指压点;6——桡动脉指压点;7——尺动脉指压点;8——股动脉指压点

若头部前面出血时,可在耳前对着下颌关节点压迫颞动脉;头部后面出血时,应压迫枕动脉止血,压迫点在耳后乳突附近的搏动处。颈部动脉出血时,要压迫颈总动脉,此时可用手指按在一侧颈根部,向中间的颈椎横突压迫,但绝对禁止同时压迫两侧的颈动脉,以免引

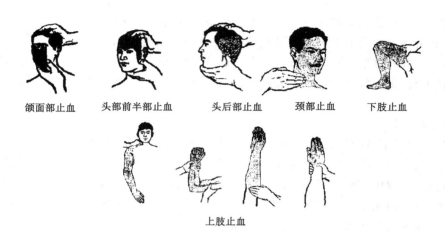

颌面部止血　头部前半部止血　头后部止血　颈部止血　下肢止血

上肢止血

图 6-10　指压点止血控制范围

起大脑缺氧而昏迷。上臂动脉出血时,压迫锁骨上方、胸锁乳突肌外缘,用手指向后方第一肋骨压迫。前臂动脉出血时,压迫股动脉,用四个手指掐住上臂肌肉并压向臂骨。大腿动脉出血时,压迫股动脉,压迫点在腹股沟皱纹中点搏动处,用手掌向下方的股骨面压迫。

（2）止血带止血法

此法适用于四肢大出血。用止血带（一般用橡皮管橡皮带）绕肢体绑扎打结固定。上肢受伤可扎在上臂上部 1/3 处;下肢扎于大腿的中部。若现场没有止血带,也可以用纱布、毛巾、布带等环绕肢体打结,在结内穿一根短棍,转动此棍使带绞紧,直到不流血为止。在绑扎和绞止血带时,不要过紧或过松。过紧造成皮肤或神经损伤;过松则起不到止血的作用。止血带止血法如图 6-11 所示。

图 6-11　止血带止血法

（3）加压包扎止血法

适用于小血管和毛细血管的止血。先用消毒纱布或干净毛巾敷在伤口上,再垫上棉花,然后用绷带紧紧包扎,以达到止血的目的。若伤肢有骨折,还要另加夹板固定。加压包扎止血法如图 6-12 所示。

（4）加垫屈肢止血法

多用于小臂和小腿的止血,它利用肘关节或膝关节的弯曲功能,压迫血管达到止血目的。在肘窝或口窝内放入棉垫或布垫,然后使关节弯曲到最大限度,再用绷带把前臂与上臂（或小腿与大腿）固定。加垫屈肢止血法如图 6-13 所示。

2.常用包扎法及适用部位

有外伤的伤员经过止血后,就要立即用急救包、纱布、绷带或毛巾等包扎起来。及时、正

图 6-12　加压包扎止血法　　　　　　　　图 6-13　加垫屈肢止血法

确的包扎,既可以起到止血的作用,又可保持伤口清洁,防止污物进入,避免细菌感染。当伤员有骨折或脱臼时,包扎还可以起到固定敷料和夹板的作用,以减轻伤员的痛苦,并为安全转送医院救治打下良好的基础。

（1）绷带包扎

绷带包扎法主要有:① 环形包扎法,适用于颈部、腕部和额部等处,绷带每圈须完全或大部分重叠,末端用胶布固定,或将绷带尾部撕开打一活结固定;② 螺旋包扎法,多用于前臂和手指包扎,先用环形法固定起始端,把绷带渐渐斜旋上缠或下缠,每圈压前圈的一半或1/3,呈螺旋形,尾端在原位缠两圈予以固定;③ "8"字环形包扎法,多用于肘、膝、腕和踝等关节处,包扎是以关节为中心,从中心向两边缠,一圈向上、一圈向下地包扎;④ 回转包扎法,用于头部的包扎,自右耳上开始,经额、左耳上、枕外粗隆下,然后回到右耳上始点,缠绕两圈后到额中时,将带反折,用左手拇指、食指按住,绷带经过头顶中央到枕外粗隆下面,由伤员或助手按住此点,绷带在中间绷带的两侧回返,直到包盖住全头部,然后缠绕两圈加以固定。绷带包扎操作如图 6-14～图 6-17 所示。

图 6-14　绷带环形包扎法　　　　　　　　图 6-15　绷带螺旋包扎法

图 6-16　绷带"8"字环形包扎法　　　　　　图 6-17　绷带回转包扎法

（2）三角巾包扎

三角巾包扎法主要有:① 头部包扎法,将三角巾底边折叠成两指宽,中央放于前额并与眼眉平齐,顶尖拉向脑后,两底角拉紧,经两耳的上方绕到头的后枕部打结,如三角巾有富余,在此交叉再绕回前额结扎。② 面部包扎法,先在三角巾顶角打一结,套在下颌处,罩于头面部,形似面具。底边拉向后脑枕部,左右角拉紧,交叉压住底边,再绕至前额打结。包扎后,可根据情况,在眼、口处剪开小洞。③ 上肢包扎法,上臂受伤时,可把三角巾一底角打结后套在受伤的那只手臂的手指上,把另一底角拉到对侧肩上,用顶角缠绕伤臂并用顶角上的小布带结扎,然后把受伤的前臂弯曲到胸前,成近直角形,最后把两底角打结。④ 下肢包扎法,膝关节受伤时,应根据伤肢的受伤情况,把三角巾折成适当宽度,使之成为带状,然后把它的中段斜放在膝的伤处,两端拉向膝后交叉,再缠绕到膝前外侧打结固定。三角巾包扎操作如图 6-18~图 6-20 所示。

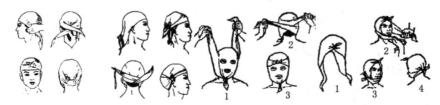

三角巾头顶式包扎法　　毛巾头顶式包扎法　　面部面具式包扎法　　头面部风帽式包扎法

单眼包扎法

图 6-18　头、面部创伤的包扎法

图 6-19　胸(背)部包扎法

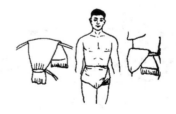

图 6-20　腹部包扎法

(三) 断肢(指)与骨折处理

1. 断肢(指)处理

发生断肢(指)后,除做必要的急救外,还应注意保存断肢(指),以求进行再植。保存的方法是:将断肢(指)用清洁纱布包好,放在塑料袋里。不要用水冲洗断肢(指),也不要用各种溶液浸泡。若有条件,可将包好的断肢(指)置于冰块中,冰块不能直接接触断肢(指)。然后将断肢(指)随伤员一同送往医院,进行修复手术。

2. 骨折的固定方法

对于骨折的伤员,不要进行现场复位,但在送往医院前,需对伤肢进行固定。

(1) 上肢肱骨骨折可用夹板(或木板、竹片、硬纸夹等),放在上臂内外两侧,用绷带或布带缠绕固定,然后把前臂屈曲固定于胸前。也可用一块夹板放在骨折部位的外侧,中间垫上棉花或毛巾,再用绷带或三角巾固定。上肢肱骨骨折固定方法如图 6-21 所示。

（2）前臂骨折的固定。用长度与前臂相当的夹板，夹住受伤的前臂，再用绷带或布带自肘关节至手掌进行缠绕固定，然后用三角巾将前臂吊在胸前。前臂骨折固定方法如图 6-22 所示。

夹板固定　　　三角巾固定

图 6-21　上肢肱骨骨折固定法

图 6-22　前臂骨折固定法

（3）股骨骨折的固定。用两块一定长度的夹板，其中一块的长度与腋窝至足根的长度相当，另一块的长度与伤员的腹股沟到足根的长度相当。长的一块放在伤肢外侧腋窝下并和下肢平行，短的一块放在两腿之间，用棉花或毛巾垫好肢体，再用三角巾或绷带分段扎牢固定。股骨骨折固定方法如图 6-23 所示。

（4）小腿骨折的固定。取长度相当于由大腿中部到足根那样长的两块夹板，分别放在受伤的小腿内外两侧，用棉花或毛巾垫好，再用三角巾或绷带分段固定。也可用绷带或三角巾将受伤的小腿和另一条没有受伤的腿固定在一起。小腿骨折固定方法如图 6-24 所示。

夹板固定法　　　　自身健肢固定

图 6-23　股骨骨折固定法

图 6-24　小腿骨折固定法

（5）脊椎骨折的固定。由于伤情较重，在转送前必须妥善固定。取一块平肩宽长木板垫在背后，左、右腋下各置一块稍低于身厚约 2/3 的木板，然后分别在小腿膝部、臀部、腹部、胸部用宽带予以固定。颈椎骨折者应在头部两侧置沙袋固定头部，使其不能左右摆动。脊椎骨折固定方法如图 6-25 所示。

图 6-25　脊柱骨折固定法

（四）伤员的搬运

经过急救以后，就要把伤员迅速地送往医院。搬运伤员也是救护的一个非常重要的环节。如果搬运不当，可使伤情加重，严重时还可能造成神经、血管损伤，甚至瘫痪，难以治疗。因此，对伤员的搬运应十分小心。

1. 单人搬运法

如果伤员伤势不重，可采用扶、掮、背、抱的方法将伤员运走。有三种方式：单人扶着行走，即左手拉着伤员的手，右手扶住伤员的腰部，慢慢行走，此法适于伤员伤势不重，神志清醒时使用；肩膝手抱法，若伤员不能行走，但上肢还有力量，可让伤员勾在搬运者颈上，此法禁用于脊柱骨折的伤员；背驮法，先将伤员支起，然后背着走。单人徒手搬运方法如图 6-26 所示。

扶持法　　　　　　　背驮法　　　　　　　肩负法　　　　　　　抱持法

图 6-26　单人徒手搬运法

2. 双人搬运法

有三种方式:平抱着走,即两个搬运者站在同侧,并排同时抱起伤员;膝肩抱着走,即一人在前面提起伤员的双腿,另一人从伤员的腋下将其抱起;用靠椅抬着走,即让伤员坐在椅子上,一人在后面抬着靠椅背部,另一人在前抬椅腿。双人徒手搬运方法如图 6-27 所示。

双人抬坐法　　　　　　　　　　双人抱法

图 6-27　双人徒手搬运法

3. 几种严重伤情的搬运法

(1) 颅脑伤昏迷者搬运

首先要清除伤员身上的泥土、堆盖物,解开衣襟。搬运时要重点保护头部,伤员在担架上应采取半俯卧位,头部侧向一边,以免呕吐时呕吐物阻塞气道而窒息,若有暴露的脑组织应保护。抬运应两人以上,抬运前头部给以软枕,膝部、肘部要用衣物垫好,头颈部两侧垫衣物使颈部固定。

(2) 脊柱骨折搬运

对于脊柱骨折的伤员,一定要用木板做的硬担架抬运。应由 2～4 人,使伤员成一线起落,步调一致,切忌一人抬胸、一人抬腿。伤员放到担架上以后,要让他平卧,腰部垫一个衣服垫,然后用 3～4 根布带把伤员固定在木板上,以免在搬运中滚动或跌落,造成脊柱移位或扭转,刺激血管和神经,使下肢瘫痪。

(3) 颈椎骨折搬运

搬运颈椎骨折伤员时,应由一人稳定头部,其他人以协调力量平直抬在担架上,头部左右两侧用衣物、软枕加以固定,防止左右摆动。

思考与练习

1. 何谓矿山自救、互救?
2. 简述隔离式自救器操作步骤。

3. 简述压缩氧自救器的使用方法。

4. 简述矿井瓦斯事故的避灾自救措施。

5. 简述矿井火灾事故的避灾自救措施。

6. 简述胸外心脏按压的操作方法。

7. 简述骨折的固定方法和注意事项。

8. 简述井下搬运伤员时的注意事项。

任务四　矿山应急救援预案

一、预案的编制与实施

（一）预案的编制

1. 编制预案的依据

矿井发生重大事故时，必须采取快捷而有效的措施，以人员安全为根本，抢救受灾害威胁的人员，营救遇难人员，消灭事故，尽快恢复生产，将事故的危害降低到最低限度，将灾害的损失减少到最低限度。针对可能发生的事故，结合危险分析和应急能力评估结果等信息，煤矿企业应当依据《安全生产法》《矿山安全法》《安全生产许可证条例》等法律、法规和《国家安全生产事故灾难应急预案》《矿山事故灾难应急预案》《生产经营单位安全生产事故应急预案编制导则》等规定编制矿山应急救援预案。

2. 编制预案的注意事项

应急预案编制过程中，应注重编制人员的参与和培训，充分发挥他们的专业优势，使他们掌握危险分析和应急能力评估结果，明确应急预案框架、应急过程的行动重点以及应急衔接、联系要点等。同时，编制的应急预案应充分利用社会应急资源，考虑与政府应急预案、上级主管单位以及相关部门的应急预案相衔接。此外，预案编制时应充分收集和参阅已有的应急预案、应急资源的需求和现状以及有关的法律法规要求，以最大可能减少工作量和避免应急预案的重复和交叉，并确保与其他相关应急预案的协调和一致。

预案中人员的分工要明确具体，通知召集人员的方法要迅速及时。其中，安全撤退人员和事故应急的措施为预案中两项主要内容，尤应详尽确切、细致周密。

3. 应急预案编写过程

编制预案，应在矿山安全管理部门的领导下，由主管生产的负责人组织通风、采掘、机电、安全检查和救护队等单位有关人员，采取领导、技术人员和工人三结合的形式进行。为了使预案尽量与事故发生、发展过程相吻合，需要通过调查研究，从历史经验和现实状况中总结出规律，运用到编制预案的具体工作中。

（1）编制撤退人员预案

① 通知和引导人员撤退。为了能及时通知灾区人员和受灾害威胁地区人员的安全撤退，应在井下人员集中地点装设电话。在某些事故和爆炸发生后可能将电话破坏时，还需考虑用其他方式，如音响或通过压风管放入有气味的气体等。撤退的路线上应有照明设备和路标。

② 控制风流。为便于人员撤退和救护人员的需要，控制事故扩大，可根据具体情况对停风、反风或增强、减弱风流的条件及实现的方法、步骤做出细致的规定。

③ 为灾区创造自救的条件。为了保证暂时无法撤退人员的安全，应规定自救设备的存

放地点,用作临时避难硐室的位置,以及为修筑硐室所需的各种材料,对供给空气、食物和水等问题做出安排。

④ 一旦发生事故,对井下人员的统计方法等也应做出相应规定。

(2)编制处理灾害、恢复生产措施

① 火灾事故应急,应首先制定控制火势的方法和步骤,采用的灭火方法、防火墙(密闭)的位置、材料和修建顺序等。

② 爆炸事故应急,关键是如何迅速恢复灾区通风和防止爆炸引起火灾,如有可能引起火灾,则须把防止瓦斯再次爆炸放在优先考虑的地位,此时对采区减弱风流控制火势的措施要特别慎重。

③ 其他事故如冒顶、透水、跑砂(浆)及运输、提升、机电等事故的应急措施,也应根据实际情况做出相应规定。

(3)应急预案编写步骤

① 确定应急对象。

② 确定行动的优先顺序。

③ 按照任务书列出任务清单、工作人员清单和时间表。

④ 编写分工。按任务清单与工作人员清单,进行合理分工。

⑤ 集体讨论。定期不定期组织讨论,发现问题,及时改进。

⑥ 初稿完成,征求意见,初步评审。

⑦ 创造条件,进行应急演练,对预案进行验证。

⑧ 评审定稿。

(二)预案的实施

1. 应急预案的演练

煤矿企业应当制定本单位的应急预案演练计划,根据本单位的事故预防重点,每年至少组织一次综合应急预案演练或者专项应急预案演练,每半年至少组织一次现场处置方案演练。

2. 应急预案应当及时修订的情形

(1)煤矿企业因兼并、重组、转制等导致隶属关系、经营方式、法定代表人发生变化的。

(2)煤矿企业生产工艺和技术发生变化的。

(3)周围环境发生变化,形成新的重大危险源的。

(4)应急组织指挥体系或者职责已经调整的。

(5)依据的法律、法规、规章和标准发生变化的。

(6)应急预案演练评估报告要求修订的。

(7)应急预案管理部门要求修订的。

3. 实施矿山事故应急救援预案的要点

(1)反应迅速和措施正确是事故应急救援的关键。所谓反应迅速,是指迅速查清事故发生的位置、环境、规模及可能发生的危害,迅速沟通应急领导机构、应急队伍、辅助人员以及现场人员之间的联络;迅速启动各类应急设施,调动应急人员奔赴灾区;迅速组织医疗、后勤、保卫等队伍各司其职,迅速通报灾情,通知本矿区和外矿区做好各项必要准备工作,当事故波及范围较大时,应请求当地政府启动场外事故应急处理预案,以得到必要的救援。措施正确是指保护或设置好避灾通道和安全联络设备,撤离现场人员。无法开设安全通道时,应开辟安全避难所,并采取必要的自救措施;力争迅速消事故,并注意采取隔离灾区的措施,转移灾区附近的易引起灾害蔓延的设备和物品;撤离或保护好贵重设备,尽量减少损失,进行普遍的安全检查,防止死灰复燃及二次事故发生。

（2）积极开展自救。多数事故在发生初期,一般波及范围与危害作用都是较小的,这往往是消灭事故、减少损失的最有利时机。事故刚刚发生,救护队也很难及时到达,现场人员如何保存自己,组织自救是极为必要的。

4.发生事故时现场人员的行动原则

出现事故时,现场人员应尽量了解或判断事故的性质、地点与灾害程度,并迅速报告给矿调度人员,同时在保证人员安全前提下,尽可能利用现有的设备和工具材料等进行抢救和自救。如事故造成的危险较大,难以消除时,就应由在场负责人或有经验的老工人带领,根据当时当地的实际情况,选择安全路线迅速撤离危险区域。

5.安全撤退的一般原则

当发生火灾或爆炸事故时,位于事故地点进风侧的人员,应迎着风流撤退,人员位于回风侧时,可佩戴自救设备或湿毛巾,尽量通过捷径较快地绕到新鲜风流中去或顺风流撤退。如路线较长,爆炸波与火焰可能袭来时,则应向下卧倒或俯伏于水沟中,以减轻灼伤。遇到无法撤退（通路冒顶阻塞或有害气体含量大而又无自救器等）时,则应迅速进入预先筑好的或临时构筑的避难硐室,等待营救。对于涌水事故,则应撤退到涌水地点附近的独头巷道中。如独头上山下部的唯一出口已被淹没无法撤退时,则可在独头工作面避难,以免受到涌水伤害。这是因为独头上山附近,空气因水位上升逐渐受到压缩,能保持一定的空间和一定的空气量。

居安思危、常备不懈,才能在事故和灾害发生的紧急关头反应迅速、措施正确。从容地应付紧急情况,需要周密的事故应急处理预案、严密的应急组织、精干的应急队伍、敏捷的报警系统和完备的应急设施。矿山安全监察和管理部门应熟知矿山状况、所掌管设备和所处环境可能发生的各种事故和灾害的规律,不断完善事故应急预案,经常进行报警和消灾系统、应急设施的检查,以做好应急状态时的组织领导准备工作。

二、预案的内容

矿山事故应急救援预案是针对可能发生的重大事故所需的应急准备和响应行动而制定的指导性文件,应急救援预案是一个开放、复杂和庞大的系统,应急预案的设计和组织实施应遵循体系要素构成和持续改进的指导思想。应急救援预案可分为七个关键要素:方针与原则、应急策划、应急准备、应急响应、现场恢复、预案管理与评审改进和附则。

（一）方针原则

应急救援预案应有明确的方针和原则作为指导应急救援工作的纲领,体现保护人员安全优先、防止和控制事故蔓延优先、保护环境优先。同时,体现事故损失控制、预防为主、常备不懈、统一指挥、高效协调以及持续改进的思想。

（二）应急策划

矿山事故应急救援预案编制的基础,是应急准备、响应的前提条件,同时它又是一个完整预案文件体系的一项重要内容。在矿山事故应急救援预案中,应明确煤矿的基本情况,以及危险分析与风险评价、资源分析、法律法规要求等结果。

1. 基本情况

基本情况主要包括煤矿的地址、经济性质、从业人数、隶属关系、主要产品、产量等内容，周边区域的单位、社区、重要基础设施、道路等情况。

2. 危害辨识与风险评价

危险分析结果应提供：地理、人文、地质、气象等信息；煤矿功能布局及交通情况；重大危险源分布情况；重大事故类别；特定时段、季节影响；可能影响应急救援的不利因素。对于危险目标可选择对重大危险装置、设施现状的安全评价报告，健康、安全、环境管理体系文件，职业安全健康管理体系文件，重大危险源辨识、评价结果等材料来确定事故类别、综合分析危害程度。

3. 能力与资源

根据确定的危险目标，明确其危险特性及对周边的影响以及应急救援所需资源；危险目标周围可利用的安全、消防、个体防护的设备、器材及其分布；上级救援机构或相邻可利用的资源。

4. 法律法规要求

法律法规是开展应急救援工作的重要前提保障。列出国家、省、市级应急各部门职责要求以及应急预案、应急准备、应急救援有关的法律法规文件，作为编制预案的依据。

（三）应急准备

1. 组织机构及其职责

依据煤矿重大事故危害程度的级别设置分级应急救援组织机构。组成人员应包括主要负责人及有关管理人员、现场指挥人员。主要职责为：组织制订煤矿重大事故应急救援预案；负责人员、资源配置，应急队伍的调动；确定现场指挥人员；协调事故现场有关工作；批准本预案的启动与终止；事故状态下各级人员的职责；煤矿事故信息的上报工作；接受集团公司的指令和调动；组织应急预案的演练；负责保护事故现场及相关数据。

2. 应急设备、设施与物资

矿山事故应急救援预案中应明确预案的资源配备情况，包括应急救援保障、救援需要的技术资料、应急设备和物资等，并确保其有效使用。应急救援保障分为内部保障和外部保障。依据现有资源的评估结果，确定内部保障的内容包括：确定应急队伍，包括抢修、现场救护、医疗、治安、消防、交通管理、通信、供应、运输、后勤等人员；消防设施配置图、工艺流程图、现场平面布置图和周围地区图、气象资料、煤矿安全技术说明书、互救信息等存放地点、保管人；应急通信系统；应急电源、照明；应急救援装备、物资、药品等；煤矿运输车辆的安全、消防设备、器材及人员防护装备以及保障制度目录、责任制、值班制度和其他有关制度。依据对外部应急救援能力的分析结果，确定外部救援的内容包括：互助的方式，请求政府、集团公司协调应急救援力量，应急救援信息咨询，专家信息。矿井事故应急救援应提供的必要资料通常包括：矿井平面图、矿井立体图、巷道布置图、采掘工程平面图、井下运输系统图、矿井通风系统图、矿井系统图，以及排水、防尘、防火注浆、压风、充填、抽采瓦斯等管路系统图，井下避灾路线图，安全监测装备布置图，瓦斯、煤尘、顶板、水、通风等数据，程序、作业说明书和联络电话号码和井下通信系统图等。预案应确定所需的应急设备，并保证充足提供。要定期对这些应急设备进行测试，以保证其能够有效使用。应急设备一般包括：报警通信系统，井下应急照明和动力，自救器、呼吸器，安全避难场所，紧急隔离栅、开关和切断阀，消防设施,急救设施和通信设备。

3.应急人员培训和预案演练

矿山事故应急救援预案中应确定应急培训计划,演练计划,教育、训练、演练的实施与效果评估等内容。应急培训计划的内容包括:应急救援人员的培训、员工应急响应的培训、社区或周边人员应急响应知识的宣传。演练计划的内容包括:演练准备、演练范围与频次和演练组织。实施与效果评估的内容为:实施的方式、效果评估方式、效果评估人员、预案改进和完善。

4.通告程序和报警系统建立

国家安全生产监督管理总局统一负责全国矿山企业重特大事故信息的接收、报告、初步处理、统计分析,制定相关工作制度。各级安全生产监督管理部门、煤矿安全监察机构掌握辖区内的矿山分布、灾害等基本状况,建立辖区内矿山基本情况和重大危险源数据库,同时上报国家安全生产监督管理总局备案。矿山企业根据地质条件、可能发生灾害的类型、危害程度,建立本企业基本情况和危险源数据库,同时报送当地安全生产监督管理部门或煤矿安全监察机构,重大危险源在省级矿山救援指挥中心备案。

各级安全生产监督管理部门、煤矿安全监察机构、矿山应急救援指挥机构定期分析、研究可能导致安全生产事故的信息,研究确定应对方案;及时通知有关部门、单位采取针对性的措施预防事故发生。发生事故后,根据事故的情况启动事故应急预案,组织实施救援。必要时,请求上级机构协调增援。重大(Ⅱ级)矿山安全生产事故,或矿山事故扩大,有可能发生特别重大事故灾难时,国家安全生产监督管理总局调度统计司负责调度、了解事态发展,及时报告国家安全生产监督管理总局领导,并通知领导小组成员单位负责人。应急指挥中心得知事故信息后,及时通知有关矿山应急救援基地、救援装备储备单位、救援专家和救援技术支持机构,做好应急准备。

5.日常公共教育

应急指挥中心负责全国矿山救护队的培训工作。矿山救护队要加强日常战备训练,并按规定对救护队组织培训,确保矿山应急救援队伍的战斗力,并及时对后备救援队伍进行培训。各省(区、市)安全生产监督管理部门负责本辖区内矿山企业负责人应急救援知识的培训。

6.互助协议

当有关的应急力量与资源相对薄弱时,应事先寻求与外部救援力量建立正式互助关系,做好相应安排,签订互助协议,做出互救的规定。

(四)应急响应

1.现场指挥与控制

建立分级响应、统一指挥、协调和决策的程序。依据煤矿事故的类别、危害程度的级别和从业人员的评估结果,可能发生的事故现场情况分析结果,设定预案分级响应的启动条件。

2.通告、报警

依据现有资源的评估结果,确定24 h有效的报警装置;24 h有效的内部、外部通信联络手段;事故通报程序。

3.事态监测

事故发生后应采取的应急救援措施:根据煤矿安全技术要求,确定采取的紧急处理措施、应急方案;确认危险物料的使用或存放地点,以及应急处理措施、方案;重要记录资料和重要设备的保护;根据其他有关信息确定采取的现场应急处理措施。

4. 保护措施

（1）人员紧急疏散、安置

依据对可能发生煤矿事故场所、设施及周围情况的分析结果，确定事故现场人员清点、撤离的方式、方法；非事故现场人员紧急疏散的方式、方法；抢救人员在撤离前、撤离后的报告；周边区域的单位、社区人员疏散的方式、方法。

（2）警戒与治安

预案中应规定警戒区域划分、交通管制、维护现场治安秩序的程序。

（3）危险区的隔离

依据可能发生的煤矿事故危害类别、危害程度级别，确定危险区的设定；事故现场隔离区的划定方式、方法；事故现场隔离方法；事故现场周边区域的道路隔离或交通疏导办法。

（4）检测、抢险、救援、消防、泄漏物控制及事故控制措施

依据有关国家标准和现有资源的评估结果，确定检测的方式、方法及检测人员防护、监护措施；抢险及救援方式、方法及人员的防护、监护措施；现场实时监测及异常情况下抢险人员的撤离条件、方法；应急救援队伍的调度；控制事故扩大的措施；事故可能扩大后的应急措施。

（5）受伤人员现场救护、救治与医院救治

依据事故分类、分级，附近疾病控制与医疗救治机构的设置和处理能力，制订具有可操作性的处置方案，内容包括：接触人群检伤分类方案及执行人员；依据检伤结果对患者进行分类现场紧急抢救方案；接触者医学观察方案；患者转运及转运中的救治方案；患者治疗方案；入院前和医院救治机构确定及处置方案；信息、药物、器材储备信息。

（6）应急人员安全

预案中应明确应急人员安全防护措施、个体防护等级、现场安全监测的规定；应急人员进出现场的程序；应急人员紧急撤离的条件和程序。

5. 对外进行信息发布

依据事故信息、影响、救援情况等信息发布要求，明确事故信息发布批准程序；媒体、公众信息发布程序；公众咨询、接待、安抚受害人员家属的规定。

6. 资源管理

定期对应急物资和装置进行检查和维护，及时更新过期或状态不良的物资和装备，保证应急救援物资和装置完备有效；根据矿山危险辨识分析结果，明确危险目标周围可利用的安全、消防、个体防护的设备、器材等资源及其分布情况，明确上级救援机构或相邻企业可利用的资源。

（五）现场恢复

事故救援结束，应立即着手现场的恢复工作，有些需要立即实现恢复，有些是短期恢复或长期恢复。矿山事故应急救援预案中应明确：现场保护与现场清理；事故现场的保护措施；明确事故现场处理工作的负责人和专业队伍；事故应急救援终止程序；确定事故应急救援工作结束的程序；通知本单位相关部门、周边社区及人员事故危险已解除的程序；恢复正常状态程序；现场清理和受影响区域连续监测程序；事故调查与后果评价程序。

（六）预案评审与评审改进

矿山事故应急救援预案应定期应急演练或应急救援后对预案进行评审，以完善预案。预案中应明确预案制定、修改、更新、批准和发布的规定；应急演练、应急救援后以及定期对

预案评审的规定;应急行动记录要求等内容。

（七）附件

矿山事故应急救援预案的附件部分包括:组织机构名单;值班联系电话;煤矿事故应急救援有关人员联系电话;煤矿生产单位应急咨询服务电话;外部救援单位联系电话;政府有关部门联系电话;煤矿平面布置图;消防设施配置图;周边区域道路交通示意图和疏散路线、交通管制示意图;周边区域的单位、社区、重要基础设施分布图及有关联系方式,供水、供电单位的联系方式;组织保障制度等。

思考与练习

1. 简述应急预案编制的依据。
2. 简述应急预案编制的注意事项。
3. 简述应急预案编制的步骤。
4. 简述应急救援预案编制的主要内容。
5. 简述应急处置的基本原则。
6. 简述应急策划的基本内容。
7. 简述应急准备的主要工作。
8. 简述应急预案的类型。

任务五 煤矿伤亡事故的调查与处理

一、煤矿伤亡事故的分类与界定

（一）按煤矿事故性质分类

（1）顶板事故:指矿井冒顶、片帮、顶板掉矸引起的事故。

（2）瓦斯事故:指瓦斯爆炸(燃烧)、瓦斯窒息(含有害气体中毒)等造成的事故。

（3）机电事故:指人身触电、机械故障伤人的事故。

（4）运输事故:指运输工具在运输过程中造成的伤害事故。

（5）爆破事故:指爆破崩人,触响瞎炮伤人,火药、雷管爆炸等造成的事故。

（6）水害事故:指透老空水、地质水,洪水灌入井下,井下透地面水,巷道或工作面积水,充填溃水伤人,冒顶后透黄泥、流砂等造成的事故。

（7）火灾事故:指发生火灾直接造成人员受到伤害,或产生的有害气体使人中毒等事故。

（8）其他事故:指以上七类原因以外造成的事故。

（二）根据《生产安全事故报告和调查处理条例》进行分类

（1）特别重大事故:指造成30人以上死亡,或者100人以上重伤(包括急性工业中毒,下同),或者1亿元以上直接经济损失的事故。

（2）重大事故:指造成10人以上30人以下死亡,或者50人以上100人以下重伤,或者5 000万元以上1亿元以下直接经济损失的事故。

（3）较大事故:指造成3人以上10人以下死亡,或者10人以上50人以下重伤,或者1 000万元以上5 000万元以下直接经济损失的事故。

（4）一般事故:指造成 3 人以下死亡,或者 10 人以下重伤,或者 1 000 万元以下直接经济损失的事故。

（三）煤矿伤亡事故的认定及分类

（1）急性工业中毒:是指人体因接触国家规定的工业性有毒物质、有害气体,一次吸入大量工业有毒物质使人体在短时间内发生病变,导致人员立即中断作业、入院治疗的。

（2）微伤事故:伤害程度微小的皮外伤或软组织受损的人身事故。

（3）轻微伤事故:伤害程度较轻,不在人体关键部位且没有影响身体机能的人身事故。

（4）轻伤事故:比轻微伤严重,但未达到重伤标准的人身事故。

（5）重伤事故:指负伤后,按国务院有关部门颁发的《关于重伤事故范围的意见》,经医师诊断,可能造成身体残疾的伤害事故。

（6）重伤以上事故:指负伤后在一个月时间内,导致职工生命终止的伤害事故。

（四）非伤亡事故的认定及分类

非伤亡事故分为一级非伤亡事故、二级非伤亡事故和三级非伤亡事故。

二、煤矿伤亡事故的报告与调查

（一）煤矿伤亡事故的报告

1. 事故报告程序的规定

煤矿发生事故后,事故现场有关人员应当立即报告煤矿负责人;煤矿负责人接到报告后,应当于 1 h 内报告事故发生地县级以上人民政府安全生产监督管理部门、负责煤矿安全生产监督管理的部门和驻地煤矿安全监察机构。情况紧急时,事故现场有关人员可以直接向事故发生地县级以上人民政府安全生产监督管理部门、负责煤矿安全生产监督管理的部门和煤矿安全监察机构报告。地方人民政府安全生产监督管理部门和负责煤矿安全生产监督管理的部门接到煤矿事故报告后,应当在 2 h 内报告本级人民政府、上级人民政府安全生产监督管理部门、负责煤矿安全生产监督管理的部门和驻地煤矿安全监察机构,同时通知公安机关、劳动保障行政部门、工会和人民检察院。煤矿安全监察分局接到事故报告后,应当在 2 h 内上报省级煤矿安全监察机构。省级煤矿安全监察机构接到较大事故以上等级事故报告后,应当在 2 h 内上报国家安全生产监督管理总局、国家煤矿安全监察局。国家安全生产监督管理总局、国家煤矿安全监察局接到特别重大事故、重大事故报告后,应当在 2 h 内上报国务院。

2. 煤矿事故报告的内容

（1）事故发生单位概况(单位全称、所有制形式和隶属关系、生产能力、证照情况等)。

（2）事故发生的时间、地点以及事故现场情况。

（3）事故类别(顶板、瓦斯、机电、运输、爆破、水害、火灾、其他)。

（4）事故的简要经过,入井人数、生还人数和生产状态等。

（5）事故已经造成伤亡人数、下落不明的人数和初步估计的直接经济损失。

（6）已经采取的措施。

（7）其他应当报告的情况。

以上报告内容,初次报告由于情况不明没有报告的,应在查清后及时续报。事故报告后出现新情况的,应当及时补报或者续报。

（二）煤矿伤亡事故的调查

（1）依法组成事故调查组

省局和各煤监分局根据发生事故的等级通知事故调查组有关成员单位。事故调查组由煤矿安全监察机构、有关人民政府及其安全生产监督管理部门、煤矿安全监管部门、行业主管部门、监察机关、公安机关以及工会派人组成,邀请人民检察院派人参加。重大以下事故的事故调查组组长由煤矿安全监察机构负责人担任,主持事故调查组开展工作,明确事故调查组各小组职责,确定事故调查组成员的分工,协调决定事故调查工作中的重要问题。事故调查组可以邀请有关专家参与调查。

(2)事故实行分级调查

一般事故由煤监分局会同县级或以上有关部门组织进行调查;较大事故由煤监分局会同地市级有关部门组织进行调查,煤监局派员进行督导;重大事故由煤监局会同省级有关部门组织进行调查;特别重大事故由国务院或者国务院授权有关部门组织事故调查组进行调查。

(3)事故调查组分工及职责

事故调查组下设技术、管理、综合调查三个小组,实行组长负责制,在事故调查组的领导下按照职责分工各自开展调查工作。技术组查明事故发生的时间、地点、直接原因,认定性质、类别;从技术方面提出事故防范和整改措施,向事故调查组提交技术鉴定报告。管理组查清矿井基本情况、矿井的监管情况;查清造成事故发生的间接原因;对其事故单位、地方政府监管有关部门应承担的责任进行分析、认定,提出处理建议;从管理方面提出事故防范和整改措施;向事故调查组提交管理组调查报告。综合组负责事故调查的综合协调工作,起草事故调查工作续报及有关材料,起草事故调查报告。参加事故调查组的人员,要正确履行职责,依法秉公办事,杜绝徇私舞弊,遵守保密纪律,保存好有关资料、证据,不得随意向外界透露有关调查情况。煤矿安全监察人员在事故调查工作中不得包庇、袒护负有事故责任的人员或者借机打击报复,对违犯国家有关党纪政纪条规的,依法依纪追究责任。

三、煤矿伤亡事故的处理与落实

(一)煤矿事故处理的原则

煤矿事故处理坚持实事求是、尊重科学、四不放过、公正公开和分级管辖的原则。其中,"四不放过"原则是指在调查处理工伤事故时,必须坚持事故原因分析不清不放过,事故责任者和群众没有受到教育不放过,没有采取切实可行的防范措施不放过,事故责任者没有受到严肃处理不放过的原则。它要求对工伤事故必须进行严肃认真的调查处理,接受教训,防止同类事故重复发生。

(二)煤矿伤亡事故处理与落实

煤矿生产安全事故调查处理,依照《生产安全事故报告和调查处理条例》《煤矿安全监察条例》和国务院有关规定。特别重大事故由国务院或者根据国务院授权,由国家安全生产监督管理总局组织调查处理。特别重大事故以下等级的事故按照事故等级划分,分别由相应的煤矿安全监察机构负责组织调查处理。未设立煤矿安全监察分局的省级煤矿安全监察机构,由省级煤矿安全监察机构履行煤矿安全监察分局的职责。

事故发生单位负责人接到事故报告后,应当立即启动事故相应应急预案,或者采取有效措施,组织抢救,防止事故扩大,减少人员伤亡和财产损失。

事故发生地有关地方人民政府、安全生产监督管理部门和负有安全生产监督管理职责的有关部门接到事故报告后,其负责人应当立即赶赴事故现场,组织事故救援。

事故发生后,有关单位和人员应当妥善保护事故现场以及相关证据,任何单位和个人不得破坏事故现场、毁灭相关证据。

因抢救人员、防止事故扩大以及疏通交通等原因,需要移动事故现场物件的,应当做出标志,绘制现场简图并做出书面记录,妥善保存现场重要痕迹、物证。

事故发生地公安机关根据事故的情况,对涉嫌犯罪的,应当依法立案侦查,采取强制措施和侦查措施。犯罪嫌疑人逃匿的,公安机关应当迅速追捕归案。

安全生产监督管理部门和负有安全生产监督管理职责的有关部门应当建立值班制度,并向社会公布值班电话,受理事故报告和举报。

（三）煤矿事故责任的处理与落实

责任事故是指由人为因素引起的生产安全事故,包括由于违章作业、违反劳动纪律、违章指挥;不具备安全生产条件擅自从事生产经营活动;违反安全生产法律和规章制度;安全生产监督管理与审批失职、玩忽职守、徇私舞弊等行为造成的事故,都属于责任事故,应追究有关责任人的法律责任。

事故发生煤矿应当按照负责事故调查的人民政府的批复,对本煤矿负有事故责任的人员进行处理。负有事故责任的人员涉嫌犯罪的,依法追究刑事责任。

事故发生煤矿应当认真吸取事故教训,落实防范和整改措施,防止事故再次发生。防范和整改措施的落实情况应当接受工会和职工的监督。

参加事故调查处理的部门和单位应当互相配合,提高事故调查处理工作的效率。对事故报告和调查处理中的违法行为,任何单位和个人有权向安全生产监督管理部门、煤矿安全监察机构、监察机关或者其他有关部门举报,接到举报的部门应当依法及时处理。

事故发生地有关地方人民政府应当支持、配合上级人民政府或者有关部门的事故调查处理工作,并提供必要的便利条件。

重大事故、较大事故、一般事故,负责事故调查的人民政府应当自收到事故调查报告之日起 15 日内做出批复;特别重大事故,30 日内做出批复,特殊情况下,批复时间可以适当延长,但延长的时间最长不超过 30 日。

有关机关应当按照人民政府的批复,依照法律、行政法规规定的权限和程序,对事故发生单位和有关人员进行行政处罚,对负有事故责任的国家工作人员进行处分。

安全生产监督管理部门、煤矿安全监察机构和负有安全生产监督管理职责的有关部门应当对事故发生单位落实防范和整改措施的情况进行监督检查。

事故处理的情况由负责事故调查的人民政府或者其授权的有关部门、机构向社会公布,依法应当保密的除外。

四、煤矿伤亡事故的统计与分析

（一）事故统计分析的目的

为及时、全面掌握煤矿安全事故情况,深入分析煤矿安全生产形势,科学预测煤矿安全生产发展趋势,为安全生产监管、煤矿安全监察工作提供可靠的信息支持和科学的决策依据。

（二）事故统计内容

事故统计内容主要包括事故发生单位的基本情况、事故造成的死亡人数、受伤人数、急性工业中毒人数、单位经济类型、事故类别、事故原因、直接经济损失等。

（三）事故统计划分

（1）跨地区进行生产经营活动的单位发生事故后,由事故发生地的安全生产监督管理部门负责统计。

（2）甲单位人员参加乙单位生产经营活动中发生的伤亡事故，纳入乙单位统计。

（3）两个以上单位交叉作业时发生的事故，纳入主要责任单位统计。

（4）分承包工程单位在施工过程中发生事故的，凡分承包单位在经济上实行独立核算的，纳入承包单位统计；没有实行独立核算的，纳入总承包单位统计；凡没有履行分包合同承包的，不管经济上是否独立核算，都纳入总承包单位统计。

（5）煤矿、金属与非金属矿山外包工程施工发生的事故，纳入发包单位的统计。

（6）煤矿企业人员参加社会上的抢险救灾时发生伤亡事故，不纳入本单位事故统计。

（7）因设备、产品不合格或安装不合格等因素造成使用单位发生事故的，不论其责任在哪一方，均纳入使用单位统计。

（8）已报送快报信息的事故，必须进入当期统计。

（四）事故统计核销程序

已报告并统计的事故，经调查后认定不属于生产安全事故的，按以下程序予以核销：

（1）一般事故经县级人民政府认定，报地级市人民政府确认后，报省级安全监管部门核销；煤矿较大及以下事故经煤矿安全监察分局认定，报省级煤矿安全监察局核销，并报国家安全监管总局备案。

（2）较大事故经地级市人民政府认定，报省级人民政府确认后，由省级安全监管部门核销，报国家安全监管总局备案。

（3）重大事故经省级人民政府认定后，报国家安全监管总局确认核销。

（4）特别重大事故经国家安全监管总局认定，报国务院确认后，由国家安全监管总局核销。

（五）统计图表分析方法

统计图表分析法是利用过去、现在的资料和数据进行统计，推断未来，并用图表表示的一种分析方法。统计图是一种表达统计结果的形式。它用点的位置、线的转向、面积的大小等来表达统计结果，可以形象、直观地研究失效现象的规模、速度、结构和相互关系。常见的统计图表分析法有因果分析图法（也称鱼刺图或特性因素图）、趋势图、比重图、主次图和控制图等。

例如，我国煤矿 2009～2016 年安全生产形势趋势图，如图 6-28 所示。

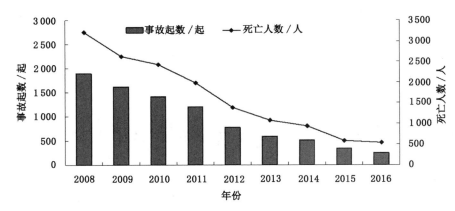

图 6-28　我国煤矿 2009～2016 年安全生产形势趋势图

思考与练习

1. 根据《生产安全事故报告和调查处理条例》,煤矿事故怎样分类?
2. 简述煤矿事故报告的程序。
3. 简述煤矿事故调查报告的主要内容。
4. 简述煤矿事故调查的主要参与机构。
5. 什么是煤矿事故"四不放过"原则?
6. 简述事故统计分析的目的。
7. 简述事故统计的主要内容。
8. 简述事故统计分析的主要方法。

任务六　矿山救护队的常用技术装备

一、氧气呼吸器

氧气呼吸器又称隔绝式压缩氧呼吸器,分为正压氧气呼吸器和负压氧气呼吸器。呼吸系统与外界隔绝,仪器与人体呼吸系统形成内部循环,由高压气瓶提供氧气,有气囊存储呼、吸时的气体,20 世纪 50 年代从苏联引进,性能稳定可靠,广泛适用于石油、化工、冶金、煤炭、矿山、实验室等行业和部门,供经过专门训练的人在有毒、有害气体环境中(普通大气压)进行抢险、事故处理、救护或作业时佩戴使用。

(一)正压氧气呼吸器

长期以来,我国矿山使用负压式氧气呼吸器。近年来,我国自主研发以及与国外厂商合作开发的正压氧气呼吸器也在逐步推广使用。下面以 HYZ4 正压氧气呼吸器为例介绍其工作原理、技术参数、供气方式和使用方法。

1. HYZ4 正压氧气呼吸器工作原理

该呼吸器为仓储式正压氧气呼吸器。当气瓶开关打开时,氧气连续流到呼吸仓内;当使用者吸气时,气体由呼吸仓流到冷却罐内,再经吸气软管、吸气阀进入面罩的口鼻罩被吸入;当使用者呼气时,呼出的气体经呼气阀、吸气软管进入清净罐,在罐内将 CO_2 吸收后,进入呼吸仓,便完成了整个呼吸循环。呼出气体进入呼吸仓后与来自氧气瓶的纯净氧气混合成丰富的含氧气体,以继续再次吸气、呼气,依次反复循环下去。该呼吸器的呼吸系统是一种密闭回路,与外界大气完全隔绝。由于加载弹簧的作用,使系统内部始终保持略高于外界大气压力的正压状态,外界气体不会渗入。

2. HYZ4 正压氧气呼吸器供氧方式

(1)定量供氧

呼吸器以 1.4~1.6 L/min 的氧气流量向气囊中供氧,可以满足佩戴人员在中等劳动强度下的呼吸需要。

(2)自动补给供氧

当劳动强度增大,定量供氧满足不了佩戴人员需要时,自动补给装置以大于 80 L/min 的流量向气囊中自动补给氧气,气囊充满时自动关闭。

(3)手动补给供氧

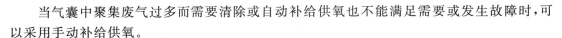

当气囊中聚集废气过多而需要清除或自动补给供氧也不能满足需要或发生故障时,可以采用手动补给供氧。

3. HYZ4 正压氧气呼吸器佩戴方式

(1) 保持全面罩的镜面干净清洁

当操作人员需要使用正压式空气呼吸器的时候,必须注意检查全面罩的镜片,保证整个镜片干净清洁,呼吸器的全面罩也不能被相关有害物质污染。

(2) 确保关键阀门的灵活

吸气阀和呼气阀直接影响到后期的正压式空气呼吸器的使用情况,必须要保证整个阀门的动作开关灵活。尤其是需要注意到阀门和导管之间的连接稳固。

(3) 气密度检测

必须要保证整个正压式空气呼吸器的气密度应该是处于正常的情况,简单的检测方法是打开瓶头阀,随着管路、减压系统中压力的上升,会听到气源余压报警器发出的短促声音;瓶头阀完全打开后,检查气瓶内的压力应在 20 MPa 左右。

(二) 负压氧气呼吸器

长期以来,我国矿山使用负压式氧气呼吸器,常用的有 AHG-4、AHY-6 等型号。

1. 负压式氧气呼吸器工作原理

佩戴人员从肺部呼出的气体,由面罩、三通、呼气软管和呼气阀进入清净罐,经清净罐内的吸收剂吸收了呼出气体中的二氧化碳成分后,其余气体进入气囊。另外,氧气瓶中储存的氧气经高压导管、减压器进入气囊,气体汇合组成含氧气体,当佩戴人员吸气时,含氧气体从气囊经吸气阀、吸气软管、面具进入人体肺部,从而完成一个呼吸循环。在这一循环中,由于呼气阀和吸气阀是单向阀,因此气流始终是向一个方向流动。

2. 负压式氧气呼吸器供氧方式

(1) 定量供氧

呼吸器以 1.1~1.3 L/min 的氧气流量向气囊中供氧,可以满足佩戴人员在中等劳动强度下的呼吸需要。

(2) 自动补给供氧

当劳动强度增大,定量供氧满足不了佩戴人员需要时,自动补给装置以大于 60 L/min 的流量向气囊中自动补给氧气,气囊充满时自动关闭。

(3) 手动补给供氧

当气囊中聚集废气过多而需要清除或自动补给供氧也不能满足需要或发生故障时,可以采用手动补给供氧。

3. 负压式氧气呼吸器的操作

(1) 准备工作

准备工作的主要内容包括:拆卸呼吸器、对呼吸器零部件进行清洗和消毒、向清净罐充填化学吸收剂、向氧气瓶充氧、冻制冷却元件、组装呼吸器、用检查仪检查呼吸器。

(2) 呼吸器检查

在下井或配用呼吸器前,应对呼吸器进行检查,以确定主要部件的工作效能,检查项目有:呼吸器的气密性、自动肺的完好性、手动补给阀的完好性、排气阀的完好性、氧气储量、信号哨的完好性。

（3）呼吸器佩戴顺序

① 摘下矿工帽，夹在两腿之间，解开头带戴在头上，把口片放在唇齿之间，咬住牙垫。

② 用右手打开氧气瓶开关到最大限度，再将开关手轮反转半圈，从呼吸器系统吸气若干次，经鼻子排出空气，直到自动肺动作为止。

③ 戴上鼻夹，拉紧头带，戴上矿工帽。

④ 在处理烟弥漫的火灾事故时，要戴防烟眼镜。

二、自动苏生器

自动苏生器是一种自动进行正负压人工呼吸的急救装置，它适用于抢救如胸部外伤、中毒、溺水、触电等原因造成的呼吸抑制或窒息的伤员。

（一）自动苏生器的结构和工作原理

我国救护队现用的 ASZ-30 型自动苏生器的结构如图 6-29 所示。

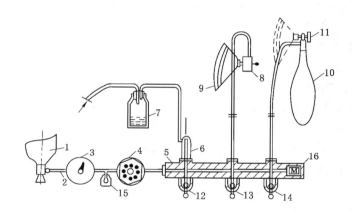

图 6-29 自动苏生器工作原理示意图

1——氧气瓶；2——氧气管；3——压力表；4——减压器；5——配气阀；6——引射器；7——吸引瓶；
8——自动肺；9——面罩；10——储气囊；11——呼吸阀；12、13、14——开关；15——逆止阀；16——安全阀

氧气瓶 1 的高压氧气经氧气管 2、压力表 3，再经减压器 4 将压力减至 0.5 MPa，然后进入配气阀 5。在配气阀 5 上有三个气路开关，即 12、13、14。开关 12 通过引射器 6 和导管相连，其功能是在苏生前，借引射器造成高气流，先将伤员口中的泥、黏液、水等污物抽到吸引瓶 7 内。开关 13 利用导气管和自动肺 8 连接，自动肺通过其中的引射器喷出氧气时吸入外界一定量的空气，二者混合后经过面罩 9 压入伤员的肺内，然后引射器又自动操纵阀门，将肺部气体抽出，呈现着自动进行人工呼吸的动作。当伤员恢复自主呼吸能力之后，可停止自动人工呼吸而改为自主呼吸下的供氧，即将面罩 9 通过呼吸阀 11 与储气囊 10 相接，储气囊通过导气管和开关 14 连接。储气囊 10 中的氧气经呼吸阀供给伤员呼吸用，呼出的气体由呼吸阀排出。

为了保证苏生抢救工作不致中断，应在氧气瓶内氧气压力接近 3 MPa 时，改用备用氧气瓶或工业用大氧气瓶供氧，备用氧气瓶使用两端带有螺旋的导管接到逆止阀 15 上。此外，在配气阀上还备有安全阀 16，它能在减压后氧气压力超过规定数值时排出一部分氧气，以降低压力，使苏生工作可靠地进行。

（二）自动苏生器的使用方法

1. 使用前的准备工作

（1）安置伤员

首先将伤员安放在新鲜空气处，解开紧身上衣或脱掉湿衣，适当覆盖，保持体温。为使头尽量后仰，须将肩部垫高 $100\sim150$ mm，使面部转向任一侧，以便使呼吸道畅通。

（2）清理口腔

先将开口器从伤员嘴角处插入前臼齿间，将口启开。用拉舌器将舌头拉出。然后用药布裹住手指，将口腔中的分泌物和异物清理掉。

（3）清理喉腔

从鼻腔插入吸引管，打开气路，将吸引管往复移动，污物、黏液及水等异物被吸到吸引瓶。若瓶内积污过多，可拔掉连接管，半堵引射器喷孔，积污即可排掉。

（4）插口咽导气管

根据伤员情况，插入大小适宜的口咽导气管，以防舌头后坠使呼吸梗阻，插好后，将舌头送回，防止伤员痉挛咬伤舌头。

上述苏生前的准备工作必须分秒必争，尽早开始人工呼吸。这个阶段的工作步骤是否全做，应根据伤员具体情况而定，但以呼吸道畅通为原则。

2. 苏生器操作方法及注意事项

（1）人工呼吸

将自动肺与导气管、面罩连接，打开气路，听到"飒……"的气流声音，将面罩紧压在伤员面部，自动肺便自动地交替进行充气与抽气，自动肺上的杠杆即有节律地上下跳动。与此同时，用手指轻压伤员喉头中部的环状软骨，借以闭塞食道，防止气体充入胃内，导致人工呼吸失败。若人工呼吸正常，则伤员胸部有明显起伏动作，此时可停止压喉，用头带将面罩固定。当自动肺不自动工作时，是面罩不严密、漏气所致；当自动肺动作过快，并发出疾速的"喋喋"声，是呼吸道不畅通引起的，此时若已插入了口咽导气管，可将伤员下颌骨托起，使下牙床移至上牙床前，以利呼吸道畅通。若仍无效，应马上重新清理呼吸道，切勿耽误时间。对腐蚀性气体中毒的伤员，不能进行人工呼吸，只准吸入氧气。对触电伤员必须及时进行人工呼吸，在苏生器未到之前，应进行口对口人工呼吸。

（2）调整呼吸频率

调整减压器和配气阀旋钮，使成年人呼吸频率达到 $12\sim16$ 次/分。当人工呼吸正常进行时，必须耐心等待，除确显死亡征象外，不可过早终断。实践证明，曾有苏生达数小时之后才奏效的。当苏生奏效后，伤员出现自主呼吸时，自动肺会出现瞬时紊乱动作，这时可将呼吸频率稍调慢点，随着上述现象重复出现，呼吸频率可渐次减慢，直至 8 次/分以下。当自动肺仍频繁出现无节律动作，则说明伤员自主呼吸已基本恢复，便可改用氧吸入。

（3）氧吸入

呼吸阀与导气管、储气囊连接，打开气路后接在面罩上，调节气量，使储气囊不经常膨胀，也不经常空瘪。氧含量调节环一般应调在 80%，对一氧化碳中毒的伤员应调在 100%。吸氧不要过早终止，以免伤员站起来后导致昏厥。氧吸入时应取出口咽导气管，面罩要松缚。当人工呼吸正常进行后，必须将备用氧气瓶及时接在自动苏生器上，氧气即可直接输入。

三、氧气充填泵

氧气充填泵是一种气体增压泵,用于充填氧气呼吸器和压缩氧自救器高压储气瓶,并广泛应用在医疗、消防、航空、石化、冶金、船舶等使用气体场所。常见的有 YYZ-30 型氧气充填泵、YQB-30 氧气填充泵、AE102A 氧气充填泵等。

(一)氧气充填泵的结构

AE102 型氧气充填泵由操纵板、压缩机、水箱组、基座的组成,如图 6-30 所示。操纵板上面固定了从大输气瓶充填到小容积氧气瓶整个操作系统的开关、管路、指示仪表和接头。其中,输气开关 15、17 通过输气导管与输气瓶相连接;压力表 1、4 用来指示大输气瓶内的氧气压力;集合开关 16 是控制氧气从大输气瓶直接充到小氧气瓶用的;压力表 2 是用来指示一级汽缸的排气压力;压力表 3 和电接点压力表 5 是指示充填到小氧气瓶内的氧气压力;按钮开关 6 是充填泵启动运转的开关;按钮开关 7 是充填泵停止运转的开关。气水分离器 11 的作用是排除冷凝水,在气水分离器上安置一个单向阀,使被充填到小氧气瓶内的氧气不倒流。另外,当小氧气瓶内被充填的压力为 31~32 MPa 时,通过气水分离器上的安全阀自动开启,向外排气泄压,如系统中的压力继续上升到 33 MPa 时,可通过电接点压力表 5 的作用,自动切断电源而停车,起双重安全保护作用。放气开关 10、12,作为排除小氧气瓶开关 9、13 中的残余气体。

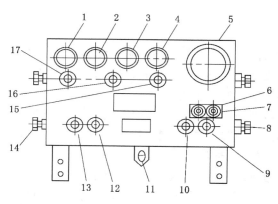

图 6-30　AE102 型氧气充填泵操纵板面

1,4——输气压力表;2——一级排气压力表;3——二级排气压力表;5——电接点压力表;6——启动按钮;
7——停止按钮;8、14——小瓶接头;9、13——小瓶开关;10、12——放气开关;11——气水分离器;
15、17——输气开关;16——集合开关

(二)氧气充填泵工作原理

在一、二级汽缸的两端,均装有吸气阀,作用是控制气流的一定方向,而吸、排气阀的质量对充气速度的快慢有明显的影响。

当一级柱塞向下运动时,一级汽缸内的气体膨胀、压力降低,当一级汽缸内的压力低于输气瓶内的气体压力时,一级吸气阀自动开启,气体由输气瓶流入一级汽缸内;当一级柱塞向上运动时,汽缸内的气体被压缩,压力升高,当压力大于二级汽缸内的气体压力时(由于两曲拐互成 180°,此时二柱塞向下运动),一级汽缸的排气阀和二级汽缸的排气阀均打开,一级汽缸气体便流入二级汽缸内,当二级汽缸内的柱塞向上运动时,二级汽缸内的气体被压缩压力升高,当压力大于小氧气瓶内的气体压力时,二级排气阀打开,二级汽缸内气体便通过气水分离器上的单向阀流入小氧气瓶内,即完成一次充气。以后,柱塞每往复运动一次,即充气一次。

（三）氧气充填泵使用方法

1. 使用前应注意事项

（1）充填砂应选择在干净、无油污的房间进行工作,使用时环境温度不低于 0 ℃。

（2）充填泵可用螺栓固定在水平的基台上,也可以放置在水平的基台上。充填泵与基台之间,应放置减震的厚橡胶板,与基台接触应平稳,地角螺栓孔距为 740×420 mm。

（3）严禁脂肪物体及浸油物体与氧气和水-甘油润滑液相接触的零件接触。

（4）首次使用前,应将机油注入机体内,并在每次更换机油后,必须除去机体外部的油脂,并擦洗干净,决不允许机油从上下机体的接合处、密封环处及密封罩处往外渗漏。

（5）使用地点严禁吸烟,工作人员必须穿上没有油污的衣服,工作前,必须用肥皂仔细地把手洗净。应建立相应的禁烟、禁油制度。

（6）所有使用的工具,必须经过清洗除油后,再用棉纱彻底擦干净。

（7）电动机的接线必须良好,网路内应设置有保险丝和接地线。

（8）凡是与氧气及水-甘油润滑液接触的零件,应定期进行清洗,充气前用压缩氧气吹净。清洗材料有乙醚、酒精、四氯化碳。

2. 使用前的检查

（1）充填泵工作前,应仔细检查各部位是否正常和清洁,还应将管路系统中充满30～32 MPa 的氧气,用肥皂水检查各处是否漏气,如有发现不良现象应及时排除。勉强作用,充气效率低,还会发生危险。

（2）检查曲轴旋转方向与皮带罩上箭头方向是否一致。

（3）单相阀检查:关上集合开关进行充气,观察各压力表的变化情况,如果一级排气压力和一级进气压力接近或相等,说明一级汽缸的吸、排气阀失灵;如果二级排气压力和一级排气压力接近或相等,说明二级汽缸吸、排气阀失灵。

（4）安全阀可靠性检查:关上集合开关进行充气,当充气压力为31～33 MPa 时,安全阀应自动开启排气。

3. 充气过程

这个过程也就是将氧气从大氧气瓶充填到小氧气瓶的操作过程。

（1）分别接上输气瓶及小氧气瓶。

（2）打开输气瓶开关、集合开关,使输气瓶内氧气自动地流入小氧气瓶内,直到压力平衡时为止。

（3）关上集合开关,进行充气,直到小氧气瓶内的压力达到需要时为止。

（4）打开集合开关,关闭小氧气瓶开关,并打开放气开关,放出残余气体后,卸下小氧瓶。

（5）再次进行充氧时,应按上述过程重复进行。

四、氧气呼吸器校验仪

在对矿山救护队指战员配备的氧气呼吸器进行性能检查或校验时,常见的有 AJ12B 型正压氧气呼吸器校验仪、负压氧气呼吸器校验装置,FJH-1A 型氧气呼吸器校验装置,

AJH-3型氧气呼吸器校验仪等。以面以 AJH-3 型氧气呼吸器校验仪为例进行介绍。

（一）氧气呼吸器校验仪的结构和工作原理

AJH-3 型氧气呼吸器校验仪由上部流量单元和下部供气单元组成,如图 6-31 所示。

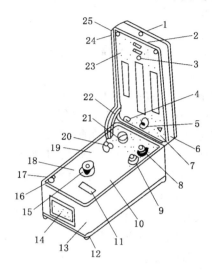

图 6-31　AJH-3 型校验仪外形及构造图

1——扣锁按钮;2——气压抵抗器接头;3——水柱压力计接头;4——小流量计接头;5——水柱凋零手轮;
6——上箱盖;7——大流量计接头;8——减压器调节旋钮;9——外接氧气瓶接头;10——手摇泵摇把;
11——铭牌;12——垫脚;13——下箱体;14——提手;15——换向阀旋钮;16——弹力垫;
17——手摇供气接头;18——下护板;19——定量供气接头;20——流量阀调节旋钮;
21——氧气压力表;22——支架;23——上护板;24——护板螺钉;25——垫圈

1. 测量单元

（1）2 L/min 的玻璃管转字流量计。

（2）100 L/min 的玻璃管转字流量计。

（3）−980～1 176 Pa 液体压力计。

三种仪器分别用螺丝、支柱、卡环等固定在刻有长方形观察孔的上护板上,组成一个测量系统。这个系统再由位于保持板四角的螺丝将其仪器外壳的上箱盖连接在一起,组成了仪器的上部。

2. 供气单元

（1）手摇供气系统

这个系统由手摇泵、单向阀、换向阀和手摇供气接头通过气管连接构成。这个系统由仪器外壳的底板及其下面的螺钉将其固定。为了操作方便,换向阀的旋钮、手摇泵的摇把及手摇供气接头露在仪器的下护板外面。

（2）定量供气系统

这个系统由外接氧气瓶接头、减压器、压力表、流量阀、定量供气接头,按照各部工作压力的大小,分别用不同的气管连接组成,由螺钉安装在仪器的下护板上。整个下护板也是由四角的螺丝及连接支柱固定在仪器外壳的底板上。仪器的各接头均有带垫圈的管口帽加以保护,在接头附近设有表示该接头名称的标志牌。仪器的各调节旋钮也有表示它们各自名称的标示牌,牌上有箭头或符号指示着调节方向。

　　仪器的上、下部由折页连接,使用时按住扣锁的按钮向上抬起仪器上部,支架即可使仪器的上部与下部水平面垂直。使用后合盖时,需预先将支架向上向前抬起,以避开支架上的防止倒转结构。仪器在使用时,下部应水平放置。

　　(二)氧气呼吸器校验仪使用方法

　　氧气呼吸器在整机状态下的五个主要性能指标,是救护队指战员在日常战备维护和作战间隙中必须检查的项目。

　　1.在正压情况下氧气呼吸器的气密性检查

　　如图 6-32 所示,在氧气呼吸器的自动排气阀上先安装一个垫环,使自动排气阀门在气囊内压力增高时不致开启。然后用口具接头 3 和两条带螺纹接头的橡皮单管 2、4 把氧气呼吸器的口具与校验仪的手摇供氧接头 1 和水柱计接头 5 连接好,并将抵抗器接头 6 打开,把换向阀旋钮 8 转到"+"后,摇动手摇泵将空气压入呼吸器系统内,到水柱压力计内液柱上升到 980 Pa 为止。同时,将换向阀的旋钮 8 转到"0",水柱平衡时即观察其下降速度。氧气呼吸器在 1 000 Pa 的压力下,保持 1 min,压力下降不得超过 30 Pa。向呼吸器系统输气时,整理气囊,使气体能顺利充满,以保证测量的准确性。

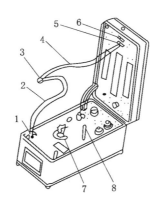

图 6-32　呼吸器整机性能的检查

1——手摇供氧接头;2,4——单管;3——口具接头;5——水柱计接头;

6——抵抗器接头;7——手摇泵摇把;8——换向阀旋钮

　　2.在负压情况下氧气呼吸器的气密性检查

　　将换向阀旋钮 8 转到"-"后,摇动手摇泵,把呼吸器系统内的空气抽出,直至水柱压力计中的水柱降到 -784 Pa 为止,并将换向阀旋钮 8 转到"0"。观察水柱上升速度,每分钟不超过 29 Pa 为合格。

　　3.自动排气阀的启闭动作压力检查

　　把安装在排气阀上的垫环去掉,将换向阀的旋钮 8 转到"+",用手摇泵向呼吸器系统输气,当气囊充满时将换向阀的旋钮转到"0"后,打开被检查呼吸器的氧气瓶开关,根据水柱液面的高度,确定自动排气阀的开启动作压力。当呼吸器在水平位置时,自动排气阀开启动作压力应在 +196~+294 Pa 范围内,否则需要调整排气阀。

4. 自动补给阀的启闭动作压力检查

换向阀的旋钮 8 转到"一"后,打开被检呼吸器的氧气瓶开关,一边利用手摇泵从呼吸器中向外抽气,一边观察水柱压力计的液面高度。当被检查的呼吸器在水平位置时,自动补气阀的开启动作压力应在 $-147 \sim -245$ Pa 范围内。这时补给的氧气不断输入,手摇泵继续抽气,水柱液面高度应无显著变化。若自动补给阀开启时的负压不在上述范围内,需调自动补给阀。

5. 呼吸器定量供氧流量检查

呼吸器定量供氧流量检查,即测定通过被检呼吸器的供氧装置的节流孔所排出的氧气流量是否正常。连接方法如图 6-33 所示。

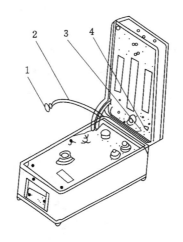

图 6-33　定量供氧流量检查

1——M20 接头;2——单管;3——M10 接头;4——小流量计接头

拆下被检呼吸器的气囊,用 M20 接头 1、单管 2 和 M10 接头 3 将被检呼吸器的供气装置与检验仪的小流量计接头 4 连接上。检查时,打开被检呼吸器的氧气瓶开关,根据小流量计浮子上升到平衡位置时的指示值,读出被检呼吸器定量供氧流量值。在中等体力劳动条件下使用呼吸器时,一般应根据佩戴者呼吸量的大小将其氧气呼吸器的定量供氧流量调整到 $1.1 \sim 1.3$ L/min。

6. 氧气呼吸器主要部件的检查

在定期检修呼吸器时,需要对其主要部件进行检查,检查项目如下:① 呼吸器自动补给氧气流量的检查;② 呼气阀在负压情况下的气密程度检查;③ 吸气阀在正压情况下的气密程度检查;④ 清净罐的气密程度检查;⑤ 清净罐装药后的阻力检查。

五、矿山救护通信设备

(一)声能电话机

声能电话机是一种不需外加电源而完全靠说话人的口声产生的电流而工作的电话机;其原理是声波引起膜片运动,音圈随之在一个体积小而磁场强的永磁铁的两极之间来回振动,从而在音圈中感生出所需的声频电压。PXS-1 型声能电话机,是煤矿矿山救护队在抢险救灾过程中不可缺少的通信设备,也可作为巷道和工作面之间的日常移动便携式通信设备。

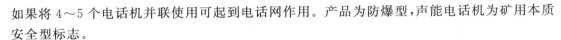

如果将4～5个电话机并联使用可起到电话网作用。产品为防爆型,声能电话机为矿用本质安全型标志。

1. 结构特点

PXS-1型声能手握式电话机,由发话器、受话器、发电机组成;氧气呼吸器面罩内装有发话器、受话器。

手握式和全面罩式电话机相连使用,通话时便于多人收听,可配备扩大器、对讲扩大器。分两种安装形式:在抢险救灾时,可选用发话器、受话器全部装在面罩中,扩大器固定在腰间的安装形式;日常工作联络或指挥所用时,可选用手握式电话。

PXS-1型声能电话机的扩大器、对讲扩大器的电源选用6F22型层叠9 V电池,能在有煤尘和瓦斯爆炸危险性的煤矿井下安全使用。同时,该机体积小、重量轻,具有携带方便、使用可靠、坚固耐用、操作简单等特点,并具有防尘、防潮等功能,是矿山井下救护和日常工作中必不可少的通信设备。

2. 工作原理

PXS-1型手握式声能电话,由发话器、受话器组成。可配氧气呼吸器面罩、扩大器、对讲扩大器。通话时,发话器中与平衡电枢连接的金属膜片发出振动,产生输出电压,这个信号在接话端的受话器中由模拟转能器转换成音频发出,同时音频信号进入扩大器中放大,使周围人员也能听到声音。此外,还增加了呼叫系统(声频发电机),用手轻轻拨动时,可发出0.6～1.5 kHz的调制信号及电压1.5 V、电流0.5 mV音频信号。

3. 操作程序

(1) 将装有发话器、受话器面罩带在头上,将扩大器固定在腰间,面罩接在输电线一端,面罩另一个接插件接在扩大器上,便可通话和接收。打开扩大器,外界人员都能听到声音。

(2) 如果使用手握式发话器呼叫对方时,用手轻轻转动声频发电机即可。

(3) 多个电话机可以并联在同一电路上使用。

4. 使用注意事项

(1) 话机引出线必须连接牢固,两线间不得有短路现象。

(2) 声频发电机出厂后已调整好,请勿随意拆卸。

(3) 在更换扩大器电池时,只能使用6F22型9 V方块电池,不得随意使用其他型号的电池,以免影响本机寿命和本质安全性能,并接台数不应超过6台。

(4) 使用时,尽量避免用重物碰打或随地乱抛。

(5) 话机不用时,应按技术条件要求妥善保存,严禁存放在有腐蚀性气体的场所或过湿地点。

(6) 检修时,不得改变全产品电气元件规格、型号、电气参数。

(7) 不得配接本说明书规定以外的电气设备。

(二) 矿用救灾无线视频通信装置

无线救援音频视频传输系统是专门用于煤矿井下事故现场的新一代无线救灾通信系统。ZWZ4型无线救援音频视频传输系统是目前救援通信领域的最新产品,它能够同时将现场的图像、声音以无线或有线方式传到基地,进而通过光缆将全部信号传到地面指挥系统。

系统由地面系统、井下系统两部分组成,之间采用防爆型矿用光缆连接。

（1）地面系统：由监控计算机、图像采集卡、防爆栅、软件、充电器组成。

（2）井下系统：由无线视频接收显示器、一体化无线音视频发射器、防爆光端机、防爆光缆组成。

六、冰冷防热服

冰冷防热服起到对人体冷却降温、防止中暑、提高工效的综合作用。矿山救护队在处理矿井火灾、爆炸等灾害故事时，在 30 ℃以上的高温环境中使用，在 35～50 ℃时的效果最显著。

（一）冰冷防热服的组成（表 6-1）

表 6-1　　　　　　　　　　　　　冰冷防热服的组成

冰冷防热服组成	防热护盔	冰背心	防热裤	使用冰袋	冰袋合计
每只冰袋重量/克	60/210	210	60	60/210	60/210
冰袋数量/只	6/1	22	12	18/23	27/35
合计冰重/克	360＋210	4 620	720	5 910	供货备用冰袋数 50%

（二）冰冷防热服使用方法

1. 使用前的准备工作

按照使用数量提前进行冰袋注水，后放入冰柜内冻结备用。高温作业前使用保温箱运输和存放冰袋，在高温区附近把冰袋装入冰衣内，工作人员即可穿着从事高温作业。

（1）冰袋注入：用医用注射针在塑料袋的注水细管上扎一个出气针孔，再换个相距不远的位置注水。注水时袋内要留有 1/6 以上的体积空间，防止水结冰膨胀后胀破冰袋。注完水后用橡胶套套严两个针孔。

（2）冰袋冻结：水袋放入冰柜内要平放，排放整齐，冻成后的冰袋要厚薄均匀、形状规整，便于装入冰衣口袋内。

（3）使用保温箱：为确保良好的冷却降温性能，从冰柜到高温作业地点要用保温箱运送和存放冰袋。

（4）冰衣装冰：使用前从保温箱取出冰袋，装入冰衣，装好后扣上扣子。

（5）头部防护：头、脸、颈部位于身体上部，火灾时环境温度高，出汗多、散热量大，是人体最要害的部位，必须采取有效保护。安全帽内顶部设降温冰袋，其安置的方法是：帽子翻放，冒顶朝下，把专做的冰帽口袋放在安全帽顶部，冰帽口袋上按三角形钉有三根固定带，把每一根分别固定在安全带的一根缓冲带上，冰口袋内装大冰袋 1 只；先把护盔上部松紧圈套在头上，后戴上安全帽；用护盔布包严面部、颈部。

2. 高温区使用冰冷防热服作业

（1）冰衣载冰量：与作业时间和劳动强度成正比，一般按：工作时间 $t<1$ h，带冰量为 2～3 kg；工作时间 1 h$<t<2$ h，带冰量为 4 kg。最大载冰量为 5.91 kg，可根据劳动强度与工作环境适当增加或减少带冰量。

（2）冰袋布置：按冰衣口袋数量充填，当带冰量不足时，应优先把头部、前胸、腹、后背等人体最要害的部位的口袋充填冰袋。

（3）冰衣密封：拉严拉链，扣好双排扣子，减少冷量外散和外部高温热量侵入。

（4）冰袋更换：在长时间连续作业时，退出高温区后和进入高温区前都要检查冰袋数量，冰融化的冰袋要更换，漏水的要停用报废，数量不足要补齐。

（5）冰袋爱护：从冰柜和冰衣口袋向外拿出冰袋时，不要用力拉冰袋的注水细管，避免拉掉细管使冰袋报废。冻硬的冰袋塑性变脆，拿时要小心轻放，防止划破损坏。

（6）调节带：冰服上衣两侧各有两侧调节带，如穿上冰衣过紧可适当放松调节带。收紧调节带的作用是使冰袋紧密贴身，以加快身体传冷速度。

（7）冰冷防热裤：在邻近火源灭火时穿着，有良好的隔热、防辐射、防水的作用，在无底板火和高温辐射源时，也可不穿防热裤。

思考与练习

1. 简述氧气呼吸器分类和各自工作原理。

2. 简述负压式氧气呼吸器的操作步骤。

3. 简述自动苏生器的工作原理和使用方法。

4. 简述氧气呼吸器校验仪的工作原理和使用方法。

5. 熟悉矿山救护通信设备的功能。

6. 简述声能电话机的结构和工作原理。

7. 简述无线救援音频视频传输系统的组成。

8. 简述冰冷防热服使用前的准备工作。

参 考 文 献

[1] 常海虎,刘子龙.矿尘防治[M].北京:煤炭工业出版社,2007.

[2] 陈建宏,杨立兵.现代应急管理理论与技术[M].长沙:中南大学出版社,2013.

[3] 陈永峰.煤矿自燃火灾防治[M].北京:煤炭工业出版社,2004.

[4] 付建华.煤矿瓦斯灾害防治理论研究与工程实践[M].徐州:中国矿业大学出版社,2005.

[5] 国家安全生产监督管理局.煤矿安全规程[M].北京:中国法制出版社,2016.

[6] 国家安全生产监督管理总局,国家煤矿安全监察局.煤矿安全规程执行说明[M].北京:
煤炭工业出版社,2016.

[7] 国家安全生产监督管理总局宣传教育中心.安全生产应急管理人员培训教材[M].北京:
团结出版社,2015.

[8] 国家煤矿安全监察局.《防治煤与瓦斯突出规定》读本[M].北京:煤炭工业出版社,2009.

[9] 国家煤矿安全监察局.煤矿防治水规定释义[M].徐州:中国矿业大学出版社 2009.

[10] 国家煤矿安全监察局.煤矿防治水细则[M].北京:煤炭工业出版社,2018.

[11] 国家煤矿安全监察局人事培训司.矿井瓦斯防治[M].徐州:中国矿业大学出版
社,2002.

[12] 国家煤矿安全监察局人事培训司.全国煤矿安全培训统编教材[M].徐州:中国矿业大
学出版社,2002.

[13] 金龙哲,李晋平,孙玉福,等.矿井粉尘防治理论[M].北京:科学出版社,2010.

[14] 靳建伟,吕智海.煤矿安全[M].北京:煤炭工业出版社,2005.

[15] 李崇海.MPZ-1型矿用胶带输送机自动防灭火装置研究[J].矿业安全与环保,1994(5):
6-12.

[16] 李德文,马骏,刘何清.煤矿粉尘及职业病防治技术[M].徐州:中国矿业大学出版
社,2007.

[17] 梁庆东.均压通风在火区进、回风口封闭中的运用[J].煤炭技术,2004,23(3):61-62.

[18] 刘其志,肖丹.矿井灾害防治[M].重庆:重庆大学出版社,2005.

[19] 宋永津.煤矿均压防灭火[M].北京:煤炭工业出版社,2002.

[20] 孙和应,常松岭.矿井瓦斯防治技术[M].徐州:中国矿业大学出版社,2009.

[21] 孙泽宏,朱云辉.煤矿安全技术[M].徐州:中国矿业大学出版社,2012.

[22] 滕博,姜福兴,莫自宁,等.煤矿防爆密闭墙技术标准探讨[J].煤炭科学技术,2007,35
(2):97-100.

[23] 田卫东,周华龙.矿山救护[M].重庆:重庆大学出版社,2010.

[24] 王德明,章永久,张玉良,等.高瓦斯矿井特大火区治理的新技术[J].采矿与安全工程学
报,2006,23(1):47-51.

［25］王德明.矿井通风与安全［M］.徐州:中国矿业大学出版社,2009.

［26］王国际,黄小广,高新春.矿井水灾防治［M］.徐州:中国矿业大学出版社,2008.

［27］王省身,张国枢.矿井火灾防治［M］.徐州:中国矿业大学出版社,1990.

［28］王省身.矿井灾害防治理论与技术［M］.徐州:中国矿业大学出版社,1986.

［29］王显政.煤矿安全新技术［M］.北京:煤炭工业出版社,2002.

［30］王永安,朱云辉.矿井瓦斯防治［M］.北京:煤炭工业出版社,2007.

［31］王云.矿井火灾预防与处理［M］.北京:煤炭工业出版社,1992.

［32］王志坚.矿山救护指挥员［M］.北京:煤炭工业出版社,2007.

［33］吴强,秦宪礼,张波.煤矿安全技术与事故处理［M］.徐州:中国矿业大学出版社,2001.

［34］谢正文,周波,李微.安全管理基础［M］.北京:国防工业出版社,2010.

［35］徐精彩.煤自燃危险区域判定理论［M］.北京:煤炭工业出版社,2001.

［36］杨胜强,刘殿武.通风与安全［M］.徐州:中国矿业大学出版社,2009.

［37］杨胜强.粉尘防治理论及技术［M］.徐州:中国矿业大学出版社,2007.

［38］袁亮.煤矿安全规程解读(2016)［M］.北京:煤炭工业出版社,2016.

［39］袁亮.煤与瓦斯共采［M］.徐州:中国矿业大学出版社,2016.

［40］张长喜.煤矿安全［M］.2 版.北京:煤炭工业出版社,2013.

［41］张国枢,戴广龙.煤炭自燃理论与防治实践［M］.北京:煤炭工业出版社,2002.

［42］周波,谭芳敏.安全管理［M］.北京:国防工业出版社,2015.

［43］周波.安全评价技术［M］.北京:国防工业出版社,2012.

［44］周连春,赵启峰.《煤矿安全规程》专家释义(2016)［M］.徐州:中国矿业大学出版社,2016.

［45］周心权,方裕璋.矿井火灾防治(A 类)［M］.徐州:中国矿业大学出版社,2002.